MATLAB工程应用书库

MASTERING GUI PROGRAMMING
WITH MATLAB 2020

MATLAB 2020

GUI程序设计
从入门到精通

李星新　黄熹　编著

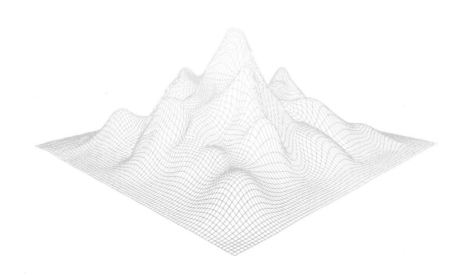

机械工业出版社
CHINA MACHINE PRESS

本书以 MATLAB 2020 为基础，结合高等学校师生的教学经验，讲解 GUI 程序设计的各种方法和技巧。本书共 8 章，主要包括 MATLAB 编程环境、MATLAB 基础、GUI 编程基础、App Designer 编辑应用、绘图在 GUI 中的应用、数据分析、图像处理、信号处理在 GUI 中的应用。本书覆盖 GUI 程序设计的各个方面，实例丰富而典型，可以指导读者有的放矢地进行学习。

本书既可作为 MATLAB 工程技术人员的入门用书，也可作为本科生和研究生的学习用书。

图书在版编目（CIP）数据

MATLAB 2020 GUI 程序设计从入门到精通/李星新，黄熹编著 . —北京：机械工业出版社，2021.4
（MATLAB 工程应用书库）
ISBN 978-7-111-67928-8

Ⅰ . ①M… Ⅱ . ①李… ②黄… Ⅲ . ①Matlab 软件 – 程序设计
Ⅳ . ①TP317

中国版本图书馆 CIP 数据核字（2021）第 060318

机械工业出版社（北京市百万庄大街 22 号　邮政编码 100037）
策划编辑：张淑谦　责任编辑：张淑谦
责任校对：徐红语　责任印制：郜　敏
河北宝昌佳彩印刷有限公司印刷
2021 年 5 月第 1 版第 1 次印刷
184mm×260mm・18 印张・441 千字
标准书号：ISBN 978-7-111-67928-8
定价：109.00 元

电话服务　　　　　　　　网络服务
客服电话：010-88361066　机　工　官　网：www.cmpbook.com
　　　　　010-88379833　机　工　官　博：weibo.com/cmp1952
　　　　　010-68326294　金　书　网：www.golden-book.com
封底无防伪标均为盗版　机工教育服务网：www.cmpedu.com

前　言

MATLAB 是美国 MathWorks 公司出品的一款优秀数学计算软件，其强大的数值计算能力和数据可视化能力令人震撼。经过多年的发展，MATLAB 功能已日趋完善。MATLAB 已经成为多种学科必不可少的计算工具，熟练应用 MATLAB 已成为自动控制、应用数学、信息与计算科学等专业本科生与研究生必须掌握的基本技能。

为了帮助零基础读者快速掌握 MATLAB GUI 程序设计方法，本书从基础着手，对 MATLAB 的基本函数功能进行了详细介绍，同时根据不同学科读者的需求，对 GUI 程序设计进行了详细的讲解，让读者"入宝山而满载归"。

MATLAB 本身是一个极为丰富的资源库。因此，对大多数用户来说，一定有部分 MATLAB 内容看起来是"透明"的，也就是说用户能明白其全部细节；另有些内容表现为"灰色"，即用户虽明白其原理但是对其具体的执行细节不能完全掌握；还有些内容则"全黑"，也就是用户对它们一无所知。作者在本书编写过程中也曾遇到过不少困惑，通过学习和向专家请教，虽克服了这些困难，但仍难免存在错误和不足。在此，本书作者恳切期望得到各方面专家和广大读者的批评指教。本书所有算例均由作者在计算机上验证。

一、本书特色

MATLAB 书籍浩如烟海，读者要挑选一本自己中意的书却很困难，真是"乱花渐欲迷人眼"。那么，本书为什么能够在您"众里寻他千百度"之际，于"灯火阑珊"中让您"蓦然回首"呢？那是因为本书有以下 5 大特色。

作者权威

本书由著名 CAD/CAM/CAE 图书出版专家胡仁喜博士指导，大学资深专家教授团队执笔编写。本书是作者总结多年的设计及教学经验的心得体会，力求全面细致地展现出 MATLAB 在 GUI 程序设计应用领域的各种功能和使用方法。

实例专业

本书中有很多实例本身就是 GUI 程序设计实际的工程项目案例，经过作者精心提炼和改编，它们不仅保证了读者能够学好知识点，还能帮助读者掌握实际的操作技能。

提升技能

本书从全面提升 MATLAB GUI 程序设计能力的角度出发，结合大量案例来讲解如何利用 MATLAB 进行 GUI 程序设计，真正让读者懂得计算机辅助 GUI 程序设计。

内容全面

本书共 8 章，分别介绍了 MATLAB 编程环境、MATLAB 基础、GUI 编程基础、App Designer 编辑应用、绘图在 GUI 中的应用、数据分析、图像处理和信号处理在 GUI 中的应用。

知行合一

本书提供了使用 MATLAB 解决 GUI 程序设计问题的实践性指导，它以 MATLAB R2020a 版本为基础，内容由浅入深，特别是本书对每一条命令的使用格式都进行了详细而又准确的说明，并为读者提供了大量的例题来说明其用法，对于初学者自学是很有帮助的。同时，本书也可作为科技工作者的 GUI 程序设计工具书。

二、电子资料使用说明

本书随书附赠了电子资料包，其中包含全书讲解实例和练习实例的源文件素材，作者还制作了全程实例动画同步 AVI 文件。为了增强教学的效果，更进一步方便读者的学习，作者亲自对实例动画进行了配音讲解，读者可以直接扫描二维码观看本书实例操作过程视频 AVI 文件，像看电影一样轻松愉悦地学习本书。

三、致谢

本书由陆军工程大学石家庄校区的李星新老师和扬州市职业大学信息工程学院的黄熹老师编写，胡仁喜、闫聪聪、卢园、井晓翠、张俊生、解江坤、刘昌丽、康士廷、张亭、万金环、韩哲、杨雪静、王敏、王玮、王艳池、王培合、王义发、王玉秋等也参与了部分章节的内容整理工作，在此对他们的付出表示感谢。

读者在学习过程中，若有疑问，请登录 www. sjzswsw. com 或联系邮箱 714491436@ qq. com。欢迎加入三维书屋 MATLAB 图书学习交流群（QQ：656116380）交流探讨，也可以登录本 QQ 交流群或关注机械工业出版社计算机分社官方微信订阅号——IT 有得聊（详见封底）索取本书配套资源。

作　者

目　录

第1章 MATLAB 编程环境

内容指南

MATLAB 是美国 MathWorks 公司出品的商业数学软件，其将数值分析、矩阵计算、科学数据可视化以及非线性动态系统的建模和仿真等诸多强大功能集成在一个易于使用的高技术计算和交互式环境中，为科学研究、工程设计以及必须进行有效数值计算的众多科学领域提供了一种全面的解决方案，代表了当今国际科学计算软件的先进水平。

内容要点

- 📖 MATLAB 概述。
- 📖 MATLAB 2020 的操作环境。
- 📖 图形用户界面设计。
- 📖 M 文件。
- 📖 MATLAB 命令的组成。

1.1 MATLAB 概述

在数学类科技应用软件中，MATLAB 的数值计算能力首屈一指，与 Mathematica、Maple 并称为三大数学软件。MATLAB 可以进行矩阵运算、绘制函数和数据、实现算法、创建用户界面、连接其他编程语言的程序等，主要应用于工程计算、控制设计、信号处理与通信、图像处理、信号检测、金融建模设计与分析等领域。

1.1.1 MATLAB 系统的发展历程

在 20 世纪 70 年代中期，美国新墨西哥大学计算机科学系的 Cleve Moler 博士和他的同事在美国国家科学基金的资助下研究开发了调用 LINPACK 和 EISPACK 的 FORTRAN 子程序库。LINPACK 是解线性方程的 FORTRAN 程序库，EISPACK 则是解特征值问题的程序库。这两个程序库代表着当时矩阵计算的最高水平。到了 20 世纪 70 年代后期，时任美国新墨西哥大学计算机科学系主任的 Cleve Moler 教授在给学生开设线性代数课程的时候，利用业余时间为学生编写了使用方便的 LINPACK 和 EISPACK 的接口程序，取名为 MATLAB。在此后的数年里，MATLAB 在多所大学里作为教学辅助软件使用，并作为面向大众的免费软件广为流传，MATLAB 也成了应用数学界的术语。

1983 年早春，Cleve Moler 到斯坦福大学访问，身为工程师的 John Little 意识到 MATLAB 潜在的广阔应用领域，觉得其应该在工程计算方面也有所作为。同年，他与 Cleve Moler 及 Steve Bangert 合作开发了第二代专业版 MATLAB。从这一代开始，MATLAB 的核心采用 C 语言编写，也是从这一代开始，MATLAB 不仅具有数值计算功能，而且具有了数据可视化功能。

1984 年，MathWorks 公司成立，把 MATLAB 推向市场，并继续 MATLAB 的研制和开发。

MATLAB 在市场上的出现为各国科学家开发本学科相关软件提供了基础。例如，在 MATLAB 问世不久后，原来在控制领域的一些封闭式软件包（如英国的 UMIST，瑞典的 LUND 和 SIMNON，德国的 KEDDC）就纷纷被淘汰，而改以 MATLAB 为平台加以重建。

到 20 世纪 90 年代初期，在国际上的 30 多个数学类科技应用软件中，MATLAB 在数值计算方面独占鳌头，而 Mathematica 和 Maple 则分居符号计算软件的前两名。

1993 年，MATLAB 的第一个 Windows 版本问世。同年，支持 Windows 3.x 的具有划时代意义的 MATLAB 4.0 版本推出。与以前的版本相比，MATLAB 4.0 作了很大改进，特别是增加了 Simulink、Control、Neural Network、Optimization、Signal Processing、Spline、Robust Control 等工具箱，使得 MATLAB 的应用范围越来越广。

同年，MathWorks 公司又推出了 MATLAB 4.1 版本，首次开发了 Symbolic Math 符号运算工具箱。它的升级版本 MATLAB 4.2c 在用户中得到广泛的应用。

1997 年夏，MathWorks 公司推出了 Windows 95 下的 MATLAB 5.0 和 Simulink 2.0 版本。该版本在继承 MATLAB 4.2c 和 Simulink 1.3 版本功能的基础上，实现了真正的 32 位操作，数值计算更快，图形表现更丰富有效，编程更简洁直观，用户界面十分友好。

2000 年下半年，MathWorks 公司推出了 MATLAB 6.0（R12）的试用版，并于 2001 年推出了正式版。紧接着，2002 年推出了 MATLAB 6.5（R13），并升级 Simulink 到 5.0 版本。

2004 年秋，MathWorks 公司推出了 MATLAB 7.0（R14）Service Pack1，新的版本在原版本的基础上进行了大幅改进，同时升级了很多工具箱，使得 MATLAB 功能更强，应用更简便。

从 2006 年开始，MATLAB 分别在每年的 3 月和 9 月进行两次产品发布，每次发布都涵盖产品家族中的所有模块，包含已有产品的新特性和 bug 修订，以及新产品的发布。其中，3 月发布的版本被称为 "a"，9 月发布的版本被称为 "b"，如 2006 年的两个版本分别是 R2006a 和 R2006b。值得一提的是，在 2006 年 3 月 1 日发布的 R2006a 版本中，增加了两个新产品模块（Builder for.net 和 SimHydraulics），并增加了对 64 位 Windows 的支持。其中 Builder for.net 也就是.net 工具箱，它扩展了 MATLAB Compiler 的功能，集成了 MATLAB Builder for COM 的功能，可以将 MATLAB 函数打包，使网络程序员可以通过 C#、VB.NET 等语言访问这些函数，并将源自 MATLAB 函数的错误作为一个标准的管理异常来处理。

2020 年 3 月，MathWorks 公司正式发布了 R2020a 版 MATLAB（以下简称 MATLAB 2020）和 Simulink 产品系列的 Release 2020（R2020）版本。

1.1.2 MATLAB 的特点

MATLAB 自诞生之日起，就以其强大的功能和良好的开放性在科学计算软件中独占鳌头。学会 MATLAB 可以方便地处理诸如矩阵变换及运算、多项式运算、微积分运算、线性与非线性方程求解、常微分方程求解、偏微分方程求解、插值与拟合、统计及优化等问题。

在进行数学计算时，最难处理的就是算法的选择，这个问题可以在 MATLAB 面前迎刃而解。MATLAB 中有许多功能函数都带有算法的自适应能力，且算法先进，解决了用户的后顾之忧，同时也大大弥补了 MATLAB 程序因为非可执行文件而影响其速度的缺陷。另外，MATLAB 提供了一套完善的图形可视化功能，为用户展示自己的计算结果提供了广阔的空间。图 1-1 ~ 图 1-3 就是用 MATLAB 绘制的地球二维和三维图形。

无论一种语言的功能有多么强大，如果语言本身就非常难理解，那么它绝对不是成功的语言。而 MATLAB 是成功的，它允许用户以数学形式的语言编写程序，比 BASIC、FORTRAN 和 C 等语言更接近书写计算公式的思维方式。

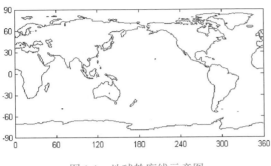

图 1-1　地球轮廓线示意图

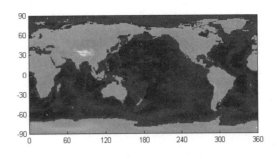

图 1-2　地球二维平面图

MATLAB 能发展到今天这种程度，它的可扩充性和可开发性起着不可估量的作用。MATLAB 本身就像一个解释系统，以一种解释执行的方式对其中的函数程序进行执行。这样的最大好处是 MAT-LAB 完全成为一个开放的系统，用户可以方便地查看函数的源程序，也可以方便地开发自己的程序，甚至创建自己的工具箱。另外，MATLAB 还可以方便地设置与 FORTRAN、C 等语言接口，以充分利用各种资源。

任何文字处理程序都能对 MATLAB 进行编写和修改，从而使得程序易于调试，人机交互性强。

图 1-3　地球三维表现图

1.1.3　MATLAB 应用领域

MATLAB 将高性能的数值计算、可视化和编程集成在一个易用的开放式环境中，在此环境下，用户可以按照符合其思维习惯的方式和熟悉的数学表达形式书写程序，并且可以非常容易地对其功能进行扩充。除具备卓越的数值计算能力之外，MATLAB 还具有专业水平的符号计算和文字处理能力；集成了 2D 和 3D 图形功能，可完成可视化建模仿真和实时控制等功能。其典型的应用主要包括如下几个方面。

◆ 数值分析和计算。
◆ 算法开发。
◆ 数据采集。
◆ 系统建模、仿真和原型化。
◆ 数据分析、探索和可视化。
◆ 工程和科学绘图。
◆ 数字图像处理。
◆ 应用软件开发，包括图形用户界面的建立。

MATLAB Compiler 是一种编译工具，它能够将 MATLAB 编写的函数文件生成函数库或可执行文件 COM 组件等，以提供给 C ++、C#等其他高级语言进行调用，由此扩展 MATLAB 的应用范围，将 MATLAB 的开发效率与其他高级语言的运行效率结合起来，取长补短，丰富程序开发的手段。

Simulink 是基于 MATLAB 的可视化设计环境，可以用来对各种系统进行建模、分析和仿真。它的建模范围包括任何能够使用数学来描述的系统，如航空动力学系统、航天控制制导系统、通信系统等。Simulink 提供了利用鼠标拖放的方法建立系统框图模型的图形界面，还提供了丰富的功能模块，利用它几乎可以不书写代码就完成整个动态系统的建模工作。

此外，MATLAB 还有基于有限状态机理论的 Stateflow 交互设计工具以及自动化的代码设计生成工具 Real-Time Workshop 和 Stateflow Coder。

1.2 MATLAB 2020 的操作环境

本节通过介绍 MATLAB 2020 的工作环境界面，使读者初步认识 MATLAB 2020 的主要窗口，并掌握其操作方法。

MATLAB 2020 的工作界面形式简洁，主要由功能区、工具栏、当前工作目录窗口（Current Folder）、命令窗口（Command Window）、工作空间管理窗口（Workspace）和历史命令窗口（Command History）等组成。

1.2.1 启动 MATLAB

启动 MATLAB 有多种方式。最常用的启动方式就是用鼠标左键双击桌面上的 MATLAB 图标，也可以在"开始"菜单中单击 MATLAB 的快捷方式，还可以在 MATLAB 安装路径中的 bin 文件夹中双击可执行文件 matlab. exe。

要退出 MATLAB 程序，可以选择以下几种方式之一。

◆ 用鼠标单击窗口右上角的"关闭"图标 ⊠ 。

◆ 在命令窗口上方的标题栏点击鼠标右键，在弹出的快捷菜单中选择"关闭"命令。

◆ 使用快捷键〈Alt + F4〉。

第一次使用 MATLAB 2020，将进入其默认设置的工作界面，如图 1-4 所示。

图 1-4 MATLAB 默认工作界面

1.2.2 帮助系统

要想掌握好 MATLAB，一定要学会使用它的帮助系统，因为任何一本书都不可能涵盖它的所有内容，更多的命令、技巧都是要在实际使用中摸索出来的，而在这个摸索的过程中，MATLAB 的帮助系统是必不可少的工具。

读者可以在使用 MATLAB 的过程中，充分利用这些帮助资源。

1. 联机帮助

MATLAB 的联机帮助系统非常系统全面，进入联机帮助系统的方法有以下几种。

◆ 按下 MATLAB 功能区"资源"→"帮助"按钮 。

◆ 在命令窗口执行 doc 命令。

◆ 在功能区"资源"→"帮助"下拉菜单中选择"文档"命令。

联机帮助窗口如图 1-5 所示，其中，上面是查询工具框，如图 1-6 所示，下面显示帮助内容。

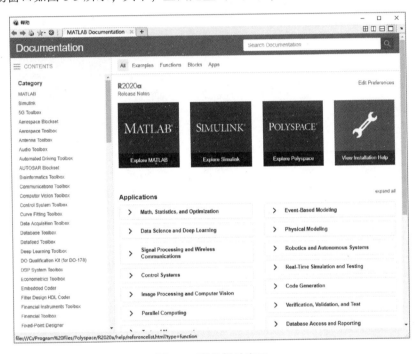

图 1-5　联机帮助窗口

2. 命令窗口查询帮助系统

用户可以在命令窗口利用帮助查询命令更快地得到帮助。MATLAB 的帮助命令主要分为 help 命令、lookfor 命令和其他帮助命令。

图 1-6　查询工具框

（1）help 命令

在 MATLAB 中，help 命令是最常用的命令，用来显示命令窗口中函数的帮助，它的使用格式见表 1-1。

表 1-1　help 命令的使用格式

调用格式	说　　明
help	会显示当前帮助系统中包含的所有项目，即搜索路径中所有的目录名称。也可显示与上一步操作相关的内容
help name	显示按 name 指定的功能的帮助文本，name 可以是函数、方法、类、工具箱或变量 是实际应用中最有用的一个帮助命令。当用户知道某个函数的名称却不知道具体的用法时，这个命令可以帮助用户详细了解该函数的使用方法，辅助用户进行深入的学习。尤其是在下载安装了 MATLAB 的中文帮助文件之后，用户可以在命令窗口查询中文帮助

例 1-1：搜索帮助文件。

解：MATLAB 程序如下。

```
>>clear
>> close all
>> help
- - - close 的帮助 - - -

close - Remove specified figure

    This MATLAB function deletes the current figure (equivalent toclose(gcf)).

    close
    close(h)
    close name
    close all
    close all hidden
    close all force
    status = close(...)

    另请参阅 delete, figure, gcf

    close 的文档
    名为 close 的其他函数
```

例 1-2：查询 help 函数的文件。

解：MATLAB 程序如下。

```
>> help help
help Display help text in Command Window.
    help NAME displays the help for the functionality specified by NAME,
    such as a function, operator symbol, method, class, or toolbox.
    NAME can include a partial path.
    If NAME is not specified, help displays content relevant to your
    previous actions.

    Some classes require that you specify the package name. Events,
    properties, and some methods require that you specify the class
    name. Separate the components of the name with periods, using one
    of the following forms:

        help CLASSNAME. NAME
        help PACKAGENAME. CLASSNAME
        help PACKAGENAME. CLASSNAME. NAME

    If NAME is the name of both a folder and a function, help displays
```

```
help for both the folder and the function. The help for a folder
is usually a list of the program files in that folder.

If NAME appears in multiple folders on the MATLAB path, help displays
information about the first instance of NAME found on the path.

NOTE:

In the help, some function names are capitalized to make them
stand out. In practice, type function names in lowercase. For
functions that are shown with mixed case (such as javaObject),
type the mixed case as shown.

EXAMPLES:

help join                % help for the JOIN function
help table/join          % help for the JOIN function for table inputs
help images              % list of Image Processing Toolbox functions


See also doc,docsearch, matlabpath, which
```

help 的文档
名为 help 的其他函数

（2）lookfor 函数

如果知道某个函数的函数名但是不知道该函数的具体用法，help 函数足以解决这些问题，然而，用户在很多情况下还不知道某个函数的确切名称，这时候就需要用到 lookfor 函数。lookfor 函数可以用来查询根据用户提供的关键字搜索到的相关函数，它的使用格式见表 1-2。

表 1-2　lookfor 函数的使用格式

调用格式	说　　明
lookfor keyword	在搜索路径中找到的所有 MATLAB 程序文件的帮助文本的第一个注释行（H1 行）中搜索指定的关键字。对于存在匹配项的所有文件，lookfor 显示 H1 行
lookfor keyword -all	搜索 MATLAB 程序文件的第一个完整注释块

例 1-3：搜索对角矩阵函数。

解：MATLAB 程序如下。

```
> >lookfor diag
blkdiag       - Block diagonal concatenation of matrix input arguments.
diag          - Diagonal matrices and diagonals of a matrix.
lesp          - Tridiagonal matrix with real, sensitive eigenvalues.
..
```

执行 lookfor 命令后，它对 MATLAB 搜索路径中的每个 M 文件的注释区的第一行进行扫描，发现此行中包含有所查询的字符串，则将该函数名和第一行注释全部显示在显示器上。当然，用户也可以在自己的文件中加入在线注释。

（3）docsearch 函数

该函数用于打开帮助浏览器并显示文档主页，它的使用格式见表1-3。

表 1-3　docsearch 函数的使用格式

调用格式	说　明
docsearch	打开帮助浏览器并显示文档主页
docsearch expression	在文档中搜索包含与指定表达式匹配的词语的页面，并突出显示这些页面，按〈Esc〉键清除突出显示

1.2.3 工具栏

功能区上方是工具栏、工具栏以图标方式汇集了常用的操作命令。下面简要介绍工具栏中部分常用按钮的功能。

◆ 🖫：保存 M 文件。

◆ 🔏、🗊、🗋：剪切、复制或粘贴已选中的对象。

◆ ↩、↪：撤销或恢复上一次操作。

◆ 🗗：切换窗口。

◆ ⑦：打开 MATLAB 帮助系统。

◆ ← → ⬆ 🗂：向前、向后、向上一级、浏览路径文件夹。

◆ ← → ⬆ 🗂　▸ D: ▸ yuanwenjian ▸ ：当前路径设置栏。

1.2.4 命令行窗口

命令行窗口如图1-7所示，在该窗口中可以进行各种计算操作，也可以使用命令打开各种 MATLAB 工具，还可以查看各种命令的帮助说明等。

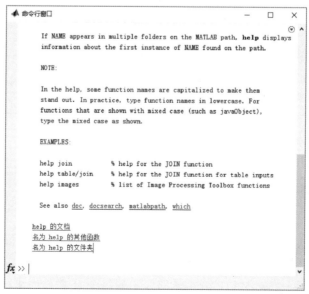

图 1-7　命令行窗口

其中，">>"为运算提示符，表示 MATLAB 处于准备就绪状态。如在提示符后输入一条命令或一段程序后按〈Enter〉键，MATLAB 将给出相应的结果，并将结果保存在工作空间管理窗口中，然后再次显示一个运算提示符。

注意：

在 MATLAB 命令窗口中输入汉字时，会出现一个输入窗口，在中文状态下输入的括号和标点等不被认为是命令的一部分，所以在输入命令的时候一定要在英文状态下进行。

在命令窗口的右上角，用户可以单击相应的按钮最大化、还原或关闭窗口。单击右上角的 按钮，出现一个下拉菜单。在该下拉菜单中单击 按钮，可将命令窗口最小化到主窗口左侧，以页签形式存在，当鼠标指针移到上面时，显示窗口内容。此时单击 下拉菜单中的 按钮，即可恢复显示。

1.2.5 历史窗口

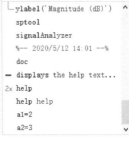

历史窗口主要用于记录所有执行过的命令，如图 1-8 所示。在默认条件下，它会保存自安装以来所有运行过的命令的历史记录，并记录运行时间，以方便查询。

在历史窗口中双击某一命令，命令窗口中将执行该命令。

1.2.6 当前目录窗口

图 1-8 历史窗口

当前目录窗口如图 1-9 所示，可显示或改变当前目录，查看当前目录下的文件，单击 按钮可以在当前目录或子目录下搜索文件。

单击 按钮，在弹出的下拉菜单中可以执行常用的操作。例如，在当前目录下新建文件或文件夹（还可以指定新建文件的类型）、生成文件分析报告、查找文件、显示/隐藏文件信息、将当前目录按某种指定方式排序和分组等。

1.2.7 工作区窗口

工作区如图 1-10 所示。它可以显示目前内存中所有的 MATLAB 变量名、数据结构、字节数与类型。不同的变量类型有不同的变量名图标。

图 1-9 当前目录窗口

图 1-10 工作区窗口

1.2.8 功能区

区别于传统的菜单栏形式，MATLAB 以功能区的形式显示各种常用的功能命令。它将所有的功能命令分类别放置在 3 个选项卡中。

1."主页"选项卡

选择标题栏下方的"主页"选项卡，显示基本的文件、变量、代码及路径设置等操作命令，如图 1-11 所示。

图 1-11 "主页"选项卡

该选项卡下的主要按钮功能如下。

(1)"文件"选项组

◆ "新建脚本"按钮：单击该按钮，新建一个 M 文件，如图 1-12 所示。

◆ "新建实时脚本"按钮：单击该按钮，新建一个实时脚本，如图 1-13 所示。

图 1-12 脚本编辑窗口

图 1-13 实时脚本编辑窗口

◆ "新建"按钮：在该按钮下显示的子菜单包括新建的文件类型，如图 1-14 所示。选择不同的文件类型命令，创建不同的文件。

◆ "打开"按钮：弹出"打开"对话框，如图 1-15 所示，在文件路径下打开所选择的不同类型的数据文件。

图 1-14 新建文件类型

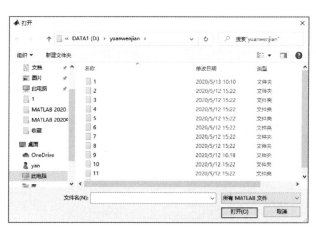

图 1-15 "打开"对话框

◆ "查找文件"按钮 ：单击该按钮，弹出"查找文件"对话框，如图 1-16 所示，用于查找文件。

图 1-16 "查找文件"对话框

◆ "比较"按钮 ：单击该按钮，弹出"选择要进行比较的文件或文件夹"对话框，如图 1-17 所示，用于比较指定的文件或文件夹。

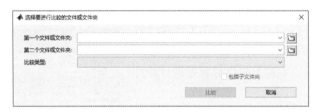

图 1-17 "选择要进行比较的文件或文件夹"对话框

(2)"变量"选项组

◆ "导入数据"按钮 ：单击该按钮，弹出"导入数据"对话框，如图 1-18 所示，将数据文件导入到工作空间。

◆ "保存工作区"按钮 ：单击该按钮，弹出"另存为"对话框，如图 1-19 所示，将工作区数据保存到指定的 mat 文件中。

图 1-18 "导入数据"对话框

图 1-19 "另存为"对话框

◆ "新建变量"按钮 ：单击该按钮之后，在工作区创建一个变量，默认名称为"unnamed"，自动打开变量编辑器，可以输入变量参数，如图 1-20 所示。

图 1-20　变量编辑窗口

◆ "打开变量" 按钮  ：打开选择的数据对象。单击该按钮之后，进入图 1-21 所示的数组编辑窗口，在这里可以对数据进行各种编辑操作。

◆ "清空工作区" 按钮  ：执行程序后，工作区中保存执行过程中的变量，如图 1-22 所示，单击该按钮，弹出 "确认删除" 对话框，如图 1-23 所示，单击 "确定" 按钮，删除工作区中保存的变量，删除后的结果如图 1-24 所示。

图 1-21　数组编辑窗口

图 1-22　工作区保存变量

图 1-23　"确认删除" 对话框

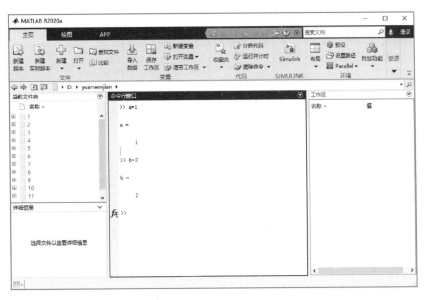

图1-24　清空工作区

（3）"代码"选项组

◆ "收藏夹"按钮：为了方便记录，在调试 M 文件时可在不同工作区之间进行切换。MATLAB 在执行 M 文件时，会把 M 文件的数据保存到其对应的工作区中，并将该工作区添加到"收藏夹"文件夹中，如图1-25所示。

◆ "分析代码"按钮：单击该按钮，打开代码分析器主窗口，弹出图1-26所示的"代码分析器报告"对话框，显示对当前目录中的代码进行分析，提出一些程序优化建议并生成报告。

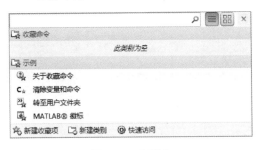

图1-25　收藏夹

图1-26　M 文件分析报告

◆ "运行并计时"按钮：单击该按钮，弹出"Profiler"窗口，显示改善性能的探查器，如图1-27所示。

◆ "清除命令"按钮：在该按钮下包括"命令行窗口"和"命令历史记录"两个命令。执行程序后，命令行窗口中显示程序执行过程，工作区中保存执行过程中的变量，命令历史记录窗口中显示命令执行历史记录，如图1-28所示。

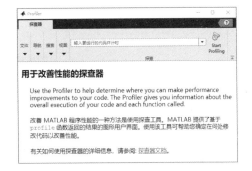

图1-27　"Profiler"窗口

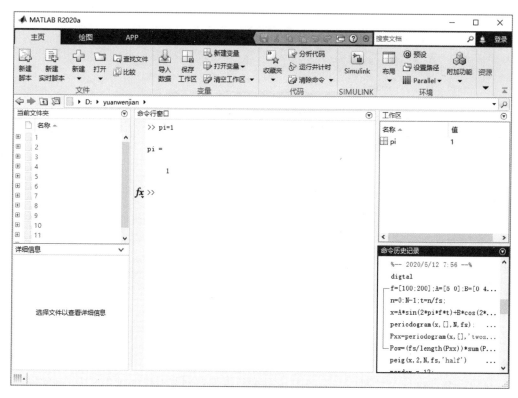

图 1-28 清除命令前

若选择"命令行窗口"命令，将弹出"MATLAB"对话框，确认是否清除命令，如图 1-29 所示，单击"确定"按钮，清除命令行窗口中的所有文本，删除后结果如图 1-30 所示。

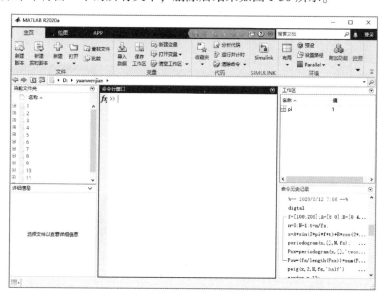

图 1-29 "MATLAB"对话框（一）　　　　　　　图 1-30 清除命令行窗口命令

若选择"命令历史记录"命令，将弹出"MATLAB"对话框，确认是否清除命令，如图 1-31 所示，单击"确定"按钮，清除命令历史记录窗口中的所有文本，删除后结果如图 1-32 所示。

图 1-31 "MATLAB"对话框(二)　　　　　　　图 1-32 清除命令历史记录窗口命令

（4）"SIMULINK"选项组

◆ Simulink 按钮：打开 Simulink 主窗口。

（5）"环境"选项组

◆ "布局"按钮：用于设置 MATLAB 界面窗口的布局与显示。单击该按钮，显示图 1-33 所示的子菜单，选择对应的命令进行设置。

◆ "预设"按钮：单击该按钮，弹出"预设项"对话框，显示 MATLAB 工具、进行工具演示、查看工具的参数设置，如图 1-34 所示。

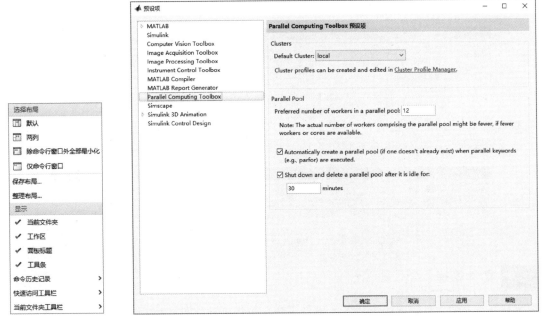

图 1-33 布局子菜单　　　　　　　　　　　　图 1-34 "预设项"对话框

◆ "设置路径"按钮◻︎：单击该按钮，弹出"设置路径"对话框　在图1-35所示的对话框中单击"添加文件夹"按钮，或者单击"添加并包含子文件夹"按钮，进入文件夹浏览界面。前者只把某一目录下的文件包含进搜索范围而忽略子目录，后者将子目录也包含进来。最好选后者以避免一些可能的错误。在文件夹浏览界面中，选择一个已存在的文件夹，或者新建一个文件夹，然后在"设置路径"对话框中单击"保存"按钮，就将该文件夹保存进搜索路径了。

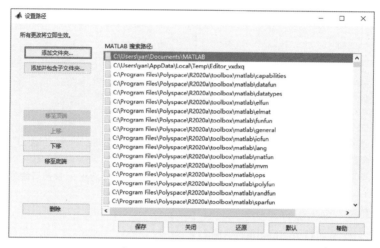

图1-35　"设置路径"对话框

◆ "Parallel（并行）"按钮▥：设置cluster（集群）相关命令。

（6）"资源"选项组

用于设置MATLAB帮助相关命令。

2. "绘图"选项卡

选择标题栏下方的"绘图"选项卡，显示关于图形绘制的编辑命令，如图1-36所示。

图1-36　"绘图"选项卡

3. App（应用程序）选项卡

选择标题栏下方的App（应用程序）选项卡，显示多种应用程序命令，如图1-37所示。

图1-37　App（应用程序）选项卡

1.2.9 文件管理

本节介绍有关文件管理的一些基本操作方法，包括新建文件、保存文件等，这些都是MAT-LAB最基础的应用知识。

1. 打开文件

在 MATLAB 中，open 命令用于在应用程序中打开文件，它的使用格式见表1-4。

表1-4 open 命令的使用格式

命令格式	说　明
open name	在适当的应用程序中打开指定的文件或变量
A = open（name）	如果 name 是 MAT 文件，将返回结构体；如果 name 是图窗，则返回图窗句柄。否则，将返回空数组

表1-5 中显示了在 MATLAB 中 open 命令打开的文件类型。

表1-5 文件类型

文件类型	说　明
. m 或 . mlx	在 MATLAB 编辑器中打开代码文件
. mat	使用语法 A = open（name）调用时，返回结构体 A 中的变量
. fig	在图窗窗口中打开图窗
. mdl 或 . slx	在 Simulink 中打开模型
. prj	在 MATLAB Compiler 部署工具中打开工程
. doc *	在 Microsoft Word 中打开文档
. exe	运行可执行文件
. pdf	在 Adobe Acrobat 中打开文档
. ppt *	在 Microsoft PowerPoint 中打开文档
. xls *	启动 MATLAB 导入向导
. htm 或 . html	在 MATLAB 浏览器中打开文档
. slxc	打开 Simulink 缓存文件的报告文件

执行上述命令后，系统会自动在对应的编辑器中打开文件。

例**1-4**：打开水库预警系统的仿真数据文件。

下雨天气很容易发生洪涝等灾害，会导致水库中的水量超过危险值，水库可通过定期或不定期进行开闸泄洪工作进行缓解，减少危害。在泄洪之前应启动泄洪告警系统，提醒上游水库区域及下游河道区域相关范围内的有关人员。通过建设预警广播系统来实现高效便捷的通知，是非常有效的手段。

图 1-38 显示了一个设计简单的水库预警系统，其通过调整模拟的入水量与出水量显示水库的蓄水量，超过危险值即进行广播预警。

经研究，水库入水量与流经的河流检测到的水流 h 有如下关系。

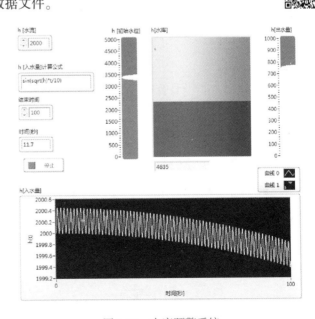

图 1-38　水库预警系统

$$\begin{cases} y = \sin \dfrac{t\sqrt{h}}{10} \\ y(0) = 2000 \end{cases}$$

解：MATLAB 程序如下。

```
>> open Water - inlet - outlet. txt        % 将文件路径设置为当前路径,显示数据文件,在编辑
                                             器中打开该文件,如图 1-39 所示
>> open Water - inlet - outlet. xlsx       % 将文件路径设置为当前路径,显示数据文件,在导入
                                             向导中打开该文件,如图 1-40 所示
```

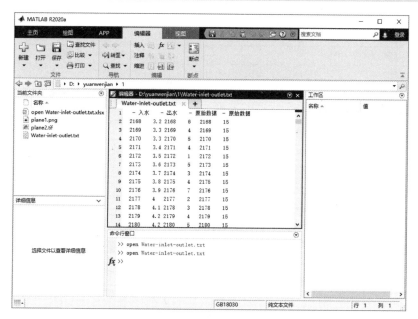

图 1-39　打开仿真数据文件

图 1-40　打开阈值数据文件

例 1-5：打开飞机飞行控制系统状态文件。

图 1-41 显示了飞机直线飞行的状态，图 1-42 显示了飞机旋转斜向飞行的状态。

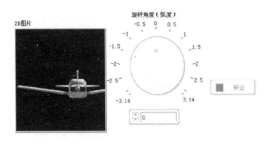

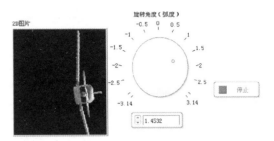

图 1-41　直线飞行　　　　　　　　　　图 1-42　旋转斜向飞行

解：MATLAB 程序如下。

```
>> open plane1.png          % 将 png 文件路径设置为当前路径，在"导入向导"中打开图形，如图 1-
                              43 所示
```

图 1-43　"导入向导"对话框（一）

执行上述命令后，弹出"导入向导"对话框，单击"完成"按钮，在工作区显示通过 png 文件创建的变量存储到工作区，方便应用，结果如图 1-44 所示。

图 1-44　存储变量（一）

```
> > open plane2.tif        % 将 tif 文件路径设置为当前路径,在"导入向导"中打开图形,如图 1-
                             45 所示
```

执行上述命令后,弹出"导入向导"对话框,单击"完成"按钮,在工作区显示通过 tif 文件创建的变量,存储到工作区,如图 1-46 所示。

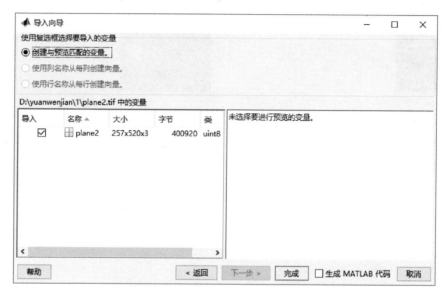

图 1-45　"导入向导"对话框(二)

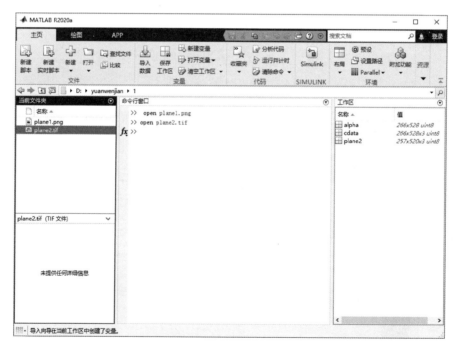

图 1-46　存储变量(二)

2. 删除文件

在 MATLAB 中,delete 命令用于在应用程序中删除文件,它的使用格式见表 1-6。

表 1-6 delete 命令的使用格式

命令格式	说　　明
delete filename	从磁盘中删除指定的文件
Delete filename1…filenameN	从磁盘上删除指定的多个文件
delete（obj）	删除指定的对象

3. 加载文件

在 MATLAB 中，load 命令用于将文件变量加载到工作区中，它的使用格式见表1-7。

表 1-7 load 命令的使用格式

命令格式	说　　明
load（filename）	从 filename 加载数据
load（filename，variables）	加载 MAT 文件 filename 中的指定变量。mat 数据格式是 matlab 的数据存储的标准格式
load（filename，'−ascii'）	将 filename 视为 ASCII 文件，而不管文件扩展名如何
load（filename，'−mat'）	将 filename 视为 MAT 文件，而不管文件扩展名如何
load（filename，'−mat'，variables）	加载 filename 中的指定变量
S = load（…）	使用前面语法组中的任意输入参数将数据加载到 S 中
load filename	从 filename 加载数据。使用空格（而不是逗号）分隔各个输入项

执行上述命令后，则系统自动在工作区加载文件中的变量。

例 1-6：加载名为 clown. mat 的文件。

解：MATLAB 程序如下。

```
>> clear            % 清除工作区的变量
>> load clown       % 输入加载文件名称,如图 1-47 所示
>> clear            % 清除工作区的变量
>> load ('clown')
>> clear            % 清除工作区的变量
>> load ('clown. mat')
```

这些语句是等效的。

图 1-47　加载 mat 文件

例 **1-7**：加载数据文件。

解：MATLAB 程序如下。

```
> > load trees.mat        % 命令格式加载 mat 文件中的数据,如图 1-48 所示
> > imshow(X,map)         % 显示加载数据对应的图像
```

运行结果如图 1-49 所示。

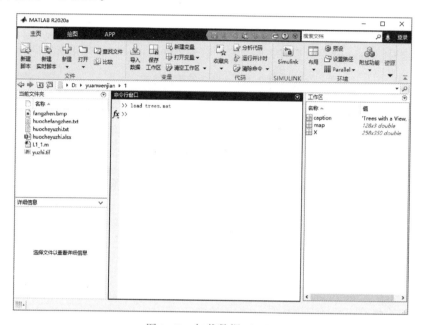

图 1-48　加载数据（一）

图 1-49　显示图像（一）

例 **1-8**：加载数据集中的变量。

解：MATLAB 程序如下。

```
> > load spine X          % 命令格式加载 mat 文件中的 X,如图 1-50 所示
> > imshow(X)             % 命令格式,显示加载数据对应的图像
```

运行结果如图 1-51 所示。

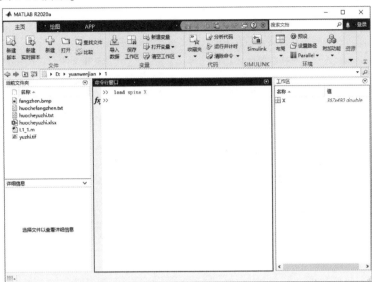

图 1-50　加载数据（二）

图 1-51　显示图像（二）

4. 保存文件

在 MATLAB 中，save 命令用于将工作区变量保存到文件中，它的使用格式见表 1-8。

表 1-8　save 命令的使用格式

命令格式	说　明
save(filename)	将当前工作区中的所有变量保存在 MATLAB 格式的二进制文件（MAT 文件）filename 中。如果 filename 已存在，save 会覆盖该文件
save(filename, variables)	将 variables 指定的结构体数组的变量或字段保存在 MATLAB 格式的二进制文件（MAT 文件）filename 中
save(filename, variables, fmt)	保存为 fmt 指定的文件格式
save(filename, variables, version)	保存为 version 指定的 MAT 文件版本

（续）

命 令 格 式	说　　明
save(filename,variables, version,' – nocompression ')	将变量保存到 MAT 文件，而不进行压缩。' – nocompression ' 标志仅支持 7.3 版的 MAT 文件。必须将 version 指定为 ' – v7.3 '
save(filename,variables, ' – append ')	将新变量添加到一个现有文件中。对于 ASCII 文件，' – append ' 会将数据添加到文件末尾
save(filename,variables, ' – append ',' – nocompression ')	将新变量添加到一个现有文件中，而不进行压缩。现有文件必须是 7.3 版的 MAT 文件
save filename	无须输入括号或者将输入内容放在单引号或双引号内。使用空格（而不是逗号）分隔各个输入项

执行上述命令后，系统会自动保存文件。要保存名为 mode. mat 的文件，下面这些语句是等效的。

```
> > save mode. mat              % 命令格式
> > save (' mode. mat ')        % 命令格式
```

保存名为 X 的变量。

```
> > save mode. mat X            % 命令格式
> > save (' mode. mat ','' X')  % 命令格式
```

例 1-9：保存变量文件。

解：MATLAB 程序如下。

```
> >[X,Y,Z] = sphere;          % 创建球面上坐标点(X,Y,Z)
> > surf(X,Y,Z)               % 绘制球面
> > save('qiu. mat','X','Y','Z')  % 将这些坐标变量保存到当前文件夹中的 qiu. mat 文件中
> > save qiu. XLSX X Y Z       % 将这些变量保存到当前文件夹中的文件 qiu. XLSX 中
```

程序运行结果如图 1-52 所示，在当前文件夹下显示创建的 qiu. mat 文件和 qiu. XLSX 文件，如图 1-53 所示。

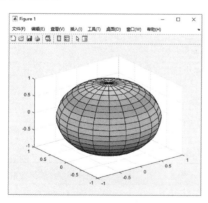

图 1-52　显示球面图形

图 1-53　保存文件

1.3　图形用户界面设计

本章先简单介绍图形用户界面（Graphical User Interface，GUI，又称图形用户接口）的基本

概念，然后说明 GUI 开发环境及其组成部分的用途和使用方法。

1.3.1 GUI 概述

GUI 是指采用图形方式显示的计算机操作用户界面。

GUI 是一种人与计算机通信的界面显示格式，允许用户使用鼠标等输入设备操纵屏幕上的图标或菜单选项，以选择命令、调用文件、启动程序或执行其他一些日常任务。与通过键盘输入文本或字符命令来完成例行任务的字符界面相比，GUI 有许多优点。

GUI 的主要功能是实现人与计算机等电子设备的人机交互。它是用户与操作系统之间进行数据传递和互动操控的工具，用户可以通过一定的操作实现对电子设备的控制，同时电子设备会将用户操作的结果通过显示屏进行反馈。作为使用电子信息产品的必备环节，GUI 实现了人与软件之间的信息交互。这种人机交互性使得用户的操作更加便捷。

GUI 的目的是实现人机交互。开发人员研究并设计出具体的用户界面，将晦涩难懂的计算机语言包装成简单易懂的图形，用户通过对图形的识别即可理解复杂的计算机语言背后所表达的内容。图形化的操作方式具有很强的实用性，方便了用户的使用，提高了使用效率。这种创造性的转化使冷冰冰的电子产品变得亲切，从实验室走进千家万户的生活。开发人员通过对 GUI 的不断优化，使信息、数据的传输更高效，结果运行与反馈更便捷、准确，带来了良好的用户体验，实用性很强。

1.3.2 GUI 设计

对于设计 GUI 的应用程序，用户通过与界面交互执行指定的行为即可，而无须知道程序是如何执行的。GUI 开发环境包括 MATLAB 操作环境、GUIDE 应用程序、App 应用程序等图形用户设计界面。

1. MATLAB 操作环境

在 MATLAB 中，最简单的图形用户界面的创建方法是在 MATLAB 操作环境中使用组件函数以编程方式创建 App，在 App 中通过与界面交互，执行指定的行为，如图 1-54 所示。

图 1-54　App 交互界面

2. GUIDE 应用程序

在 MATLAB 中，GUIDE 是一种包含多种对象的图形应用程序，并为 GUI 开发提供了一个方便高效的集成开发环境，如图 1-55 所示。GUIDE 主要是一个界面设计工具集，MATLAB 将所有 GUI 支持的组件都集成在这个环境中，并提供界面外观、属性和行为响应方式的设置方法，设计执行交互的界面，如图 1-56 所示。

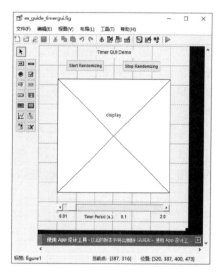

图 1-55　GUIDE 应用程序

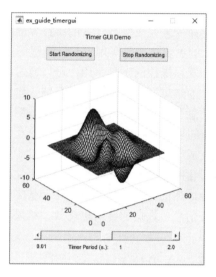

图 1-56　GUI 设计界面

3. App 应用程序

在 MATLAB 中，App Designer 是一个用于构建 MATLAB 应用程序的环境，它简化了布置用户界面可视组件的过程。它包括一整套标准用户界面组件，以及一组用于创建控制面板和人机交互界面的仪表、旋钮、开关和指示灯，如图 1-57 所示。通过改程序通广可以设计人机交互的界面，如图 1-58 所示。

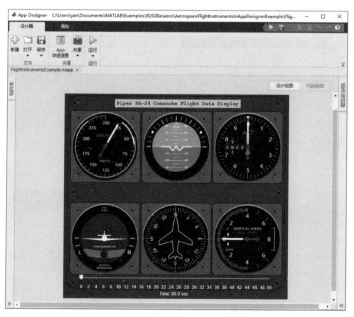

图 1-57　App Designer 应用程序

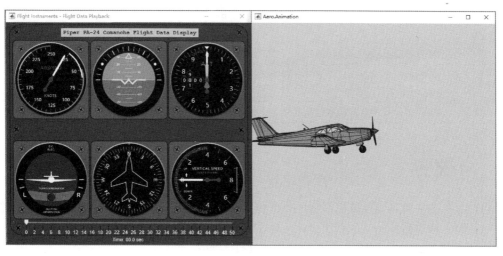

图1-58　人机交互界面

 思考与学习：

GUIDE 应用程序、App 应用程序优于操作界面 App 设计的主要特点是界面设计的接口不用再需要自己设计，可以直接在系统自带组件的属性窗口中更改，代码会自动更新，大大提高了设计效率。

GUIDE 应用程序与 App 应用程序集成了构建应用程序的两个主要任务：

◆ 布置可视化组件。

◆ 设定应用程序行为。

GUIDE 应用程序与 App 应用程序的差异见表1-9。

表1-9　GUIDE 应用程序与 App 应用程序的差异

差　异	GUIDE	App 设计工具
图形支持	适用图形函数和图形属性	使用 uifigure 函数和 UI 图形属性。不支持某些图形窗口函数与属性
轴支持	使用轴函数和轴属性可以访问 MATLAB 提供的所有图形功能	使用 uiaxes 函数和 UI 轴属性只能绘制二维线条和散点图，UI 轴对象仅支持一部分的绘图函数和功能
代码结构	代码是一系列实用本地回调函数和实用工具函数。GUIDE 为每个应用程序创建了一个 MATLAB 代码文件和 FIG 文件	代码是一个 MATLAB 类，其中包含应用程序组件、回调、实用工具函数以及用于管理和共享数据的属性 可以编写和编辑回调代码、帮助程序函数以及创建的属性声明。某些由 App 设计工具管理码是不可编辑的 当明确要求时，App 设计工具才会创建回调声明 App 设计工具创建一个 MLAPP 文件，其中包含显示和运行应用程序所需要的信息，没有关联的 FIG 文件
组件访问和配置	使用 get 和 set 函数。	App 设计工具将组件定义为应用程序的属性，可以使用圆点访问组件及其属性。
回调配置	当用户以典型方式（如单击按钮）与各个组件交互时，将执行 GUIDE uicontrol 组件的回调函数属性	大多数支持回调的 App 设计工具组件改为提供 ValueChangedF-cn 回调

(续)

差　　异	GUIDE	App 设计工具
回调参数	使用 hObject eventdata 和句柄结构	使用应用程序和事件数据
数据共享	使用 UserData 属性，或者 guidata 或 setappdata 函数进行处理	使用创建的 MATLAB 类属性
组件创建	使用 uicontrol 函数和 UI 控件属性	使用组件特定的函数及其相应属性

1.4　M 文件

MATLAB 作为一种高级计算机语言，以一种人机交互式的命令行方式工作，还可以像其他计算机高级语言一样进行控制流的程序设计。M 文件是使用 MATLAB 编写的程序代码文件，之所以称为 M 文件，是因为这种文件都以 ".m" 作为文件扩展名。

1.4.1　M 文件分类

用户可以使用任何文本编辑器或字处理器生成或编辑 M 文件，但是在 MATLAB 提供的 M 文件编辑器中生成或编辑 M 文件最为简单、方便而且高效。

M 文件可以分为两种类型：一种是函数式文件；另一种是命令式文件，也称之为脚本文件。

1. 命令式文件

在 MATLAB 中，实现某项功能的一串 MATLAB 语句命令与函数组合成的文件称为命令式文件。这种 M 文件在 MATLAB 的工作区内对数据进行操作，能在 MATLAB 环境下直接执行。命令式文件不仅能够对工作区内已存在的变量进行操作，还能将建立的变量及其执行后的结果保存在 MATLAB 工作区中，在以后的计算中使用。除此之外，命令文件执行的结果既可以显示输出，也可以使用 MATLAB 的绘图函数输出图形结果。

由于命令式文件的运行相当于在命令行窗口中逐行输入并运行，所以用户在编制此类文件时，只需要把要执行的命令按行编辑到指定的文件中即可。

在 MATLAB 主窗口的 "主页" 选项卡中选择 "新建" → "脚本" 命令，或直接单击 "新建脚本" 按钮，即可打开图 1-59 所示的 MATLAB 文件编辑器。在空白窗口中编写程序即可。

图 1-59　"编辑器" 窗口

例 1-10：生成矩阵。

解：输入下面的简单程序 mm.m。

```
function f = mm
% 下面的实例用于演示"for"的用法,用于创建一个矩阵
for i = 1:4
    for j = 1:4
        a(i,j) = 1/(i + j - 1);
    end
end
a
```

单击"编辑器"选项卡中的"保存"按钮，在弹出的"保存为"对话框中，选择保存文件夹，文件的扩展名必须是.m，单击"保存"按钮即可保存文件。

在运行函数之前，一定要把M文件所在的目录添加到MATLAB的搜索路径中，或者将函数文件所在的目录设置成当前目录。

使mm.m所在目录成为当前目录，或让该目录处在MATLAB的搜索路径上。然后在MATLAB命令行窗口中运行以下指令，便可得到M文件的输出结果。

```
> >mm
a =
    1.0000    0.5000    0.3333    0.2500
    0.5000    0.3333    0.2500    0.2000
    0.3333    0.2500    0.2000    0.1667
0.2500    0.2000    0.1667    0.1429
```

2. 函数式文件

MATLAB函数通常是指MATLAB系统中已设计好的完成某一种特定运算或实现某一特定功能的一个子程序。MATLAB函数或函数文件是MATLAB中最重要的组成部分，MATLAB提供的各种各样的工具箱几乎都是以函数形式给出的，是内容极为丰富的函数库，可以实现各种各样的功能。这些函数作为命令使用，所以函数有时又称为函数命令。

MATLAB中的函数即函数文件，是能够接受输入参数并返回输出参数的M文件，标志是文件内容的第一行为function语句。在MATLAB中，函数名和M文件名必须相同，函数式文件可以有返回值，也可以只执行操作而无返回值。

值得注意的是，命令式M文件在运行过程中可以调用MATLAB工作域内的所有数据，并且所产生的所有变量均为全局变量。也就是说，这些变量一旦生成，就一直保存在内存空间中，直到用户执行命令clear或quit时为止。而在函数式文件中的变量除特殊声明外，均为局部变量，函数式文件执行之后，只保留最后的结果，不保留任何中间过程，所定义的变量也只在函数的内部起作用，并随着调用的结束而被清除。

例1-11：验证两个数是否相等。

解：1）创建函数文件"equal_ab.m"。

```
function s = equal_ab
%  此函数用来验证两数是否相等
a = input('请输入a \n');
b = input('请输入b \n');
if a ~ =b
    disp('a 不等于b');
else
    disp('a 等于b')
end
```

2）调用函数。

```
> > equal_ab
请输入a
```

```
1                %用户输入
请输入 b
2                %用户输入
a 不等于 b
```

1.4.2 文件编辑器

"主页"选项卡是 MATLAB 一个非常重要的数据分析与管理窗口。它的主要按钮功能如下。

◆ "新建脚本"按钮：新建一个 M 文件。

◆ "新建实时脚本"按钮：新建一个实时脚本，如图 1-60 所示。

◆ "打开变量"按钮：打开所选择的数据对象。单击该按钮之后，进入图 1-61 所示的变量编辑窗口，在这里可以对数据进行各种编辑操作。

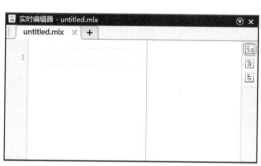

图 1-60　实时编辑器窗口

图 1-61　变量编辑窗口

1.5　MATLAB 命令的组成

MATLAB 的语法特征与 C++ 语言极为相似，而且更加简单，更加符合科技人员对数学表达式的书写格式，更利于非计算机专业的科技人员使用。而且这种语言可移植性好、可拓展性强。

图 1-62 显示了不同的命令格式，MATLAB 中不同的数字、字符、符号代表不同的含义，组成丰富的表达式，能满足用户的各种应用。本节将按照命令不同的生成方法简要介绍各种符号的功能。

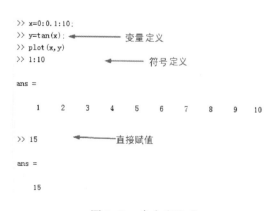

图 1-62　命令表达式

1.5.1 基本符号

命令行行首的"＞＞"是"指令输入提示符"，它是自动生成的（见图1-63），它表示 MATLAB 处于准备就绪状态。如果在提示符后输入一条命令或一段程序后按〈Enter〉键，MATLAB 将给出相应的结果，并将结果保存在工作区中，然后再次显示一个运算提示符，为下一段程序的输入做准备。

在 MATLAB 命令行窗口中输入汉字时，会出现一个输入窗口，在中文状态下输入的括号和标点等不被认为是命令的一部分，所以以输入命令时一定要在英文状态下进行。

下面介绍几种命令输入过程中常见的错误、显示的警告与错误信息，以及正确格式。

图 1-63　命令行窗口

（1）输入的括号为中文格式

```
＞＞sin（）
sin（）
     ↑
错误：输入字符不是 MATLAB 语句或表达式中的有效字符
```

（2）函数使用格式错误

```
＞＞sin()
错误使用 sin
输入参数的数目不足
```

（3）缺少步骤，未定义变量

```
＞＞sin(x)
未定义函数或变量 'x'
```

（4）正确格式

```
＞＞x=1
x =
     1
＞＞sin(x)
ans =
0.8415
```

1.5.2 功能符号

除了使用命令输入必需的符号外，MATLAB 使用分号、续行符及插入变量等方法解决命令输入过于烦琐、复杂的问题。

1. 分号

一般情况下，在 MATLAB 命令行窗口中输入命令，系统会根据指令给出计算结果。命令显示如下。

```
>> A=[1 2;3 4]
A =
     1     2
     3     4
>> B=[5 6;7 8]
B =
     5     6
     7     8
```

若不想让 MATLAB 每次都显示运算结果，只需在运算式最后加上分号（；）即可，命令显示如下。

```
>> A=[1 2;3 4];
>> B=[5 6;7 8];
>> A,B
A =
     1     2
     3     4
B =
     5     6
     7     8
```

2. 续行符

当命令太长，或出于某种需要，输入指令行必须多行书写时，可以使用特殊符号"..."来处理，如图 1-64 所示。

MATLAB 用 3 个或 3 个以上的连续黑点表示"续行"，即表示下一行是上一行的继续。

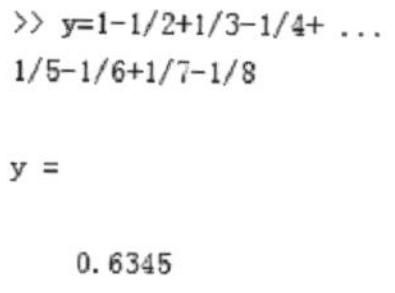

```
>> y=1-1/2+1/3-1/4+ ...
1/5-1/6+1/7-1/8

y =

    0.6345
```

图 1-64 多行输入

3. 插入变量

如果需要解决的问题比较复杂、直接输入比较麻烦，即使添加分号依旧无法解决，可以引入变量，赋予变量名称与数值，最后进行计算。

变量定义之后才可以使用，未定义就会出错，显示警告信息，且警告信息字体为红色。

```
>>x
函数或变量'x'无法识别
```

存储变量可以不必事先定义，在需要时随时定义即可。如果变量很多，则需要提前声明，同时也可以直接赋予 0 值，并注释，这样可以方便以后区分，避免混淆。

```
>> a=1
a =
1
>> b=2
b =
2
```

直接输入"x=4*3"，则自动在命令行窗口显示结果。

```
>> x = 4 * 3
x =
    12
```

命令中包含赋值号（=），因此表达式的计算结果被赋给了变量 x。指令执行后，变量 x 被保存在 MATLAB 的工作区中，以备后用。

若输入"x = 4 * 3;"，则按〈Enter〉键后不显示输出结果，可继续输入指令，完成所有指令输出后，显示运算结果，命令显示如下。

```
>> x = 4 * 3;
>>
```

1.5.3 常用指令

在使用 MATLAB 编制程序时，掌握常用的操作命令或技巧，可以起到事半功倍的效果，下面详细介绍常用的命令。

1. cd：显示或改变工作目录

```
>>cd
C:\Program Files\Polyspace\R2020a\bin          % 显示工作目录
```

2. clc：清除工作窗

在命令行窗口输入"clc"，按〈Enter〉键执行该命令，则自动清除命令行中所有程序，如图 1-65 所示。

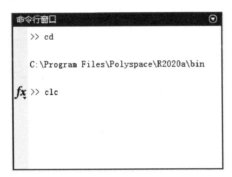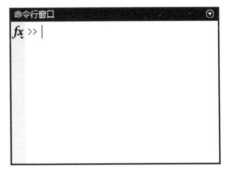

图 1-65　清除命令

3. clear：清除内存变量

在命令行窗口输入"clear"，按〈Enter〉键执行该命令，则自动清除内存中变量的定义。

给变量 a 赋值 1，然后清除赋值。

```
>> a = 15
a =
    15
>>clear a
>>a
函数或变量 'a' 无法识别
```

使用 MATLAB 编制程序时，其余常用命令见表 1-10。

表 1-10　常用的操作命令

命　令	该命令的功能	命　令	该命令的功能
cd	显示或改变工作目录	bold	图形保持命令
clc	清除工作窗口	load	加载指定文件的变量
clear	清除内存变量	pack	整理内存碎片
clf	清除图形窗口	path	显示搜索目录
diary	日志文件命令	quit	退出 MATLAB 2020
dir	显示当前目录下文件	save	保存内存变量指定文件
disp	显示变量或文字内容	type	显示文件内容
echo	工作窗口信息显示开关		

MATLAB 中，一些标点符号也被赋予特殊的意义，下面介绍常用的几种键盘按键与符号，见表 1-11 和表 1-12。

表 1-11　键盘操作技巧表

键盘按键	说　明	键盘按键	说　明
↑	重调前一行命令	Home	移动到行首
↓	重调下一行命令	End	移动到行尾
←	向前移一个字符	Esc	清除一行
→	向后移一个字符	Del	删除光标处字符
Ctrl + ←	左移一个字	Backspace	删除光标前的一个字符
Ctrl + →	右移一个字	Alt + Backspace	删除到行尾

表 1-12　标点表

标　点	定　义	标　点	定　义
:	具有多种功能	.	小数点及域访问符
;	区分行及取消运行显示等	...	续行符号
,	区分列及函数参数分隔符等	%	注释标记
( )	指定运算过程中的优先顺序	!	调用操作系统运算
[ ]	矩阵定义的标志	=	赋值标记
{}	用于构成单元数组	'	字符串标记符

第2章　MATLAB 基础

 内容指南

  MATLAB 是一个高级的矩阵/阵列语言，具有用法简单、灵活，程序结构性强、延展性好等优点。在利用 MATLAB 进行计算之前，读者有必要先了解 MATLAB 的变量、运算符及数据的基本操作。

内容要点

  📖 变量和数据操作。

  📖 运算符。

  📖 数学函数。

  📖 日期和时间。

2.1　变量和数据操作

  利用 MATLAB 解决问题的最基本操作就是定义一些变量，然后对变量进行运算操作。MAT-LAB 提供了多种类型的变量，本节简要介绍最基础的变量类型，以及相应的数据操作。

2.1.1　变量与赋值

1. 变量

  变量是任何程序设计语言的基本元素之一，MATLAB 语言当然也不例外。在 MATLAB 中，变量的命名应遵循如下规则。

  ◆ 变量名必须以字母开头，之后可以是任意的字母、数字或下画线。

  ◆ 变量名区分字母的大小写。

  ◆ 变量名不超过31 个字符，第31 个字符以后的字符将被忽略。

  与其他的程序设计语言相同，MATLAB 中的变量也存在作用域的问题。在未加特殊说明的情况下，MATLAB 将所识别的一切变量视为局部变量，仅在其使用的 M 文件内有效。若要将变量定义为全局变量，则应当对变量进行说明，即在该变量前加关键字 global。一般来说，全局变量均用大写的英文字符表示。

  2. 变量赋值

  将数字的值赋给变量，那么此变量称为数值变量。在 MATLAB 下进行简单的数值运算，只需将运算式直接输入到提示号（＞＞）之后，并按〈Enter〉键即可。例如，要计算 145 与 25 的乘积，可以直接输入：

```
> > 145 * 25
ans =
    3625
```

用户也可以输入：

```
>> x=145*25
x =
    3625
```

此时 MATLAB 把计算值赋给指定的变量 x。

2.1.2 预定义变量

MATLAB 语言本身也具有一些预定义的变量，这些特殊的变量称为常量。表2-1 给出了 MATLAB 语言中经常使用的一些特殊变量。

例2-1：显示圆周率 pi 的值。

解：在 MATLAB 命令窗口提示符"＞＞"后输入"pi"，然后按〈Enter〉键，出现以下内容。

```
>> pi            % 查看常量 pi 的值
ans =
3.1416
```

这里"ans"是指当前的计算结果，若计算时用户没有对表达式设定变量，系统就自动将当前结果赋给特殊变量"ans"。

在定义变量时应避免与常量名相同，以免改变这些常量的值。如果已经改变了某个常量的值，可以通过"clear + 常量名"命令恢复该常量的初始设定值。当然，重新启动 MATLAB 也可以恢复这些常量值。

表2-1　MATLAB 中的预定义变量

预定义变量名称	说　明
ans	MATLAB 中默认变量
pi	圆周率
eps	浮点运算的相对精度
inf	无穷大，如 1/0
NaN	不定值，如 0/0、∞/∞、$0*\infty$
i（j）	复数中的虚数单位
realmin	最小正浮点数
realmax	最大正浮点数

例2-2：给圆周率 pi 赋值1，然后恢复。

解：MATLAB 程序如下。

```
>> pi=1          % 修改常量 pi 的值
pi =
    1
>> clear pi      % 恢复常量 pi 的初始值
>> pi            % 查看常量 pi 的值
ans =
  3.1416
```

2.1.3 MATLAB 变量保存

"当前文件夹"窗口可显示或改变当前目录,保存指定变量到当前工作目录,查看当前目录下的文件,如图 2-1 所示。

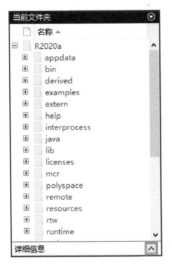

图 2-1 "当前文件夹"窗口

在 MATLAB 中,save 命令用于将工作区变量保存到文件中,它的使用格式见表 2-2。

表 2-2 save 命令的使用格式

命 令 格 式	说 明
save(filename)	将当前工作区中的所有变量保存在 MATLAB 格式的二进制文件(MAT 文件)filename 中。如果 filename 已存在,则覆盖该文件
save(filename,variables)	将 variables 指定的结构体数组的变量或字段保存在 MATLAB 格式的二进制文件(MAT 文件)filename 中
save(filename,variables,fmt)	保存为 fmt 指定的文件格式
save(filename,variables,version)	保存为 version 指定的 MAT 文件版本
save(filename,variables,version,'-nocompression')	将变量保存到 MAT 文件中而不压缩。'-nocompression' 标志仅支持版本 7 和 7.3 的 MAT 文件,因此必须将 version 指定为'-v7'或'-v7.3'
save(filename,variables,'-append')	将新变量添加到一个现有文件中。对于 ASCII 文件,'-append' 会将数据添加到文件末尾
save(filename,variables,'-append','-nocompression')	将新变量添加到一个现有文件中而不进行压缩,现有文件必须是 7 或 7.3 版的 MAT 文件
save filename	无需输入括号或者将输入括在单引号或双引号内。使用空格(而不是逗号)分隔各个输入项

执行上述命令后,系统自动保存文件。要保存名为 mode. mat 的文件,以下语句是等效的:

```
>> save mode. mat          % 命令语法
>> save('mode. mat')       % 函数语法
```

要保存名为 *X* 的变量：

```
>> save mode.mat X              % 命令语法
>> save('mode.mat','X')         % 函数语法
```

例 **2-3**：保存变量文件。

解：MATLAB 程序如下。

```
>> clear
>> close all
>> A=1:10;                      % 创建向量 A
>> B=1+2i;                      % 创建复数 B
>> C=ones(10);                  % 创建 10 阶全一矩阵 C
>> save('shuzhi.mat','A','B','C')   % 将这些变量保存到当前文件夹中的文件
                                      shuzhi.mat 中
>> save shuzhi.txt A B C -ascii     % 使用命令语法将变量保存到当前文件夹中的
                                      ASCII 文件 shuzhi.txt 中
```

警告：复数变量 'B' 的虚部未保存到 ASCII 文件

在当前文件夹下显示创建的 shuzhi.mat 文件和 shuzhi.txt 文件，如图 2-2 所示。

shuzhi.mat
shuzhi.txt

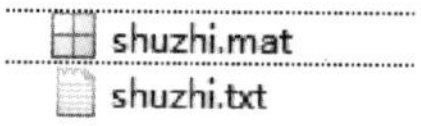

2.1.4 数据的输出格式

图 2-2　保存文件

一般而言，在 MATLAB 中数据的存储与计算都是以双精度进行的，但有多种显示形式。在默认情况下，若数据为整数，就以整数表示；若数据为实数，则以保留小数点后 4 位的精度近似表示。

用户可以改变数字显示格式。控制数字显示格式的命令是 format，其调用格式见表 2-3。

例 **2-4**：控制数字显示格式示例。

解：MATLAB 程序如下。

```
>> format long, pi     % 将常量 pi 的格式设置为长固定十进制小数点格式,包含 15 位数
ans =
    3.141592653589793
```

表 2-3　format 调用格式

调用格式	说　明
format short	默认的格式设置，短固定十进制小数点格式，小数点后包含 4 位数
format long	长固定十进制小数点格式，double 值的小数点后包含 15 位数，single 值的小数点后包含 7 位数
format shortE	短科学计数法，小数点后包含 4 位数
format longE	长科学计数法，double 值的小数点后包含 15 位数，single 值的小数点后包含 7 位数
format shortG	使用短固定十进制小数点格式或科学计数法中更紧凑的一种格式，总共 5 位
format longG	使用长固定十进制小数点格式或科学计数法中更紧凑的一种格式
format shortEng	短工程计数法，小数点后包含 4 位数，指数为 3 的倍数

（续）

调用格式	说　　明
format longEng	长工程计数法，包含 15 位有效位数，指数为 3 的倍数
format hex	16 进制格式表示
format +	在矩阵中，用符号 +、– 和空格表示正号、负号和零
format bank	货币格式，小数点后包含 2 位数
format rat	以有理数形式输出结果
format compact	输出结果之间没有空行
format loose	输出结果之间有空行
format	将输出格式重置为默认值，即浮点表示法的短固定十进制小数点格式和适用于所有输出行的宽松行距

2.1.5 数据类型

MATLAB 中的数据类型包括下面几种。

1. 数值类型

数值类型可以分为整型（有符号、无符号）和浮点型。

（1）整型

整型数据是不包含小数部分的数值型数据，用字母 I 表示。整型数据只用来表示整数，以二进制形式存储。下面介绍整型数据的分类。

◆ char：字符型数据，属于整型数据的一种，占用 1 个字节。
◆ unsigned char：无符号字符型数据，属于整型数据的一种，占用 1 个字节。
◆ short：短整型数据，属于整型数据的一种，占用 2 个字节。
◆ unsigned short：无符号短整型数据，属于整型数据的一种，占用 2 个字节。
◆ int：有符号整型数据，属于整型数据的一种，占用 4 个字节。
◆ unsigned int：无符号整型数据，属于整型数据的一种，占用 4 个字节。
◆ long：长整型数据，属于整型数据的一种，占用 4 个字节。
◆ unsigned long：无符号长整型数据，属于整型数据的一种，占用 4 个字节。

（2）浮点型

浮点型数据只采用十进制，有两种形式，即十进制数形式和指数形式。

1）十进制数形式：由数码 0 ~ 9 和小数点组成，如 0.0、.25、5.789、0.13、5.0、300.、– 267.8230。

例 2-5：显示十进制数字。

解：MATLAB 程序如下。

```
> > 3.00000
ans =
    3
> > 3
ans =
    3
```

```
> >.3
ans =
    0.3000
> >.06
ans =
    0.0600
```

2）指数形式：由十进制数，加阶码标志"e"或"E"以及阶码（只能为整数，可以带符号）组成。其一般形式为：

$$a \, E \, n$$

其中，a 为十进制数，n 为十进制整数，表示的值为 $a \times 10^n$。

例如，2.1E5 等于 2.1×10^5，3.7E – 2 等于 3.7×10^{-2}，0.5E7 等于 0.5×10^7，– 2.8E – 2 等于 -2.8×10^{-2}。

例 2-6：显示指数。

解：MATLAB 程序如下。

```
> > 3E6
ans =
    3000000
> > 3e6
ans =
    3000000
> > 4e0
ans =
    4
> > 0.5e5
ans =
    50000
```

下面介绍常见的不合法的实数。

◆ E7：阶码标志 E 之前无数字。

◆ 53. – E3：负号位置不对。

◆ 2.7E：无阶码。

浮点型变量还可分为两类：单精度型和双精度型。

◆ float：单精度说明符，占 4 个字节（32 位）内存空间，其数值范围为 3.4E – 38 ~ 3.4E + 38，只能提供 7 位有效数字。

◆ double：双精度说明符，占 8 个字节（64 位）内存空间，其数值范围为 1.7E – 308 ~ 1.7E + 308，可提供 16 位有效数字。

2. 逻辑类型

逻辑值为 1、0，分别代表真、假。

3. 字符和字符串

MATLAB 中字符串是进行符号运算表达式的基本构成单元。

4. 函数句柄

函数句柄是 MATLAB 中用来间接调用函数的一种语言结构，用于在使用函数过程中保存函数的相关信息，尤其是关于函数执行的信息。

5. 单元数组类型

一种无所不包的广义矩阵。组成单元数组的每一个元素称为单元。

6. 结构体类型

MATLAB 结构体与 C 语言相似，一个结构体可以通过字段存储多个不同类型的数据。

2.2 运算符

MATLAB 提供了丰富的运算符，能满足用户的各种应用。这些运算符包括算术运算符、关系运算符和逻辑运算符三种。本节将简要介绍各种运算符的功能。

2.2.1 算术运算符

MATLAB 语言的算术运算符见表 2-4。

表 2-4 MATLAB 语言的算术运算符

运　算　符	定　　义
+	算术加
−	算术减
*	算术乘
. *	点乘
^	算术乘方
. ^	点乘方
\	算术左除
. \	点左除
/	算术右除
. /	点右除
'	矩阵转置。当矩阵是复数时，求矩阵的共轭转置
. '	矩阵转置。当矩阵是复数时，不求矩阵的共轭

其中，算术运算符加、减、乘、除及乘方与传统意义上的加、减、乘、除及乘方类似，用法基本相同，而点乘、点乘方等运算有其特殊的一面。点运算是指元素点对点的运算，即矩阵内元素对元素之间的运算。点运算要求参与运算的变量在结构上必须是相似的。

MATLAB 的除法运算较为特殊。对于简单数值而言，算术左除与算术右除也不同。算术右除与传统的除法相同，即 $a/b = a \div b$；而算术左除则与传统的除法相反，即 $a \backslash b = b \div a$。对矩阵而言，算术右除 A/B 相当于求解线性方程 $X*B = A$ 的解；算术左除 $A \backslash B$ 相当于求解线性方程 $A*X = B$ 的解。点左除与点右除与上面点运算相似，是变量对应于元素进行点除。

2.2.2 关系运算符

关系运算符主要用于对矩阵与数、矩阵与矩阵进行比较，返回表示二者关系的由数 0 和 1 组成的矩阵，0 和 1 分别表示不满足和满足指定关系。

MATLAB 语言的关系运算符见表 2-5。

表 2-5　MATLAB 语言的关系运算符

运　算　符	定　　义
= =	等于
~ =	不等于
>	大于
> =	大于等于
<	小于
< =	小于等于

2.2.3　逻辑运算符

MATLAB 语言进行逻辑判断时，所有非零数值均被认定为真，而零为假。在逻辑判断结果中，判断为真时输出 1，判断为假时输出 0。

MATLAB 语言的逻辑运算符见表 2-6。

表 2-6　MATLAB 语言的逻辑运算符

运　算　符	定　　义
& 或 and	逻辑与。两个操作数同时为非零值时，结果为 1，否则为 0
| 或 or	逻辑或。两个操作数同时为 0 时，结果为 0，否则为 1
~ 或 not	逻辑非。当操作数为 0 时，结果为 1，否则为 0
xor	逻辑异或。两个操作数之一为非零值时，结果为 1，否则为 0
any	有非零元素则为真
all	所有元素均非零则为真

下面结合实例，详细介绍 MATLAB 语言的逻辑运算符。

1）& 或 and：逻辑与。两个操作数同时为 1 时，结果为 1，否则为 0。

```
> > 1&1
ans =
  logical
  1
> > and(5,0)
ans =
  logical
  0
```

2）\| 或 or：逻辑或。两个操作数同时为 0 时，结果为 0，否则为 1。

```
> > 0|0
ans =
  logical
```

```
   0
> > or (0,0)
ans =
  logical
   0
> > or (0,1)
ans =
  logical
   1
```

3）~或 not：逻辑非。当操作数为 0 时，结果为 1，否则为 0。

4）xor：逻辑异或。两个操作数之一为非零值时，结果为 1，否则为 0。输入格式为 $C = xor(A, B.)$。

```
> >xor(0,1)
ans =
logical
   1
```

5）any：有非零元素则为真。输入格式为 $B = any(A)$；$B = any(A, dim)$。

```
> > any(1)
ans =
logical
   1
> > any(logical(0),logical(1))
ans =
logical
   0
```

6）all：所有元素均非零则为真。输入格式为 $B = all(A)$；$B = all(A, dim)$。

```
> > all(1)
ans =
logical
   1
```

2.2.4 运算优先级

在算术、关系、逻辑三种运算符中，算术运算符优先级最高，关系运算符次之，而逻辑运算符优先级最低。在逻辑运算符中，"非"的优先级最高，"与"和"或"有相同的优先级。

2.3 数学函数

MATLAB 提供了丰富的数学函数，能满足用户的各种应用。

2.3.1　三角函数

MATLAB 中的三角函数计算以弧度或度为单位的标准三角函数值、以弧度为单位的双曲三角函数值以及每个函数的反函数。

MATLAB 常用的三角函数见表 2-7。

表 2-7　三角函数

名　　称	说　　明
sin(x)	正弦函数，以弧度为单位
cos(x)	余弦函数，以弧度为单位
tan(x)	正切函数，以弧度为单位
sind(x)	正弦函数，以度为单位
cosd(x)	余弦函数，以度为单位
tand(x)	正切函数，以度为单位
sinpi(x)	准确地计算 sin(x * pi)
cospi(x)	准确地计算 cos(x * pi)
asin(x) asind(x)	反正弦函数
acos(x) acosd(x)	反余弦函数
atan(x) atand(x)	反正切函数
sinh(x)	超越正弦函数
cosh(x)	超越余弦函数
tanh(x)	超越正切函数
asinh(x)	反超越正弦函数
acosh(x)	反超越余弦函数
atanh(x)	反超越正切函数

1. 角度弧度转换函数

MATLAB 中角度弧度转换函数见表 2-8。

表 2-8　角度弧度转换函数

名　　称	说　　明	调用格式
deg2rad	将角的单位从度转换为弧度	$R = deg2rad(D)$
rad2deg	将 R 中每个元素的角单位从弧度转换为度	$D = rad2deg(R)$

例 2-7：计算以度为单位的正弦函数。

解：MATLAB 程序如下。

```
>> D = rad2deg(pi)      % 将 pi 转换为以度为单位
D =
```

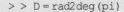

```
       180
> > sind(D)   % 正弦函数,以度为单位
ans =
       0
```

2. 四象限函数

表 2-9 中的四象限函数是基于图 2-3 所示的 Y 和 X 的值返回闭区间 [− pi, pi] 中的值.

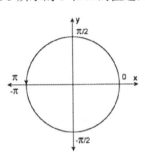

图 2-3　四象限坐标

表 2-9　四象限函数

名　称	说　明	调 用 格 式
atan2	四象限反正切函数, 以弧度为单位	$P = \text{atan2}(Y,X)$
atan2d	四象限反正切函数, 以度为单位	$P = \text{atan2d}(Y,X)$

例 **2-8**：计算四象限反正切。

解：MATLAB 程序如下。

```
> >atan2(12,4)
ans =

    1.2490
```

2.3.2 整数与小数转换函数

1. 小数转换为整数数值

如果要转换为整数的数值带有小数部分，MATLAB 将舍入到最接近的整数。如果小数部分正好是 0.5，则 MATLAB 会从两个同样临近的整数中选择绝对值更大的整数。

例 **2-9**：显示带小数整数的转换。

解：MATLAB 程序如下。

```
> > int16(123.499)
ans =
   int16
   123
> > int16(123.999)
ans =
```

```
int16
124
```

如果需要使用非默认舍入对数值进行舍入，MATLAB 提供了以下四种舍入函数：round、fix、floor 和 ceil。fix 函数能够覆盖默认的舍入方案，并朝零舍入（如果存在非零的小数部分）。

在 MATLAB 中，round 函数表示将带有小数的整数数值四舍五入为最近的小数或整数，其调用格式见表 2-10。

表 2-10　round 调用格式

调 用 格 式	说　　明
Y = round(X)	返回一个数值，该数值是按照指定的小数位数进行四舍五入运算的结果
Y = round(X,N)	X 的最近倍数为 $10 - N$
Y = round(X,N,type)	type 指定舍入的类型
Y = round(t)	将时间数组 t 的每个元素四舍五入到最接近的秒数
Y = round(t,unit)	将每一个元素 t 到指定时间单位的最近数

例 2-10：带小数整数的四舍五入。

解：MATLAB 程序如下。

```
> > round(6.5274,3,'significant') % x 四舍五入小数点保留 5 位有效数字。
ans =
    6.5300
```

在 MATLAB 中，fix 函数表示将带有小数的整数数值（无论正负）舍去小数至最近整数，其调用格式见表 2-11。

表 2-11　fix 调用格式

调 用 格 式	说　　明
Y = fix(X)	返回一个数值，该数值是元素 X 最接近于零的整数

例 2-11：数值取整示例。

解：MATLAB 程序如下。

```
> > X = fix (3.22)
X =
    3
> > Y = fix (2.88)
Y =

    2
```

在 MATLAB 中，floor 函数表示将带有小数的整数数值向负无穷大方向取整，其调用格式见表 2-12。

表 2-12　floor 调用格式

调 用 格 式	说　　明
Y = floor(X)	将 X 向负无穷大方向取整
Y = floor(t)	t 为输入的持续时间
Y = floor(t, unit)	unit 为时间单位，指定为' seconds ' ' minutes ' ' hours ' ' days '或' years '。一年的持续时间正好等于 365. 2425 天 24 小时

在 MATLAB 中，ceil 函数表示将带有小数的整数数值向正无穷大方向取整，其调用格式见表 2-13。

表 2-13　ceil 调用格式

调 用 格 式	说　　明
Y = ceil(X)	将 X 向正无穷大方向取整
Y = ceil(t)	t 为输入的持续时间
Y = ceil(t, unit)	unit 为时间单位，指定为' seconds ' ' minutes ' ' hours ' ' days '或' years '。一年的持续时间正好等于 365. 2425 天

例 2-12：数值取整示例。

解：MATLAB 程序如下。

```
>> X = floor(pi)
X =
    3
>> Y = ceil(pi)
Y =

    4
```

2. 小数转换为分数

有理逼近是通过截断连续分式展开，通过反复取整数部分后再取分数部分的倒数得到的。逼近 X 形式的连续分数表示为：

$$\frac{N}{D} = D_1 + \cfrac{1}{D_2 + \cfrac{1}{\ddots + \cfrac{1}{D_k}}}$$

小数转换为分数近似的精度随项数的增加呈指数增长。

在 MATLAB 中，rat 函数通过有理分数逼近将实数 X 转化为分数表示，其调用格式见表 2-14。

表 2-14　ceil 调用格式

调 用 格 式	说　　明
R = rat(X)	在默认的公差范围内，返回有理分数逼近的 X
R = rat(X, tol)	tol 表示公差
[N, D] = rat(...)	返回分子 N、分母 D

例 2-13：π 近似值。

解：MATLAB 程序如下。

```
>> format rat
>> pi
ans =

    355/113
>> R = rat(pi)
R =
    '3 + 1/(7 + 1/(16))'
```

2.3.3 基本数学函数

MATLAB 常用的基本数学函数见表 2-15。

表 2-15 基本数学函数

名　称	说　明	名　称	说　明
+_ */	加减乘除基本运算	^	平方运算
abs(x)	数量的绝对值或向量的长度	sign (x)	符号函数（Signum function）。当 $x < 0$ 时，$\text{sign}(x) = -1$；当 $x = 0$ 时，$\text{sign}(x) = 0$；当 $x > 0$ 时，$\text{sign}(x) = 1$
sqrt(x)	开平方	rem	求两整数相除的余数
mod	除后的余数（取模运算）	idivide	带有舍入选项的整除
hypot	平方和的平方根		

第3章　　GUI 编程基础

内容指南

数据转化为图形后，相应的数据信息也被转化为图像。用户操作早期电子产品的 GUI 采用字符界面，需要操作人员具有较高的专业性。文字、接收到的信息都是图形对象，不再需要记忆大量的命令符号，无须具备专业知识和操作技能即可实现对电子产品的操作。但简化了的操作过程并不意味着 GUI 不具有技术性。隐藏在图形对象背后的，是更加专业的代码编写和相关操作，这些背后的操作更加具有技术性。

GUI 由窗口、下拉菜单、对话框及其相应的组件构成，利用编程的方法设计 GUI 主要是编写和设计相关的代码，将需要的命令符号转化为组件，将字符界面转化为图形界面，以便用户可以利用图形界面实现想要操作的内容。

内容要点

- 图形显示窗口。
- 回调函数。
- GUI 组件属性。
- 创建 UI 组件。

3.1　图形显示窗口

图形用户界面（GUI）配置需要专门的显示容器——图窗，App Designer 应用程序支持的 UI 图窗现代图形和交互式 UI 组件与 UIFigure 窗口支持的相同，GUIDE 应用程序支持与 Figure 窗口、UIFigure 窗口相同的图形和组件。

3.1.1　Figure 窗口

在 MATLAB 中，Figure 窗口是用于显示二维和三维图形、图像的窗口。MATLAB 显示的图像可以是数据的二维或三维坐标图、图片或用户图形接口。

在 MATLAB 中打开一个图 3-1 所示的图形窗口，下面是对图形窗口工具条的详细说明。

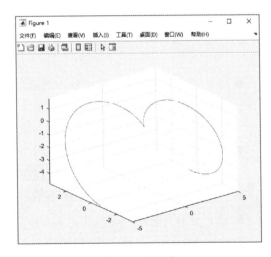

图 3-1　图形窗口

 知识拓展：

图 3-1 中的三维曲线程序如下。

```
>>syms x y z
>>fplot3(x,x*cos(x),x.*sin(x))
```

◆ 🗔：单击此图标将新建一个图形窗口，该窗口不会覆盖当前的图形窗口，编号紧接着当前窗口最后一个。

◆ 📂：打开图形窗口文件（扩展名为.fig）。

◆ 💾：将当前的图形以.fig文件的形式存到用户所希望的目录下。

◆ 🖨：打印图形。

◆ 🗖：单击此图标后会在图形的右边出现一个色轴（见图3-2），这会给用户在编辑图形色彩时带来很大的方便。

◆ 🖽：用来给图形加标注。单击此图标后，会在图形的右上方出现文本框，如图3-3所示，双击框内数据名称所在的区域，可以将 x 改为读者所需要的数据。

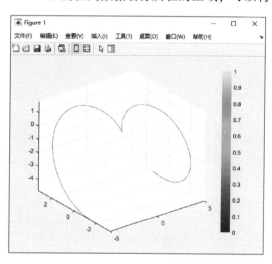

图3-2 指定色轴

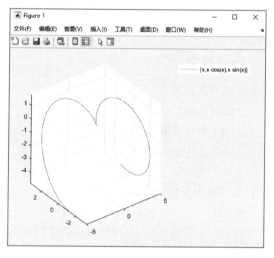

图3-3 添加图形标注

◆ 🖑：单击此图标后，鼠标双击图形对象，在图形的下面会出现图3-4所示的图形编辑器窗口，可以对图形进行相应的编辑。

将鼠标放在图形界面中的图像上，显示图形快捷工具，如图3-5所示。

◆ 🖋：单击此图标后，光标会变为十字架形状，将十字架的中心放在图形的某一点上，然后单击鼠标左键会在图上出现该点在所在坐标系中的坐标值，如图3-6所示。

◆ 🖫：另存为命令，将当前图形保存在图形文件路径下。

◆ 🖼：复制为图像。

◆ 🗐：复制为向量图。

◆ 🗐：数据提示。

◆ 🎯：三维旋转命令，单击此图标后，按住鼠标左键进行拖动，可以对三维图形进行旋转操作，以便用户找到自己所需要的观察位置。按住鼠标左键向下移动，到一定位置会出现图3-7所示的螺旋线的俯视图。

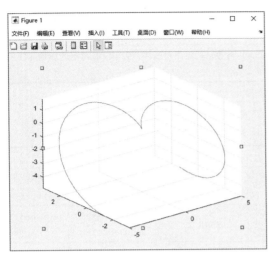

图 3-4　图形编辑器

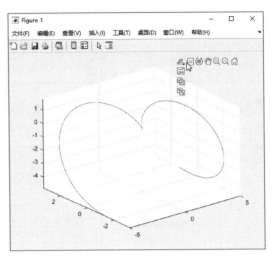

图 3-5　图像快捷工具

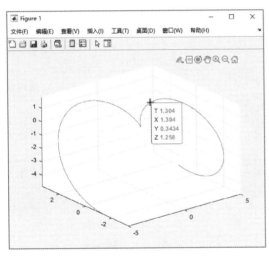

图 3-6　取点

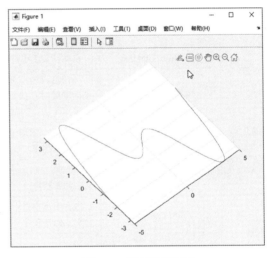

图 3-7　螺旋线俯视图

◆ 🖐：平移命令，按住鼠标左键移动图形。

◆ 🔍：用鼠标单击或框选图形，可以放大图形窗口中的整个图形或图形的一部分。

◆ 🔍：缩小图形窗口中的图形。

◆ 🏠：还原视图命令，单击该图标，还原平移旋转的视图至曲线初始生成状态。

3.1.2 UIFigure 窗口

在 MATLAB 中，uifigure 命令用于创建一个专门为应用程序 App 构建配置的图窗，它的使用格式见表 3-1。

表 3-1　uifigure 命令的使用格式

调　用　格　式	说　　　明
fig = uifigure	创建一个用于构建用户界面的图窗并返回 Figure 对象 fig。可使用 fig 在创建图窗后查询或修改其属性。一般使用点表示法来引用特定的对象和属性

（续）

调用格式	说　　明
fig = uifigure(Name, Value)	使用一个或多个（Name, Value）参数对指定图窗属性，对于没有指定的属性，使用默认值

UIFigure 的属性名与有效的属性值参数对见表 3-2。

表 3-2　UIFigure 属性

属性分类	属性名	说　　明	默认值	有　效　值
窗口外观	Color	背景色		RGB 三元组、十六进制颜色代码、'r'、'g'、'b'等
	WindowState	窗口状态	'normal'	'minimized'、'maximized'、'fullscreen'
位置	Position	UI 图窗的位置和大小，不包括边框和标题栏	四维向量[left, bottom, width, height]	取决于显示
	Units	测量单位	pixels（像素）	pixels
	InnerPosition	可绘制区域的位置和大小		[left bottom width height]
	AutoResizeChildren	自动调整子组件的大小	'on'	'on'、'off'
常见回调	ButtonDownFcn	当在窗口中空闲处按下鼠标左键时，执行的回调程序	'　'（空字符串）	'　'（空字符串）、函数句柄、元胞数组、字符向量
	CreateFcn	当打开一图形窗口时定义一回调程序	'　'（空字符串）	'　'（空字符串）、函数句柄、元胞数组、字符向量
	DeleteFcn	当删除一图形窗口时定义一回调程序	'　'（空字符串）	'　'（空字符串）、函数句柄、元胞数组、字符向量
键盘回调	KeyPressFcn	当在图形窗口中按下时，定义一回调程序	'　'（空字符串）	'　'（空字符串）、函数句柄、元胞数组、字符向量
	KeyReleaseFcn	释放键回调	'　'（空字符串）	''、函数句柄、元胞数组、字符向量
窗口回调	CloseRequestFcn	当执行命令关闭时定义一回调程序	'closereq'	closereq、函数句柄、元胞数组、字符向量
	SizeChangedFcn	大小更改回调	''	''、函数句柄、元胞数组、字符向量
	WindowButtonDownFcn	当在图形窗口中按下鼠标时，定义一回调程序	''	'　'（空字符串）
	WindowButtonMotionFcn	当将鼠标移进图形窗口中时，定义一回调程序	''	'　'（空字符串）
	WindowButtonUpFcn	当在图形窗口中松开按钮时，定义一回调程序	''	'　'（空字符串）
	WindowKeyPressFcn	窗口按键回调	''	''、函数句柄、元胞数组、字符向量
	WindowKeyReleaseFcn	窗口释放键回调	''	''、函数句柄、元胞数组、字符向量

（续）

属性分类	属性名	说　明	默认值	有效值
窗口回调	WindowScrollWheelFcn	窗口滚轮回调	''	''、函数句柄、元胞数组、字符向量
	ResizeFcn	当图形窗口改变大小时，定义一回调程序	字符串	' '（空字符串）
回调执行控件	Interruptible	定义一回调程序是否可中断	on、off	on（可以中断）
	BusyAction	指定如何处理中断调用程序	cancel、queue	queue
	BeingDeleted	删除状态		' off '、' on '
父级/子级	Parent	图形窗口的父对象		根屏幕
	Children	显示图形窗口中的任意对象句柄		
	HandleVisiblity	指定图形窗口句柄是否可见	off	on、callback、off
标识符	Name	显示图形窗口的标题	''（空字符串）	任意字符串
	Number	数值		整数、[ ]
	NumberTitle	标题栏中是否显示' Figure No. n '，其中 n 为图形窗口的编号	on	on、off
	IntegerHandle	指定使用整数或非整数图形句柄	on（整数句柄）	on、off
	Tag	用户指定的图形窗口标签	' '（空字符串）	任意字符串
	Type	图形对象的类型（只读类型）	' figure '	figure
	UserData	用户指定的数据	[ ]（空矩阵）	任一矩阵

例 **3-1**：创建 UI 图窗。

解：MATLAB 程序如下。

```
>> close all
>> fig = uifigure
fig =
  Figure - 属性:
     Number: []
       Name: ''
      Color: [0.9400 0.9400 0.9400]
   Position: [680 558 560 420]
      Units: 'pixels'
  显示 所有属性
>> fig. Name ='My Figure';        % 修改 UI 图窗名称属性
>> fig. Color ='g';               % 修改 UI 图窗颜色为绿色
```

运行结果如图 3-8 所示。

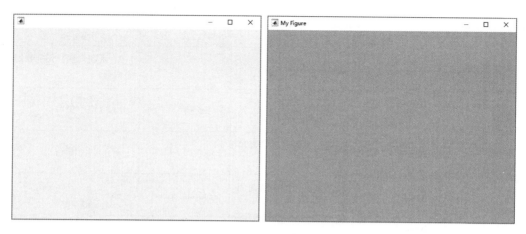

图 3-8　创建 UI 图窗（一）

例 3-2：创建定义名称的 UI 图窗。

解：MATLAB 程序如下。

```
> > close all
> > fig = uifigure('Name','Figure 1')
fig =

  Figure (Figure 1) - 属性:

      Number: []
        Name: 'Figure 1'
       Color: [0.9400 0.9400 0.9400]
    Position: [680 558 560 420]
       Units: 'pixels'
  显示 所有属性
```

运行结果如图 3-9 所示。

图 3-9　创建 UI 图窗（二）

3.1.3 figure 命令

使用 figure 命令或将向导应用程序导出到 MATLAB 文件中，继续开发、运行和编辑这些应用程序，不会利用 UI 图形中提供的新功能和 UI 组件。

在 MATLAB 中，命令 figure 用来创建图形窗口，它的使用格式见表3-3。

表 3-3　figure 命令的使用格式

调 用 格 式	说　　明
figure	创建一个图形窗口，默认名称为 figure1
figure(n)	创建一个编号为 figure(n) 的图形窗口，其中 n 是一个正整数，表示图形窗口的句柄
figure(f)	将 f 指定的图窗作为当前图窗，并将其显示在其他所有图窗的上面
figure('PropertyName', PropertyValue,…)	对指定的属性 PropertyName，用指定的属性值 PropertyValue（属性名与属性值成对出现）创建一个新的图形窗口；对于那些没有指定的属性，则用默认值
f = figure(…)	返回 Figure 对象。可使用 f 在创建图窗后查询或修改其属性

Figure 属性名与有效的属性值见表3-4。

表 3-4　Figure 属性

属性分类	属 性 名	说　　明	默 认 值	有 效 值
窗口外观	MenuBar	Figure 菜单栏显示方式	'figure'	'none'
	ToolBar	Figure 工具栏显示	'auto'	'figure'、'none'
	DockControls	交互式 figure 停靠	'on'	'off'
	Color	背景色		RGB 三元组、十六进制颜色代码、'r'、'g'、'b'等
	WindowStyle	窗口样式	'normal'	'modal'、'docked'
	WindowState	窗口状态	'normal'	'minimized'、'maximized'、'fullscreen'
位置	Position	图形窗口的位置与大小	四维向量 [left,bottom, width,height]	取决于显示
	Units	用于解释属性 Position 的单位	inches（英寸）centimeters（厘米）normalized（标准化单位认为窗口长宽是1）points（点）pixels（像素）characters（字符）	pixels
	InnerPosition	可绘制区域的位置和大小		[left bottom width height]
	OuterPosition	外部边界的位置和大小		[left bottom width height]
	Clipping	裁剪子组件	'on'	'on'、'off'
	PaperSize	自定义页面大小		[width height] 形式的二元素向量
	PaperUnits	用于 PaperSize 和 PaperPosition 的单位		'inches'、'centimeters'、'normalized'、'points'

Figure 回调函数相关属性名与有效的属性值见表 3-5。

表 3-5　回调函数属性名与有效的属性值

分　类	属　性　名	说　明	有　效　值	默　认　值
常见回调	ButtonDownFcn	当在窗口中空闲处按下鼠标左键时，执行的回调程序	字符串	'　'（空字符串）
	CreateFcn	当打开一图形窗口时定义一回调程序	字符串	'　'（空字符串）
	DeleteFcn	当删除一图形窗口时定义一回调程序	字符串	'　'（空字符串）
键盘回调	KeyPressFcn	当在图形窗口中按下时，定义一回调程序	字符串	'　'（空字符串）
	KeyReleaseFcn	释放键回调	''	''、函数句柄、元胞数组、字符向量
窗口回调	CloseRequestFcn	当执行命令关闭时定义一回调程序	字符串	closereq
	SizeChangedFcn	大小更改回调	''	''、函数句柄、元胞数组、字符向量
	WindowButtonDownFcn	当在图形窗口中按下鼠标时，定义一回调程序	字符串	'　'（空字符串）
	WindowButtonMotionFcn	当将鼠标移进图形窗口中时，定义一回调程序	字符串	'　'（空字符串）
	WindowButtonUpFcn	当在图形窗口中松开按钮时，定义一回调程序	字符串	'　'（空字符串）
	WindowKeyPressFcn	窗口按键回调	''	''、函数句柄、元胞数组、字符向量
	WindowKeyReleaseFcn	窗口释放键回调	''	''、函数句柄、元胞数组、字符向量
	WindowScrollWheelFcn	窗口滚轮回调	''	''、函数句柄、元胞数组、字符向量
	ResizeFcn	当图形窗口改变大小时，定义一回调程序	字符串	'　'（空字符串）
回调执行控件	Interruptible	定义一回调程序是否可中断	on、off	on（可以中断）
	BusyAction	指定如何处理中断调用程序	cancel、queue	queue
	HitTest	定义图形窗口是否能变成当前对象（参见图形窗口属性 CurrentObject）	on、off	on
	BeingDeleted	删除状态		'off'、'on'
父级/子级	Parent	图形窗口的父对象：根屏幕	总是 0（即根屏幕）	0

（续）

分 类	属 性 名	说 明	有 效 值	默 认 值
父级/子级	Children	显示子图形窗口中的任意对象句柄	句柄向量	[]
	HandleVisiblity	指定图形窗口句柄是否可见	on、callback、off	on
标识符	Name	显示图形窗口的标题	任意字符串	''（空字符串）
	Number	数值		整数、[]
	NumberTitle	标题栏中是否显示' Figure No. n '，其中 n 为图形窗口的编号	on、off	on
	IntegerHandle	指定使用整数或非整数图形句柄	on、off	on（整数句柄）
	FileName	文件名		字符向量、字符串标量
	Tag	用户指定的图形窗口标签	任意字符串	' '（空字符串）
	Type	图形对象的类型（只读类型）	' figure '	figure
	UserData	用户指定的数据	任一矩阵	[]（空矩阵）

3.1.4 close 命令

在 MATLAB 中，close 命令用于关闭图形窗口文件，它的使用格式见表 3-6。

表 3-6 close 命令的使用格式

命 令 格 式	说 明
close	关闭当前图窗，等同于 close（gcf）
close(h)	关闭由 h 标识的图窗。如果 h 是数组，close 会删除 h 标识的所有图窗
close name	关闭具有指定名称的图窗
close all	关闭其句柄未隐藏的所有图窗
close all hidden	关闭所有图窗，包含句柄隐藏的图窗
close all force	关闭所有图窗，包含 CloseRequestFcn 已更改为不关闭其窗口的 GUI
status = close(...)	指定窗口已被删除，返回 1，否则返回 0

例 **3-3**：图窗文件的设置。

1. 设计画布环境设置

（1）启动 App 界面

1）在命令行窗口中输入下面的命令。

```
> >appdesigner
```

2）弹出"App 设计工具首页"界面，选择空白 App，进入 App Designer 图形窗口，默认名称为 app1. mlapp，进行界面设计。

（2）显示属性

在设计画布中选中"按钮"组件 Button，在"组件浏览器"侧栏中显示组件的属性。

在 Text（文本）文本框中输入"Create"；在 FontSize（字体大小）文本框输入字体大小"20"；在 FontWeight（字体粗细）选项单击"加粗"按钮 Ⓑ；复制修改 Create 按钮，创建 Color、Position、Close 3 个按钮，创建、设置 Figure 图窗。

选择按钮，单击"水平应用"按钮 或"垂直应用"按钮 ，控制相邻组件之间的水平、垂直间距。

（3）保存界面

单击"保存"按钮 ，系统生成以".mlapp"为扩展名的文件，在弹出的对话框中输入文件名称"FigureSetup.mlapp"，完成文件的保存，界面设计结果如图 3-10 所示。

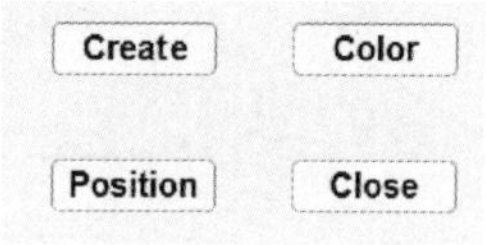

| Create | Color |
| Position | Close |

图 3-10　界面设计

2. 代码编辑

（1）Create 按钮编码

1）添加回调函数。在设计画布中的"Creat"按钮上单击右键选择"回调"→"添加 Button-PushedFcn 回调"命令，自动转至"代码视图"，添加回调函数 CreatButtonPushed，代码如下所示。

在 functionCreatButtonPushed（app，event）函数下添加函数，代码如下所示。

```
functionCreatButtonPushed(app, event)
        % 当按下按钮时,关闭任何已打开的 Figure 图窗
close(app. fig);
% 当按下按钮时,创建 Figure 图窗
        app. fig = uifigure;
        app. fig. Name ='New';
        end
```

2）添加属性。在代码视图中"代码浏览器"选项卡下选择"属性"选项卡，单击 按钮，添加"私有属性"，自动在"代码视图"编辑区添加属性，代码如下所示。

```
properties (Access = private)
        Property % Description
end
```

（2）Color 按钮编码

在设计画布中的"Color"按钮上单击右键选择"回调"→"添加 ButtonPushedFcn 回调"命令，自动转至"代码视图"，添加回调函数 ColorButtonPushed，代码如下所示。

```
% Callbacks that handle component events
    methods (Access = private)
        % Button pushed function:ColorButton
        functionColorButtonPushed(app, event)

        end
    end
```

在 functionColorButtonPushed（app，event）函数下添加函数，代码如下所示。

```
functionColorButtonPushed(app, event)
        %当按下按钮时,设置 Figure 图窗颜色为蓝色
```

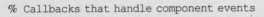

```
        app.fig.Color ='b';
    end
```

（3）Position 按钮编码

在设计画布中 Color 按钮上单击右键选择"回调"→"添加 ButtonPushedFcn 回调"命令，自动转至"代码视图"，添加回调函数 PositionButtonPushed，代码如下所示。

```
% Callbacks that handle component events
    methods (Access =private)
        % Button pushed function:PositionButton
        function PositionButtonPushed(app, event)

        end
    end
```

在 function PositionButtonPushed（app，event）函数下添加函数，代码如下所示。

```
function PositionButtonPushed(app, event)
        % 当按下按钮时,设置 Figure 图窗位置和大小
            app.fig.Position =[50 50 100 100];
        end
```

（4）Close 按钮编码

在设计画布中的 Close 按钮上单击右键选择"回调"→"添加 ButtonPushedFcn 回调"命令，自动转至"代码视图"，添加回调函数 CloseButtonPushed，代码如下所示。

```
% Callbacks that handle component events
    methods (Access =private)
        % Button pushed function:CloseButton
        functionCloseButtonPushed(app, event)

        end
    end
```

在 functionCloseButtonPushed（app，event）函数下添加函数，代码如下所示。

```
functionCloseButtonPushed(app, event)
        % 当按下按钮时,关闭任何已打开的 Figure 图窗
close(app.fig);
    end
```

3. 程序运行

1）单击工具栏中的"运行"按钮 ▶，在运行界面显示图 3-11 所示的运行结果。

2）单击 Create 按钮，创建名为 New 的 Figure 图窗，结果如图 3-12 所示。

3）单击 Color 按钮，Figure 图窗背景色变为蓝色，结果如图 3-13 所示。

4）单击 Position 按钮，调整 Figure 图窗大小，结果如图 3-14 所示。

5）单击 Close 按钮，关闭 Figure 图窗。

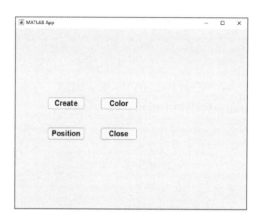

图 3-11 运行结果（一）

图 3-12 运行结果（二）

图 3-13 运行结果（三）

图 3-14 运行结果（四）

3.2 回调函数

在 GUI 中，每一控件均与一个或数个函数或程序相关，此相关之程序称为回调函数（callbacks），每一个回调函数可以经由按钮触动、鼠标单击、项目选定、光标滑过特定控件等动作后产生的事件执行。

1. 事件驱动机制

面向对象的程序设计以对象感知事件的过程为编程单位，这种程序设计的方法称为事件驱动编程机制。每一个对象都能感知和接收多个不同的事件，并对事件做出响应（动作）。当事件发生时，相应的程序段才会运行。

事件是由用户或操作系统引发的动作。事件发生在用户与应用程序交互时，例如单击控件、键盘输入、移动鼠标等都是一些事件。每一种对象能够"感受"的事件是不同的。

2. 回调函数

回调函数就是处理该事件的程序，它定义对象怎样处理信息并响应某事件，该函数不会主动运行，是由主控程序调用的。主控程序一直处于前台操作，它对各种消息进行分析、排队和处理，当控件被触发时去调用指定的回调函数，执行完毕之后控制权又回到主控程序。

3.3　GUI 组件属性

各种新式应用程序都是标准化的，在 GUI 中，用户看到和操作的都是相同的图形对象。若要实现不同用途和类型的 GUI，并显示有不同的视觉表现风格，需要对使用组件的图标、尺寸、字体等内容和格式进行管理和调整，这也是大型复杂 GUI 必不可少的设计步骤。

GUI 实质上是通过对其中的图形对象进行操作，接收信息图形对象按照指令执行操作的交互行为。组件作为 GUI 图形对象的主体，它的属性按照用途可以分为外观设计属性和行为控制属性。

外观设计属性包括常见的标签名、位置和大小、字体名称和颜色的属性，行为控制属性包括回调属性与回调执行控制。

3.3.1　Button 属性

按钮（Button）是用户按下并释放按钮时响应的 UI 组件，见表 3-7。

表 3-7　Button 属性

类别	属性名	说明	属性值
按钮	Text	按钮标签	'Button'（默认）、字符向量、字符向量单元阵列、串标量、字符串数组等
	Icon	图标源文件	''（默认）、字符向量、标量、$m \times n \times 3$ 真彩色图像阵列
字体和颜色	FontName	字体名称	系统支持的字体名称
	FontSize	字体大小	正数
	FontWeight	字体粗细	'normal'（默认）、'bold'
	FontAngle	字体角度	'normal'（默认）、'italic'（倾斜）
	FontColor	字体颜色	[0 0 0]（默认）、RGB 三重态、十六进制彩色码、'r'、'g'、'b'等
	BackgroundColor	背景色	[.96 .96 .96]（默认）、RGB 三重态、十六进制彩色码、'r'、'g'、'b'等
互动性	Visible	可见性状态	'on'（默认）、开/关逻辑值
	Enable	运行状态	'on'（默认）、开/关逻辑值
	Tooltip	工具提示	''（默认）、字符向量、字符向量单元阵列、字符串数组、一维分类数组
	ContextMenu	上下文菜单	空 GraphicsPlaceholder 列阵（默认）、ContextMenu 对象
位置	Position	按钮位置和大小	[100 100 100 22]（默认）、[left bottom width height]
	InnerPosition	按钮的位置和大小，不包括边框和标题	[100 100 100 22]（默认）、[left bottom width height]
	OuterPosition	按钮的位置和大小，包括边框和标题	[100 100 100 22]（默认）、[left bottom width height]
	HorizontalAlignment	图标和文本的水平对齐	'center'（默认）、'left'、'right'
	VerticalAlignment	图标和文本的垂直对齐	'center'（默认）、'top'、'bottom'
	IconAlignment	图标相对于按钮文本的位置	'left'（默认）、'right'、'center'、'top'、'bottom'
	Layout	布局选项	空 LayoutOptions 列阵（默认）、GridLayoutOptions 对象

（续）

类 别	属 性 名	说 明	属 性 值
回调	ButtonPushedFcn	按回拨按钮	''（默认）、功能手柄、单元阵列、字符向量
	CreateFcn	创造函数	''（默认）、功能手柄、单元阵列、字符向量
	DeleteFcn	删除函数	''（默认）、功能手柄、单元阵列、字符向量
回调执行控制	Interruptible	回调中断	'on'（默认）、开/关逻辑值
	BusyAction	回调排队	'queue'（默认）、'cancel'
	BeingDeleted	删除状态	开/关逻辑值
父子	Parent	父容器	Figure 对象（默认）、Panel 对象、Tab 对象、ButtonGroup 对象、GridLayout 对象
	HandleVisibility	对象手柄的可见性	'on'（默认）、'callback'、'off'
标识符	Type	图形对象类型	'uibutton'
	Tag	对象标识符	''（默认）、字符向量、串标量
	UserData	用户数据	[]（默认）、列阵

其余常用组件属性与 Button 属性类似，这里不再赘述。

3.3.2 ButtonGroup 属性

按钮组（ButtonGroup）是用于管理一组互斥的单选按钮和切换按钮的容器 UI 组件，见表 3-8。

表 3-8 ButtonGroup 属性

类 别	属 性 名	说 明	属 性 值
标题	Title	标题	字符向量、字符串标量、分类数组
	TitlePosition	标题的位置	'lefttop'（默认）、'centertop'、'righttop'
颜色和样式	ForegroundColor	标题颜色	[0 0 0]（默认）、RGB 三元组、十六进制颜色代码、'r'、'g'、'b'等
	BackgroundColor	背景色	[.96 .96 .96]（默认）、RGB 三重态、十六进制彩色码、'r'、'g'、'b'等
	BorderType	按钮组的边框	'line'（默认）、'none'
字体	FontName	字体名称	系统支持的字体名称
	FontSize	字体大小	正数
	FontWeight	字体粗细	'normal'（默认）、'bold'
	FontAngle	字体角度	'normal'（默认）、'italic'（倾斜）
	FontUnits	字体测量单位	'pixels'（默认）
交互性	Visible	可见性状态	'on'（默认）、on/off 逻辑值
	Enable	运行状态	'on'（默认）、on/off
	Buttons	基于按钮组管理的按钮	RadioButton 对象的数组、ToggleButton 对象的数组
	SelectedObject	当前选择的单选按钮或切换按钮	按钮组中的第一个单选按钮或切换按钮（默认）

（续）

类　别	属 性 名	说　明	属 性 值
字体	Scrollable	滚动能力	'off'（默认）、on/off 逻辑值
	Tooltip	工具提示	''（默认）、字符向量、字符向量单元阵列、字符串数组、一维分类数组
	ContextMenu	上下文菜单	空 GraphicsPlaceholder 列阵（默认）、ContextMenu 对象
位置	Position	按钮位置和大小	[100 100 100 22]（默认）、[left bottom width height]
	InnerPosition	按钮组的位置和大小，不包括边框和标题	[100 100 100 22]（默认）、[left bottom width height]
	OuterPosition	按钮组的位置和大小，包括边框和标题	[100 100 100 22]（默认）、[left bottom width height]
	Units	测量单位	pixels（像素）
	AutoResizeChildren	自动调整子组件的大小	'on'、on/off 逻辑值
	Layout	布局选项	空 LayoutOptions 列阵（默认）、GridLayoutOptions 对象
回调	SelectionChangedFcn	所选内容改变时的回调	''（默认）、函数句柄、元胞数组、字符向量
	SizeChangedFcn	更改大小时执行的回调	''（默认）、函数句柄、元胞数组、字符向量
	CreateFcn	创造函数	''（默认）、功能手柄、单元阵列、字符向量
	DeleteFcn	删除函数	''（默认）、功能手柄、单元阵列、字符向量
回调执行控制	Interruptible	回调中断	'on'（默认）、开/关逻辑值
	BusyAction	回调排队	'queue'（默认）、'cancel'
	BeingDeleted	删除状态	开/关逻辑值
父子	Parent	父容器	Figure 对象（默认）、Panel 对象、Tab 对象、ButtonGroup 对象、GridLayout 对象
	Children	ButtonGroup 子级	空 GraphicsPlaceholder 数组（默认）、一维分量对象数组
	HandleVisibility	对象手柄的可见性	'on'（默认）、'callback'、'off'
标识符	Type	图形对象类型	'uibutton'
	Tag	对象标识符	''（默认）、字符向量、串标量
	UserData	用户数据	[]（默认）、列阵

3.3.3 Axes 属性

坐标区（Axes）可控制 Axes 对象的外观和行为，见表3-9。

表 3-9　Axes 属性

类　别	属 性 名	说　明	属 性 值
字体	FontName	字体名称	支持的字体名称、'FixedWidth'
	FontWeight	字体粗细	'normal'（默认）、'bold'

（续）

类别	属 性 名	说 明	属 性 值
字体	FontSize	字体大小	数值标量
	FontSizeMode	字体大小的选择模式	'auto'（默认）、'manual'
	FontAngle	字体角度	'normal'（默认）、'italic'
	LabelFontSizeMultiplier	标签字体大小的缩放因子	1.1（默认）、大于 0 的数值
	TitleFontSizeMultiplier	标题字体大小的缩放因子	1.1（默认）、大于 0 的数值
	TitleFontWeight	标题字体的粗细	'bold'（默认）、'normal'
	FontUnits	字体大小单位	'points'（默认）、'inches'、'centimeters'、'normalized'、'pixels'
	FontSmoothing	字体平滑处理	'on'（默认）、on/off 逻辑值
刻度	XTick，YTick，ZTick	刻度值	[ ]（默认）、由递增值组成的向量
	XTickMode，YTickMode，ZTickMode	刻度值的选择模式	'auto'（默认）、'manual'
	XTickLabel，YTickLabel，ZTickLabel	刻度标签	"（默认）、字符向量元胞数组、字符串数组、分类数组
	XTickLabelMode，YTickLabelMode，ZTickLabelMode	刻度标签的选择模式	'auto'（默认）、'manual'
	TickLabelInterpreter	刻度标签解释器	'tex'（默认）、'latex'、'none'
	XTickLabelRotation，YTickLabelRotation，ZTickLabelRotation	刻度标签的旋转	0（默认）、以度为单位的数值
	XMinorTick，YMinorTick，ZMinorTick	次刻度线	on/off 逻辑值
	TickDir	刻度线方向	'in'（默认）、'out'、'both'
	TickDirMode	TickDir 的选择模式	'auto'（默认）、'manual'
	TickLength	刻度线长度	[0.01 0.025]（默认）、二元素向量
标尺	XLim，YLim，ZLim	最小和最大坐标轴范围	[0 1]（默认）、[min max] 形式的二元素向量
	XLimMode，YLimMode，ZLimMode	坐标轴范围的选择模式	'auto'（默认）、'manual'
	XAxis，YAxis，ZAxis	轴标尺、标尺对象	
	XAxisLocation	X 轴位置	'bottom'（默认）、'top'、'origin'
	YAxisLocation	Y 轴位置	'left'（默认）、'right'、'origin'
	XColor，YColor，ZColor	轴线、刻度值和标签的颜色	[0.15 0.15 0.15]（默认）、RGB 三元组、十六进制颜色代码、'r'、'g'、'b'、...
	XColorMode	用于设置 X 轴网格颜色的属性	'auto'（默认）、'manual'

（续）

类别	属性名	说明	属性值
标尺	YColorMode	用于设置 Y 轴网格颜色的属性	'auto'（默认）、'manual'
	ZColorMode	用于设置 Z 轴网格颜色的属性	'auto'（默认）、'manual'
	XDir、YDir、ZDir	轴方向	'normal'（默认）、'reverse'
	XScale、YScale、ZScale	值沿坐标轴的标度	'linear'（默认）、'log'
网格	XGrid、YGrid、ZGrid	网格线	'off'（默认）、on/off 逻辑值
	Layer	网格线和刻度线的位置	'bottom'（默认）、'top'
	GridLineStyle	网格线的线型	'-'（默认）、'--'、':'、'-.'、'none'
	GridColor	网格线的颜色	[0.15 0.15 0.15]（默认）、RGB 三元组、十六进制颜色代码、'r'、'g'、'b'等
	GridColorMode	用于设置网格颜色的属性	'auto'（默认）、'manual'
	GridAlpha	网格线透明度	0.15（默认）、范围 [0, 1] 内的值
	GridAlphaMode	GridAlpha 的选择模式	'auto'（默认）、'manual'
	XMinorGrid、YMinorGrid、ZMinorGrid	次网格线	'off'（默认）、on/off 逻辑值
	MinorGridLineStyle	次网格线的线型	':'（默认）、'-'、'--'、'-.'、'none'
	MinorGridColor	次网格线的颜色	[0.1 0.1 0.1]（默认）、RGB 三元组、十六进制颜色代码、'r'、'g'、'b'等
	MinorGridColorMode	用于设置次网格颜色的属性	'auto'（默认）、'manual'
	MinorGridAlpha	次网格线的透明度	0.25（默认）、范围 [0, 1] 内的值
	MinorGridAlphaMode	MinorGridAlpha 的选择模式	'auto'（默认）、'manual'
标签	Title	坐标区标题的文本对象	文本对象
	XLabel、YLabel、ZLabel	坐标轴标签的文本对象	文本对象
	Legend	与坐标区关联的图例	emptyGraphicsPlaceholder（默认）、Legend 对象
多个绘图	ColorOrder	色序	七种预定义颜色（默认）、由 RGB 三元组组成的三列矩阵
	LineStyleOrder	线型序列	'-'实线（默认）、字符向量、字符向量元胞数组、字符串数组
	NextSeriesIndex	下一个对象的 SeriesIndex 值	整数
	NextPlot	要重置的属性	'replace'（默认）、'add'、'replacechildren'、'replaceall'

（续）

类别	属性名	说明	属性值
多个绘图	SortMethod	渲染对象的顺序	'depth'、'childorder'
	ColorOrderIndex	色序索引	1（默认）、正整数
	LineStyleOrderIndex	线型序列索引	1（默认）、正整数
颜色图和透明度图	Colormap	颜色图	parula（默认）、由 RGB 三元组组成的 $m \times 3$ 数组
	ColorScale	颜色图的刻度	'linear'（默认）、'log'
	CLim	颜色范围	[0 1]（默认）、[cmin cmax] 形式的二元素向量
	CLimMode	CLim 的选择模式	'auto'（默认）、'manual'
	Alphamap	透明度图	由从 0 到 1 的 64 个值组成的数组（默认）、由从 0 到 1 的有限 alpha 值组成的数组
	AlphaScale	透明度图的刻度	'linear'（默认）、'log'
	ALim	alpha 范围	[0 1]（默认）、[amin amax] 形式的二元素向量
	ALimMode	ALim 的选择模式	'auto'（默认）、'manual'
框样式	Color	背景色	[1 1 1]（默认）、RGB 三元组、十六进制颜色代码、'r'、'g'、'b'等
	LineWidth	线条宽度	0.5（默认）、正数值
	Box	框轮廓	'off'（默认）、on/off 逻辑值
	BoxStyle	框轮廓样式	'back'（默认）、'full'
	Clipping	在坐标区范围内裁剪对象	'on'（默认）、on/off 逻辑值
	ClippingStyle	裁剪边界	'3dbox'（默认）、'rectangle'
	AmbientLightColor	背景光源颜色	[1 1 1]（默认）、RGB 三元组、十六进制颜色代码、'r'、'g'、'b'等
位置	OuterPosition	大小和位置，包括标签和边距	[0 0 1 1]（默认）、四元素向量
	InnerPosition	内界大小和位置	[0.1300 0.1100 0.7750 0.8150]（默认）、四元素向量
	Position	大小和位置，不包括标签边距	[0.1300 0.1100 0.7750 0.8150]（默认）、四元素向量
	TightInset	文本标签的边距	[*left bottom right top*] 形式的四元素向量
	PositionConstraint	保持不变的位置	'outerposition'、'innerposition'
	Units	位置单位	'normalized'（默认）、'inches'、'centimeters'、'points'、'pixels'、'characters'
	DataAspectRatio	数据单元的相对长度	[1 1 1]（默认）、[*dx dy dz*] 形式的三元素向量
	DataAspectRatioMode	数据纵横比模式	'auto'（默认）、'manual'
	PlotBoxAspectRatio	每个坐标轴的相对长度	[1 1 1]（默认）、[*px py pz*] 形式的三元素向量
	PlotBoxAspectRatioMode	PlotBoxAspectRatio 的选择模式	'auto'（默认）、'manual'
	Layout	布局选项	空 LayoutOptions 数组（默认）、TiledChartLayoutOptions 对象

（续）

类别	属性名	说明	属性值
视图	View	视图的方位角和仰角	[0 90]（默认）、[*azimuth elevation*]形式的二元素向量
	Projection	二维屏幕上的投影类型	'orthographic'（默认）、'perspective'
	CameraPosition	照相机位置	[*x y z*]形式的三元素向量
	CameraPositionMode	CameraPosition的选择模式	'auto'（默认）、'manual'
	CameraTarget	照相机目标点	[*x y z*]形式的三元素向量
	CameraTargetMode	CameraTarget的选择模式	'auto'（默认）、'manual'
	CameraUpVector	定义向上方向的向量	[*x y z*]形式的三元素方向向量
	CameraUpVectorMode	CameraUpVector的选择模式	'auto'（默认）、'manual'
	CameraViewAngle	视野	6.6086（默认）、范围[0, 180)中的标量角
	CameraViewAngleMode	CameraViewAngle的选择模式	'auto'（默认）、'manual'
交互性	Toolbar	数据探查工具栏	AxesToolbar对象（默认）
	Interactions	交互	由交互对象组成的数组、[]
	Visible	可见性状态	'on'（默认）、on/off逻辑值
	CurrentPoint	鼠标指针的位置	2×3数组
	ContextMenu	上下文菜单	空GraphicsPlaceholder数组（默认）、ContextMenu对象
	Selected	选择状态	'off'（默认）、on/off逻辑值
	SelectionHighlight	是否显示选择句柄	'on'（默认）、on/off逻辑值
回调	ButtonDownFcn –	鼠标点击回调	''（默认）、函数句柄、元胞数组、字符向量
	CreateFcn	创建函数	''（默认）、函数句柄、元胞数组、字符向量
	DeleteFcn	删除函数	''（默认）、函数句柄、元胞数组、字符向量
回到执行控件	Interruptible	回调中断	'on'（默认）、on/off逻辑值
	BusyAction	回调排队	'queue'（默认）、'cancel'
	PickableParts	捕获鼠标点击的能力	'visible'（默认）、'all'、'none'
	HitTest	响应捕获的鼠标点击	'on'（默认）、on/off逻辑值
	BeingDeleted	删除状态	on/off逻辑值
父子	Parent	父容器	Figure对象、Panel对象、Tab对象、TiledChartLayout对象
	Children	子级	空GraphicsPlaceholder数组、图形对象的数组
	HandleVisibility	对象句柄的可见性	'on'（默认）、'off'、'callback'
标识符	Type	图形对象的类型	'axes'
	Tag	对象标识符	''（默认）、字符向量、字符串标量
	UserData	用户数据	[]（默认）、数组

3.3.4 Table 属性

表 UI 组件在 App 中显示数据的行和列，Table 属性控制表 UI 组件的外观和行为，见表 3-10。

表 3-10 Table 属性

类别	属性名	说明	属性值
表	Data	表数据	表数组、数值数组、逻辑数组、元胞数组、字符串数组等
	DisplayData	当前显示中的表数据	表数组、数值数组、逻辑数组、元胞数组、字符串数组等
	ColumnName	列名称	'numbered'、$n \times 1$ 字符向量元胞数组、$n \times 1$ 分类数组、空元胞数组（↕↓）等
	ColumnWidth	表列的宽度	'auto'（默认）、$1 \times n$ 元胞数组
	ColumnEditable	编辑列单元格的功能	[]（默认）、$1 \times n$ 逻辑数组、逻辑标量
	ColumnSortable	对列进行排序的能力	[]（默认）、逻辑标量、$1 \times n$ 逻辑数组
	ColumnFormat	单元格显示格式	空元胞数组（↕↓）（默认）、$1 \times n$ 字符向量元胞数组
	RowName	行名称	'numbered'、$n \times 1$ 字符向量元胞数组、$n \times 1$ 分类数组、空元胞数组（↕↓）等
字体	FontName	字体名称	系统支持的字体名称
	FontSize	字体大小	正数
	FontWeight	字体粗细	'normal'（默认）、'bold'
	FontAngle	字体角度	'normal'（默认）、'italic'（倾斜）
	FontUnits	字体大小单位	'pixels'
互动性	Visible	可见性状态	'on'（默认）、开/关逻辑值
	Enable	运行状态	'on'（默认）、开/关逻辑值
	Tooltip	工具提示	''（默认）、字符向量、字符向量单元阵列、字符串数组、一维分类数组
	ContextMenu	上下文菜单	空 GraphicsPlaceholder 列阵（默认）、ContextMenu 对象
	ForegroundColor	单元格文本颜色	[0 0 0]（默认）、RGB 三元组、十六进制颜色代码、'r'、'g'、'b'等
	BackgroundColor	表背景色	[1 1 1; 0.94 0.94 0.94]（默认）、RGB 三元组、由 RGB 三元组组成的 $m \times 3$ 矩阵
	RowStriping	隔行着色	'on'（默认）、on/off 逻辑值
位置	Position	表的位置和大小	[left bottom width height]
	InnerPosition	表的位置和大小，不包括边框和标题	[left bottom width height]
	OuterPosition	表的位置和大小，包括边框和标题	[left bottom width height]
	Units	测量单位	'pixels'
	Layout	布局选项	空 LayoutOptions 列阵（默认）、GridLayoutOptions 对象
回调	CellEditCallback	单元格编辑回调函数	函数句柄、元胞数组、字符向量
	CellSelectionCallback	单元格选择回调函数	函数句柄、元胞数组、字符向量

（续）

类别	属性名	说明	属性值
回调	DisplayDataChangedFcn	在显示数据更改时执行的回调	''（默认）、函数句柄、元胞数组、字符向量
	CreateFcn	创造函数	''（默认）、功能手柄、单元阵列、字符向量
	DeleteFcn	删除函数	''（默认）、功能手柄、单元阵列、字符向量
回调执行控制	Interruptible	回调中断	'on'（默认）、开/关逻辑值
	BusyAction	回调排队	'queue'（默认）、'cancel'
	BeingDeleted	删除状态	开/关逻辑值
父子	Parent	父容器	Figure 对象（默认）、Panel 对象、Tab 对象、ButtonGroup 对象、GridLayout 对象
	Children	表的子级	空数组
	HandleVisibility	对象手柄的可见性	'on'（默认）、'callback'、'off'
标识符	Type	图形对象类型	'uibutton'
	Tag	对象标识符	''（默认）、字符向量、串量量
	UserData	用户数据	[ ]（默认）、列阵

3.4 创建 UI 组件

UI 图形支持与 AppDesigner 支持相同类型的现代图形和交互式 UI 组件。以编程方式向 App 设计工具添加 UI 组件时，必须调用适当的函数来创建组件。

3.4.1 网格布局管理器

网格布局管理器沿一个不可见网格的行和列定位 UI 组件，该网格占据整个图窗或图窗中的一个容器。如果将组件添加到网格布局管理器，但没有指定组件的 Layout（布局）属性，则网格布局管理器按照从左到右、从上到下的方式添加组件。

在 MATLAB 中，命令 uigridlayout 用于创建网格布局管理器，它的使用格式见表 3-11。

表 3-11 **uigridlayout** 命令的使用格式

调用格式	说明
g = uigridlayout	在新图窗中创建 2×2 网格布局，并返回 GridLayout 对象
g = uigridlayout(parent)	在指定的父容器中创建网格布局。父容器是创建的图窗或其子容器之一
g = uigridlayout(... , sz)	sz 指定网格的大小
g = uigridlayout(... , Name, Value)	使用一个或多个名称 – 值对组参数指定 GridLayout 网格布局属性值 ● 'ColumnWidth'：列宽，{'1x', '1x'}（默认）、元胞数组、字符串数组、数值数组 ● 'RowHeight'：行高，{'1x', '1x'}（默认）、元胞数组、字符串数组、数值数组

GridLayout 的 Name-Value 属性名与有效的属性值参数对见表 3-12。

表 3-12　GridLayout 属性

属性分类	属 性 名	说 明	默 认 值	有 效 值
网格	ColumnWidth	列宽	{'1x', '1x'}	元胞数组、字符串数组、数值数组
	RowSpacing	行间距	10	数字
	RowHeight	行高	{'1x', '1x'}	元胞数组、字符串数组、数值数组
	ColumnSpacing	列间距	10	数字
位置	Layout	布局选项	空 LayoutOptions 数组	空 LayoutOptions 数组、GridLayoutOptions 对象
调	CreateFcn	对象创建	' '（空字符串）	' '（空字符串）、函数句柄、元胞数组、字符向量
	DeleteFcn	对象删除	' '（空字符串）	' '（空字符串）、函数句柄、元胞数组、字符向量
回调执行控件	Interruptible	定义一回调程序是否可中断	on（可以中断）	on、off
	BusyAction	指定如何处理中断调用程序	queue	queue、cancel
	BeingDeleted	删除状态	on	' off '、' on '
父级/子级	Parent	网格中的父对象	Figure 对象	Figure 对象（默认）、Panel 对象、Tab 对象、ButtonGroup 对象、GridLayout 对象
	Children	显示网格窗口中的任意对象句柄		
	HandleVisiblity	指定网格窗口句柄是否可见	off	on、callback、off
标识符	Tag	用户指定的网格窗口标签	' '（空字符串）	任意字符串
	Type	网格对象的类型（只读类型）	' figure '	figure
	UserData	用户指定的数据	[ ]（空矩阵）	任一矩阵

例 3-4：创建 UI 图窗的布局。

解：MATLAB 程序如下。

```
>> close all
>> fig = uifigure('Name','3×2','Position',[100 100 400 300]);   % 定义创建的图窗组件
                                                                     的位置
>> g = uigridlayout(fig,[2 3]);          % 在图窗中创建网格布局
>> g.RowHeight = {100,100};              % 设置网格行高
>> g.ColumnWidth = {100,100,100};        % 设置网格列宽
>> ax = uiaxes(g);                       % 创建坐标系组件
>> ax = uiaxes(g);
```

```
> > ax = uiaxes(g);
> > ax = uiaxes(g);
```

运行结果如图3-15所示。

3.4.2 创建按钮组

在MATLAB中,命令uibuttongroup用于创建管理单选按钮和切换按钮的按钮组,它的使用格式见表3-13。

表 3-13   uibuttongroup 命令的使用格式

调用格式	说 明
bg = uibuttongroup	在当前图窗中创建一个按钮组,并返回 ButtonGroup 对象 bg。如果没有可用的图窗,在 MATLAB 中,使用 figure 命令创建一个 figure 图窗
bg = uibuttongroup(Name , Value)	使用一个或多个名称 – 值对组参数指定按钮组属性值
bg = uibuttongroup(parent)	在指定的父容器中创建该按钮组
bg = uibuttongroup(parent , Name , Value)	使用一个或多个名称 – 值对组参数指定父容器属性值

例**3-5**:创建添加标题的按钮组。

解:MATLAB 程序如下。

```
> > close all
> > fig = uifigure('Name','ButtonGroup');    % 创建的图窗组件
> > bg = uibuttongroup(fig);                  % 创建按钮组
> > bg. Title ='Menue Options';               % 为按钮组添加标题
> > bg. TitlePosition ='centertop';           % 设置按钮组标题位置
```

运行结果如图3-16所示。

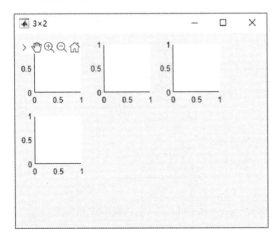

图 3-15   创建布局 UI 图窗

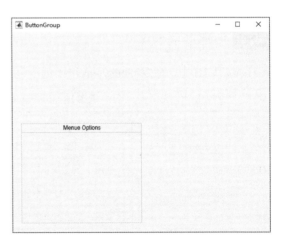

图 3-16   创建标题按钮组

3.4.3 创建面板

在MATLAB中,命令uipanel用于创建面板容器组件,它的使用格式见表3-14。

表 3-14 uipanel 命令的使用格式

调 用 格 式	说　明
p = uipanel	在当前图窗中创建一个面板并返回容器对象
p = uipanel(Name,Value)	使用一个或多个名称 – 值对组参数指定面板属性值
p = uipanel(parent)	在指定的父容器中创建面板
p = uipanel(parent,Name,Value)	使用一个或多个名称 – 值对组参数指定 GridLayout 网格布局属性值

例 3-6：创建面板。

解：MATLAB 程序如下。

```
>> close all
>> fig = uifigure('Name','降水雷达测试软件','Position',[100 100 500 500]);  % 创建的图窗,定义组件的位置
>> g = uigridlayout(fig);  % 在图窗中创建网格布局
>> g. RowHeight = {50,'1x'};
>> g. ColumnWidth = {150,'1x'};
>> p1 = uipanel(g,'Title','工作模式设置','FontSize',12,…
        'BackgroundColor','y');
>> p2 = uipanel(g,'Title','发射机控制','FontSize',12,…
        'BackgroundColor','white');
>> p3 = uipanel(g,'Title','状态设置','FontSize',12,…
        'BackgroundColor','c');
>> pp = uigridlayout(p3);  % 在第三个面板中创建网格布局
>> pp. RowHeight = {50,'1x'};
>> pp. ColumnWidth = {100,'1x'};
>> sp = uipanel(p3,'Title','安全模式','FontSize',20,'BackgroundColor','r');
```

运行结果如图 3-17 所示。

3. 4. 4　创建选项卡

在 MATLAB 中，命令 uitabgroup 用于创建包含选项卡式面板的容器，它的使用格式见表 3-15。

表 3-15　uitabgroup 命令的使用格式

调 用 格 式	说　明
p = uitabgroup	在当前图窗中创建一个选项卡组并返回容器对象
p = uitabgroup（Name,Value）	使用一个或多个名称 – 值对组参数指定选项卡组属性值
p = uitabgroup(parent)	在指定的父容器中创建选项卡组
p = uitabgroup（parent,Name,Value）	使用一个或多个名称 – 值对组参数指定选项卡组 GridLayout 网格布局属性值

例 3-7：创建选项卡组。

解：MATLAB 程序如下。

```
>> close all
>> fig = uifigure;            % 创建的图窗
```

```
> > g = uigridlayout(fig);          % 在图窗中创建网格布局
> > g. RowHeight = {150,'1x'};      % 设置图窗网格行高,第一行 150 个像素,第二行为可变值
> > g. ColumnWidth = {150,'1x'};
> > p1 = uipanel(g,'Title','面板 1');        % 创建面板
> > p2 = uipanel(g,'Title','面板 2','FontSize',20,…
               'BackgroundColor','white');
> > p2. Layout. Row = 2;              % 定义面板的行列位置
> > p2. Layout. Column = 1;
> > gb = uitabgroup(g,'TabLocation', 'bottom');    % 创建选项卡组,设置选项卡标签位置在
                                                     底部
```

运行结果如图 3-18 所示。

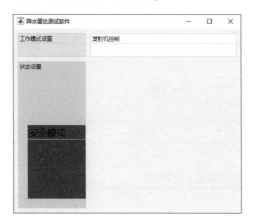

图 3-17 创建面板   图 3-18 创建选项卡组

在 MATLAB 中, 命令 uitab 用于创建选项卡式面板, 它的使用格式见表 3-16。

表 3-16 uitab 命令的使用格式

调 用 格 式	说　明
t = uitab	在选项卡组内创建一个选项卡, 并返回 Tab 对象
t = uitab(Name , Value)	使用一个或多个名称 – 值对组参数指定选项卡属性值
t = uitab(parent)	在指定的父容器中创建选项卡
t = uitab(parent , Name , Value)	使用一个或多个名称 – 值对组参数指定父容器属性值

例 3-8：创建选项卡。

解：MATLAB 程序如下。

```
> > close all
> > fig = uifigure('Name','Design Canvas','Position',[100 100 400 300]);
                                     % 定义创建的图窗组件的位置
> > gb = uitabgroup(fig);             % 创建选项卡组
> > tab1 = uitab(gb,'Title','DesgnVew');     % 创建选项卡
> > tab2 = uitab(gb,'Title','Code View');    % 创建选项卡
```

运行结果如图 3-19 所示。

图 3-19　创建选项卡

3.4.5 创建按钮

在 MATLAB 中，命令 uibutton 用于创建按钮，它的使用格式见表 3-17。

表 3-17　uibutton 命令的使用格式

调 用 格 式	说　明
btn = uibutton	在新图窗中创建一个普通按钮，并返回 Button 对象
btn = uibutton(style)	设置按钮样式
btn = uibutton(parent)	在指定的父容器中创建选项卡
btn = uibutton(parent,style)	在指定的父容器中设置按钮样式
btn = uibutton(...,Name,Value)	使用一个或多个名称 – 值对组参数指定选项卡属性值

例 3-9：创建按钮。

解：MATLAB 程序如下。

```
>> clear
>> close all
>> fig = uifigure;          % 创建图窗
>> bt = uibutton(fig,'Text','问卷调查','FontSize',50,'FontAngle','italic','Font-
Weight','bold','FontColor','r','BackgroundColor','y','Position',[150 150 300 100]);
                    % 创建按钮,字体为红色、加粗、倾斜、大小为50,按钮颜色为黄色
>> bt.ButtonPushedFcn = @ uifigure;   % 按下按钮,打开窗口
```

运行结果如图 3-20 所示。

图 3-20　创建按钮

单击"问卷调查"按钮，弹出新图窗，如图 3-21 所示。

图 3-21 弹出新图窗

3.4.6 创建坐标系

在 MATLAB 中，命令 uiaxes 用于创建坐标系组件，它的使用格式见表 3-18。

表 3-18 uiaxes 命令的使用格式

调 用 格 式	说　　　明
ax = uiaxes	在新图窗中创建 UI 坐标系，并返回 UIAxes 对象
ax = uiaxes(Name,Value)	使用一个或多个名称 – 值对组参数指定坐标系属性值
ax = uiaxes(parent)	在指定的父容器中创建坐标系
ax = uiaxes(parent,Name,Value)	使用一个或多个名称 – 值对组参数指定父容器属性值 ● 'XLim'、'YLim'、'ZLim'：最小和最大坐标轴范围，[0 1]（默认）、[min max] 形式的二元素向量 ● 'XScale'、'YScale'、'ZScale'：值沿坐标轴的标度，'linear'（默认）、'log' ● 'GridLineStyle'：网格线的线型，'–'（默认）、'– –'、':'、'–.'、'none'

例 3-10：创建语音信号分析系统。

解：MATLAB 程序如下。

```
>>clear
>> close all
>> fig = uifigure('Name','语音信号分析系统');   % 创建图窗
>> g = uigridlayout(fig);                        % 创建一个网格布局管理器,默认为 2×2
                                                 % 创建选项卡组
>> tabgb = uitabgroup(g);                        % 创建选项卡组
>>tabgb.Layout.Row = [1 2];                      % 此选项卡组跨行 1 到 2
>>tabgb.Layout.Column = [1 2];                   % 此选项卡组跨列 1 到 2
>> tab1 = uitab(tabgb,'Title','语音采集');       % 创建选项卡
>> tab2 = uitab(tabgb,'Title','语音回放');       % 创建选项卡
>> tab3 = uitab(tabgb,'Title','语音分析');       % 创建选项卡
>> tab4 = uitab(tabgb,'Title','系统帮助');       % 创建选项卡
                                                 % 在'语音采集'选项卡中创建多个按钮
>> g1 = uigridlayout(tab1);                      % 在'语音采集'选项卡中创建网格布局
```

```
>> g1.ColumnWidth = {'fit',120,'1x'};          % 设置网格行宽与列宽
>> g1.RowHeight = {'10','fit','fit','fit','1x'};
>> bt1 = uibutton(g1,'Text','开始采集','FontSize',20);
                                               % 在'语音采集'选项卡中创建第一个按钮
>> bt1.Layout.Row = 2;                         % 定义按钮所在行列位置
>> bt1.Layout.Column = 1;
>> bt2 = uibutton(g1,'Text','暂停采集','FontSize',20);
                                               % 在'语音采集'选项卡中创建第二个按钮
>> bt2.Layout.Row = 3;
>> bt2.Layout.Column = 1;
>> bt3 = uibutton(g1,'Text','停止采集','FontSize',20);
                                               % 在'语音采集'选项卡中创建第三个按钮
>> bt3.Layout.Row = 4;
>> bt3.Layout.Column = 1;
                                               % 在'语音回放'选项卡中创建多个按钮
>> g2 = uigridlayout(tab2);                    % 在'语音回放'选项卡中创建网格布局
>> g2.ColumnWidth = {'fit',120,'1x'};          % 设置网格行宽与列宽
>> g2.RowHeight = {'10','fit','fit','fit','1x'};
>> bt4 = uibutton(g2,'Text','开始回放','FontSize',20);
>> bt4.Layout.Row = 2;                         % 定义按钮所在位置
>> bt4.Layout.Column = 1;
>> bt5 = uibutton(g2,'Text','暂停回放','FontSize',20);
>> bt5.Layout.Row = 3;                         % 定义按钮所在位置，
>> bt5.Layout.Column = 1;
>> bt6 = uibutton(g2,'Text','保存回放','FontSize',20);
>> bt6.Layout.Row = 4;                         % 定义按钮所在位置，
>> bt6.Layout.Column = 1;
                                               % 在'语音分析'选项卡中创建坐标系，
>> bt7 = uiaxes(tab3,'Position',[20 20 500 350]);
                                               % 通过设置坐标系与图窗边界的距离确定坐标系
                                                 组件的大小
```

运行结果如图 3-22 所示。

图 3-22 语音信号分析系统图窗

3.4.7 创建图像

在 MATLAB 中，命令 uiimage 用于创建图像组件，它的使用格式见表3-19。

表 3-19 uiimage 命令的使用格式

调用格式	说　明
im = uiimage	在新图窗中创建一个图像组件，并返回 Button 对象
im = uiimage(Name,Value)	使用一个或多个名称 – 值对组参数指定图像组件属性值
im = uiimage(parent)	在指定的父容器中创建图像组件
im = uiimage(parent,Name,Value)	使用一个或多个名称 – 值对组参数指定父容器属性值 ● 'ImageSource'：图像源或文件，''（默认）、文件路径、$m \times n \times 3$ 真彩色图像数组 ● 'ScaleMethod'：图像缩放方法，'fit'（默认）、'fill'、'none'、'scaledown'、'scaleup'、'stretch'。

例 3-11：设计扫码系统。

解：MATLAB 程序如下。

```
> > clear
> > close all
> > fig = uifigure('Name','二维码/条码');        % 创建图窗
> > g = uigridlayout(fig);                      % 创建一个网格布局管理器,默认为 2×2
> > g. RowHeight = {'fit','1x'};                % 设置网格行高与列宽
> > g. ColumnWidth = {'fit','1x'};
> > b = uibutton(g,'Text','扫一扫','FontSize',20);   % 创建按钮
> > b. Layout. Row = 1;
> > b. Layout. Column = 1;
> > im = uiimage(g,'ImageSource','erweima.png');
> > im. Layout. Row = 2;
> > im. Layout. Column = [1 2];
```

运行结果如图 3-23 所示。

图 3-23　扫码系统图窗

3.4.8 创建复选框

复选框是一种 UI 组件，用于指示预设项或选项的状态。在 MATLAB 中，命令 uicheckbox 用于创建复选框组件，它的使用格式见表 3-20。

表 3-20 uicheckbox 命令的使用格式

调用格式	说明
cbx = uicheckbox	在新图窗中创建一个复选框，并返回 CheckBox 对象 cbx
cbx = uicheckbox(parent)	在指定的父容器中创建复选框
cbx = uicheckbox(... , Name, Value)	使用一个或多个名称 – 值对组参数指定复选框属性值 • Value：复选框的状态，0（默认）、1 • Text：复选框标签，'Check Box'（默认）、字符向量、字符向量元胞数组、字符串标量、字符串数组

例 3-12：创建图形编辑环境界面。

解：MATLAB 程序如下。

```
>>clear
>> close all
>> fig = uifigure('Name','Graphical Editing');    % 创建图窗
>> g = uigridlayout(fig);                          % 创建一个网格布局管理器,默认为2×2
>> g. RowHeight = {'fit','1x'};                    % 设置网格行高
>> g. ColumnWidth = {100,'1x'};                    % 设置网格列宽
% 创建面板
>> b1 = uipanel(g,'Title','Preferences');          % 创建面板1
>> b1. Layout. Row = [1 2];                         % 面板1跨行1到2
>> b1. Layout. Column =1;                           % 面板1位于列1
>> b2 = uipanel(g,'Title','Schematic — Graphical Edting');  % 创建面板2
>> b2. Layout. Row = [1 2];                         % 面板2组跨行1到2
>> b2. Layout. Column = 2;                          % 面板2位于列2
% 创建嵌套面板
>> gg = uigridlayout(b2,[3 2]);                     % 创建一个网格布局管理器,为3×2
>> gg. RowHeight = {20,'1x','1x'};                  % 设置网格行高与列宽
>> gg. ColumnWidth = {'1x','1x'};
>> bb1 = uipanel(gg,'Title','Options');             % 创建面板1
>> bb1. Layout. Row = [2 3];                         % 面板1跨行2到3
>> bb1. Layout. Column = 1;                          % 面板1位于列1
>> bb2 = uipanel(gg,'Title','Auto Pan Options');    % 创建面板2
>> bb2. Layout. Row = [2 3];                         % 面板2组跨行2到3
>> bb2. Layout. Column = 2;                          % 面板2位于列2
% 创建复选框
>> gb = uigridlayout(bb1,[4 1]);                    % 创建一个网格布局管理器,为4×1
>>cbx1 = uicheckbox(gb,'Text','Cipboard Reference');  % 创建未选中的复选框
>>cbx1. Layout. Row =1;                             % 复选框位于第1行
```

```
>>cbx1. Layout. Column =1;              % 复选框位于第 1 列
>>cbx2 =uicheckbox(gb,'Text','Add Template to Cigboard');
>>cbx2. Layout. Row =2;                 % 复选框位于第 2 行
>>cbx2. Layout. Column =1;              % 复选框位于第 1 列
>>cbx3 =uicheckbox(gb,'Text','Center of Object');
>>cbx3. Layout. Row =3;                 % 复选框位于第 3 行
>>cbx3. Layout. Column =1;              % 复选框位于第 1 列
>>cbx4 =uicheckbox(gb,'Text','Objects Electrical Hot Spot','Value',1);
                                        % 创建选中的复选框
>>cbx4. Layout. Row =4;                 % 复选框位于第 4 行
>>cbx4. Layout. Column =1;              % 复选框位于第 1 列
```

运行结果如图 3-24 所示。

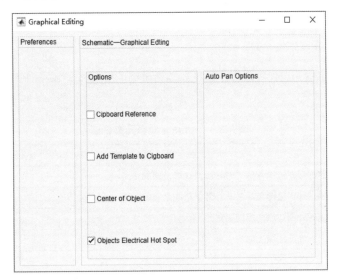

图 3-24　图形编辑环境界面

3.4.9　创建单选按钮

在 MATLAB 中，命令 uiradiobutton 用于创建单选按钮组件，它的使用格式见表 3-21。

表 3-21　**uiradiobutton** 命令的使用格式

调 用 格 式	说　　明
rb = uiradiobutton	在新图窗中创建一个单选按钮，并返回对象
rb = uiradiobutton(parent)	在指定的父容器中创建单选按钮
rb = uiradiobutton(..., Name, Value)	使用一个或多个名称 – 值对组参数指定单选按钮属性值

例 **3-13**：设计后台设置系统。

解：MATLAB 程序如下。

```
>>clear
>> close all
```

```
> > fig = uifigure('Name','后台设置');  % 创建图窗
> > bg = uibuttongroup(fig,'Title','USB 端口设置','Position',[50 100 400 300], 'Fore-
groundColor','w','BackgroundColor',[0.37 0.48 0.54],'BorderType','none','FontSize',40,'
FontName','仿宋');
    % 创建按钮组,定义标题名称、字体名称和字体颜色、背景色、位置大小,取消边框显示
    % 创建三个单选钮对象,设置按钮名称、位置和大小、按钮文字字体名称、颜色和大小
> > rb1 = uiradiobutton(bg,'Text','Google 模式','Position',[10 150 200 30],'FontSize',
20,'FontColor','w');
> > rb2 = uiradiobutton(bg,'Text','生产模式','Position',[10 100 200 30],'FontSize',20,'
FontColor','w');
> > rb3 = uiradiobutton(bg,'Text','Hisuite 模式','Position',[10 50 200 30],'FontSize',
20,'FontColor','w');
```

运行结果如图 3-25 所示。

 知识拓展：

组件属性 Position 表示组件的位置和大小,指定为向量 $[left\ bottom\ width\ height]$,向量元素说明见表 3-22,如图 3-26 所示。

表 3-22　Position 向量元素说明

元　　　　素	说　　　　明
left	父容器的内部左边缘与标签的外部左边缘之间的距离
bottom	父容器的内部下边缘与标签的外部下边缘之间的距离
width	标签的左右外部边缘之间的距离
height	标签的上下外部边缘之间的距离

图 3-25　后台设置系统图窗

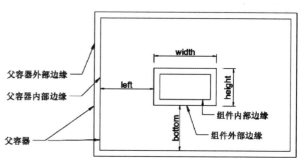

图 3-26　Position 向量元素图解

3.4.10 树组件

在 MATLAB 中,命令 uitree 用于创建树组件,它的使用格式见表 3-23。

表 3-23　uitree 命令的使用格式

调 用 格 式	说　　明
t = uitree	在新图窗中创建一个树组件，并返回对象
t = uitree(Name , Value)	使用一个或多个名称 – 值对组参数指定树组件属性值
t = uitree(parent)	在指定的父容器中创建树
t = uitree(parent , Name , Value)	使用一个或多个名称 – 值对组参数指定父容器属性值

在 MATLAB 中，命令 uitreenode 用于创建树节点组件，它的使用格式见表 3-24。

表 3-24　uitreenode 命令的使用格式

调 用 格 式	说　　明
node = uitreenode	在新图窗中创建树节点，并返回 Button 对象
node = uitreenode(parent)	在指定的父容器中创建树节点
node = uitreenode(parent , sibling)	使用一个或多个名称 – 值对组参数指定树节点属性值
node = uitreenode(parent , sibling , location)	在指定的父容器中创建树节点，指定树节点的属性与位置
node = uitreenode(... , Name , Value)	使用一个或多个名称 – 值对组参数指定父容器属性值

在 MATLAB 中，命令 expand 用于展开树节点，它的使用格式见表 3-25。

表 3-25　expand 命令的使用格式

调 用 格 式	说　　明
expand(parent)	在指定的父容器中展开树或树节点的节点
expand(parent ,' all ')	展开树或树节点的所有节点

在 MATLAB 中，命令 collapse 用于折叠树节点，它的使用格式见表 3-26。

表 3-26　collapse 命令的使用格式

调 用 格 式	说　　明
collapse(parent)	在指定的父容器中折叠树或树节点的节点
collapse (parent ,' all ')	折叠树或树节点的所有节点

在 MATLAB 中，命令 move 用于移动树节点，它的使用格式见表 3-27。

表 3-27　move 命令的使用格式

调 用 格 式	说　　明
move(targetnode , siblingnode)	将目标节点移动到指定的同级节点之后
move(targetnode , siblingnode , location)	将目标节点移动到指定的同级节点之后或之前。将位置指定为 ' after ' 或 ' before '

在 MATLAB 中，命令 scroll 用于将鼠标滚动到容器、列表框或树中的指定位置，它的使用格式见表 3-28。

表 3-28 scroll 命令的使用格式

调 用 格 式	说　明
scroll(component, location)	在创建的图窗中滚动到组件内的指定位置。location 表示滚动位置，可选值为' top '、' bottom '等
scroll(component, x, y)	滚动到容器内的指定 (x, y) 坐标

在 MATLAB 中，命令 open 用于在 UI 图窗中的位置打开上下文菜单，它的使用格式见表 3-29。

表 3-29 open 命令的使用格式

调 用 格 式	说　明
open(cm, x, y)	在 UI 图窗指定的 (x, y) 坐标处打开上下文菜单 cm
open(cm, coord)	在 UI 图窗指定的像素坐标 coord 处打开上下文菜单 cm

例 3-14：设计软件的分类系统。

解：MATLAB 程序如下。

```
> >clear
> > close all
> > fig = uifigure('Name','软件分类','Scrollable','on');    % 创建图窗,打开图窗可滚动属性
> > fig. Position = [100 100 493 283];                      % 设置图窗大小
> > t = uitree(fig,'Position',[50 50 200 350]);             % 创建树组件
% 创建树一级节点
> > category1 = uitreenode(t,'Text','办公软件');
> > category2 = uitreenode(t,'Text','互联网软件');
> > category3 = uitreenode(t,'Text','多媒体软件');
> > category4 = uitreenode(t,'Text','分析软件');
> > category5 = uitreenode(t,'Text','协作软件');
> > category6 = uitreenode(t,'Text','商务软件');
% 创建树二级节点
> > p1 = uitreenode(category1,'Text','Word');
> > p2 = uitreenode(category1,'Text','Excel');
> > p3 = uitreenode(category1,'Text','PPT');
> > p4 = uitreenode(category1,'Text','Email');
> > p11 = uitreenode(category2,'Text','Java');
> > p22 = uitreenode(category2,'Text','net');
> > p33 = uitreenode(category2,'Text','PHP');
> > p112 = uitreenode(category4,'Text','ABAQUS');
> > p222 = uitreenode(category4,'Text','ANSYS');
> > p333 = uitreenode(category4,'Text','MSC');
```

运行结果如图 3-27 所示。

```
> > expand(t,'all');  % 展开所有树节点
```

运行结果如图 3-28 所示。

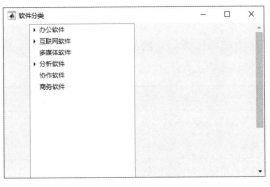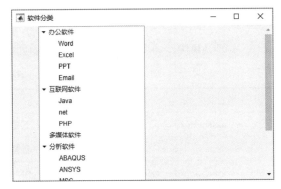

图 3-27 软件分类系统界面（一）　　　　　图 3-28 软件分类系统界面（二）

```
>> scroll(fig,'bottom');  % 移动滚动条到图窗底部
```

运行结果如图 3-29 所示。

```
>> collapse(category2,'all');        % 折叠 category2 的节点
>> scroll(fig,'top');                % 移动节点到图窗顶部
```

运行结果如图 3-30 所示。

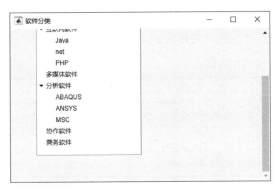

图 3-29 软件分类系统界面（三）　　　　　图 3-30 软件分类系统界面（四）

```
>> move(p33,p1,'before'); % 移动节点
```

运行结果如图 3-31 所示。

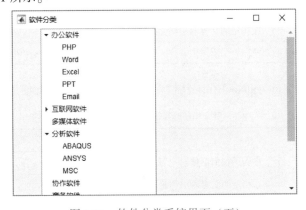

图 3-31 软件分类系统界面（五）

3.4.11 创建 UI 图窗

在 MATLAB 中，命令 uicontextmenu 用于创建上下文菜单组件，它的使用格式见表 3-30。

表 3-30 uicontextmenu 命令的使用格式

调用格式	说明
cm = uicontextmenu	在新图窗中创建上下文菜单，并返回 ContextMenu 对象
cm = uicontextmenu(parent)	在指定的父容器中创建上下文菜单
cm = uicontextmenu(…,Name,Value)	使用一个或多个名称 – 值对组参数指定上下文菜单属性值

在 MATLAB 中，命令 uimenu 用于创建菜单或菜单项组件，它的使用格式见表 3-31。

表 3-31 uimenu 命令的使用格式

调用格式	说明
m = uimenu	在新图窗中创建菜单项，并返回对象
m = uimenu(Name,Value)	使用一个或多个名称 – 值对组参数指定菜单项属性值
m = uimenu(parent)	在指定的父容器中创建菜单项
m = uimenu(parent,Name,Value)	使用一个或多个名称 – 值对组参数指定父容器属性值

在 MATLAB 中，命令 uitoolbar 用于创建工具栏组件，它的使用格式见表 3-32。

表 3-32 uitoolbar 命令的使用格式

调用格式	说明
tb = uitoolbar	在新图窗中创建一个工具栏，并返回 Toolbar 对象
tb = uitoolbar(parent)	在指定的父容器中创建工具栏
tb = uitoolbar(…,Name,Value)	使用一个或多个名称 – 值对组参数指定工具栏属性值

在 MATLAB 中，命令 uipushtool 在工具栏中创建按钮工具组件，它的使用格式见表 3-33。

表 3-33 uipushtool 命令的使用格式

调用格式	说明
pt = uipushtool	在新图窗中创建一个按钮工具，并返回对象
pt = uipushtool(parent)	在指定的父容器中创建按钮工具
pt = uipushtool(…,Name,Value)	使用一个或多个名称 – 值对组参数指定按钮工具属性值

在 MATLAB 中，命令 uitoggletool 在工具栏中创建切换工具，它的使用格式见表 3-34。

表 3-34 uitoggletool 命令的使用格式

调用格式	说明
m = uitoggletool	在新图窗中创建一个切换工具，并返回对象
m = uitoggletool （ parent)	在指定的父容器中创建切换工具
m = uitoggletool （…,Name,Value)	使用一个或多个名称 – 值对组参数指定切换工具属性值

例3-15：设计绘图软件界面。

解：MATLAB 程序如下。

```
>>clear
>> close all
>> fig = uifigure('Name','AutCAD');          % 创建图窗,设置标题,设计绘图软件界面
% 创建菜单命令
>> m1 = uimenu(fig,'Text','文件');
>> m2 = uimenu(fig,'Text','编辑');
>>m3 = uimenu(fig,'Text','视图');
>> m4 = uimenu(fig,'Text','插入');
>> m5 = uimenu(fig,'Text','格式');
>> m6 = uimenu(fig,'Text','帮助');
% 创建工具栏
>> tb = uitoolbar(fig);                       % 在 UI 图窗中创建一个工具栏
% 向该工具栏添加"新建"按钮工具
>> pt1 = uipushtool(tb);
>> [img1,map] = imread('w1.gif');
>>ptImage1 = ind2rgb(img1,map);
>> pt1.CData = ptImage1;
>> pt1.Tooltip ='新建文件';
% 向该工具栏添加"保存"按钮工具
>> pt2 = uipushtool(tb);
>> [img2,map] = imread('w2.gif');
>>ptImage2 = ind2rgb(img2,map);
>> pt2.CData = ptImage2;
>> pt2.Tooltip ='保存文件';
% 向该工具栏添加"打开"按钮工具
>> pt3 = uipushtool(tb);
>> [img3,map] = imread('w3.gif');
>>ptImage3 = ind2rgb(img3,map);
>> pt3.CData = ptImage3;
>> pt3.Tooltip ='打开文件';
% 向该工具栏添加"打印"按钮工具
>> pt4 = uipushtool(tb);
>> [img4,map] = imread('w4.gif');
>>ptImage4 = ind2rgb(img4,map);
>> pt4.CData = ptImage4;
>> pt4.Tooltip ='打印文件';
% 向新建工具栏添加切换工具
>> tt = uitoggletool(tb);                     % 在 UI 图窗中创建一个切换工具
>> [img0,map] = imread('w0.gif');
>>ptImage0 = ind2rgb(img0,map);
```

```
>> tt.CData = ptImage0;
```
% 在 UI 图窗中创建上下文菜单
```
>> cm = uicontextmenu(fig);                    % 在 UI 图窗中创建一个上下文菜单
```
% 在上下文菜单中创建子菜单
```
>> mm = uimenu(cm,'Text','选项');
>> m1 = uimenu(mm,'Text','文字设置');
>> m2 = uimenu(mm,'Text','颜色设置');          % 添加上下文菜单的菜单项
>> fig.ContextMenu = cm;
```

运行结果如图 3-32 所示。

图 3-32　绘图软件界面

3.4.12　其余组件

其余组件的创建函数件见表 3-35。

表 3-35　组件创建函数

函　　数	说　　明
uiradiobutton	创建单选按钮组件
uilabel	创建标签组件
uidropdown	创建下拉组件
uispinner	创建微调器组件
uieditfield	创建文本或数值编辑字段组件
uilistbox	创建列表框组件
uitable	创建表组件
uitextarea	创建文本区域组件
uitogglebutton	创建切换按钮组件
uidatepicker	创建日期选择器组件
uislider	创建滑块组件
uigauge	创建仪表组件
uiknob	创建旋钮组件
uilamp	创建信号灯组件
uiswitch	创建滑块开关、拨动开关或拨动开关组件
uihtml	创建 HTML UI 组件

第 4 章 App Designer 编辑应用

内容指南

App 应用程序是具体产品独有的操作系统用户交互界面，具有美观、智能、合理、高效、易操作的交互界面。其提供了大量组件，用于设计功能齐全的现代化应用图形交互界面。随着图形界面的不断完善，App Designer 逐步取代了 GUIDE 应用程序，成为 MATLAB 图形交互的主导形式。

内容要点

- App 应用程序概述。
- 组件库。
- 设计画布。
- 代码视图。
- App 打包和共享。
- GUIDE 编辑环境。
- GUIDE 迁移策略。

4.1 App 应用程序概述

Mathworks 在 MATLAB R2016a 版本中正式推出了 GUIDE 的替代产品——App Designer，这是在 MATLAB 图形系统转向使用面向对象系统之后（R2014b）的一个重要的后续产品。它旨在顺应 Web 的潮流，帮助用户利用新的图形系统方便地设计更加美观的 GUI。

App Designer 具有有限的 MATLAB 图形支持。

- ◆ 构建具有 2D 线条和散点图的应用程序。
- ◆ 不支持缩放、平移、旋转或通过鼠标和键盘回调进行的自定义交互。
- ◆ 不提供用于创建菜单、工具栏或表格的组件。

App Designer 生成面向对象的代码，使用这种格式可以方便地在应用程序的各部分之间共享数据。精简的代码结构使理解和维护变得更加容易。应用程序存储为单个文件，其中包含布局和代码。可以使用该单个文件共享应用程序，也可以使用支持代码和数据将它们打包并安装到应用程序库中。

App 设计工具是一个功能丰富的开发环境，它提供了布局和代码视图、完整集成的 MATLAB 编辑器版本、大量的交互式组件、网格布局管理器和自动调整布局选项，使 App 能够检测和响应屏幕大小的变化。可以直接从 App 设计工具的工具条打包 App 安装程序文件，也可以创建独立的桌面 App 或 Web App（需要 MATLAB Compiler™）。

4.1.1 启动 App Designer

App Designer 应用程序的调用方式如下。

◆ 在工作区中输入 "appdesigner" 命令。

◆ 在工作区中输入 "appdesigner" (filename)，打开指定的 .mlapp 应用程序设计器中的文件。如果 .mlapp 文件不在 matlab 路径，需要指定完整路径。

◆ 在功能区 "主页" 选项卡下选择 "新建" → "App" 命令，如图 4-1 所示。

◆ 在功能区 "App" 选项卡下单击 "设计 App" 按钮 📱，如图 4-2 所示。

图 4-1　"App" 命令　　　　　　　　　　　　　图 4-2　"设计 App" 按钮

执行上述命令后，创建一个新的应用程序，弹出 App 界面 "App 设计工具首页"，打开应用程序设计器起始页，如图 4-3 所示，该界面主要有两种功能：一是创建新的 App 文件，二是打开已有的 App 文件 ".mlapp"，用于进行 App 设计。

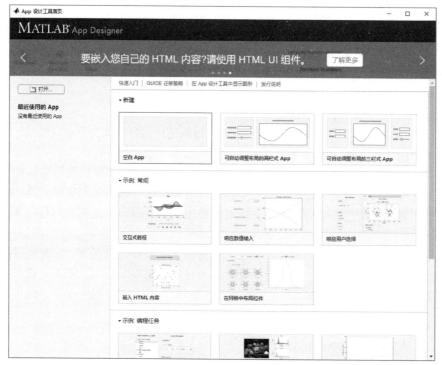

图 4-3　App 设计工具首页

1. 打开文件

单击左侧"打开"按钮，弹出"打开文件"对话框，如图4-4所示，选择".mlapp"文件，打开已有的图形设计文件，进行图形界面文件的编辑与运行。

2. 新建文件

在"新建"选项下包括3个新建文件的类型："空白App""可自动调整布局的两栏式App"和"可自动调整布局的三栏式App"，选择不同的文件类型选项，进入不同的App应用程序编辑环境，如图4-5～图4-7所示。

从起始页中选择预先配置的应用程序，在应用程序设计器中打开名为app1.mlapp的文件。app1.mlapp文件在保存之前不会出现在MATLAB当前文件夹浏览器中。

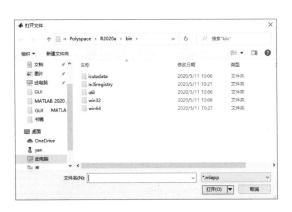

图 4-4　"打开文件"对话框

图 4-5　空白 App

图 4-6　可自动调整布局的两栏式 App

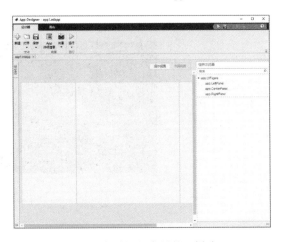

图 4-7　可自动调整布局的三栏式 App

例 4-1：打开现有应用程序文件。

解：在 MATLAB 命令窗口中输入如下命令。

```
>>appdesigner(fullfile(matlabroot,"examples\matlab\main\ImageHistogramsAppExample.mlapp"))    % 通过指定文件的完整路径打开并显示现有的应用程序
```

运行结果如图4-8所示。

单击"运行"按钮，在设计画布中运行程序，结果如同4-9所示。

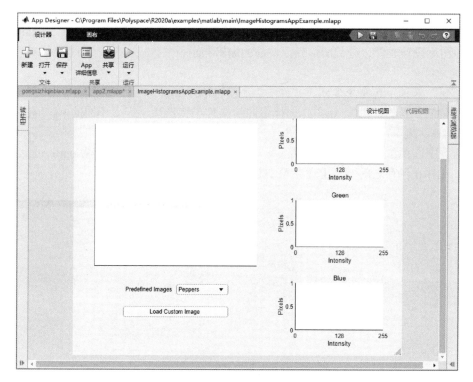

图 4-8　打开现有应用程序

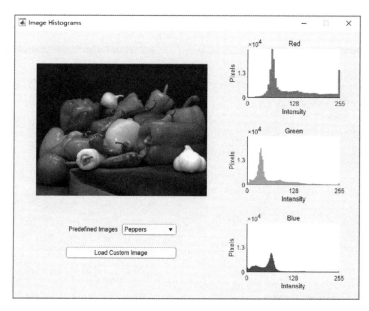

图 4-9　运行应用程序

4.1.2 App Designer 编辑环境

　　新建文件后即可打开 App 应用程序窗口，进入 App 应用程序编辑环境，如图 4-10 所示。用户可以在该窗口中进行 App 文件的操作，如创建新文件、打开文件等。

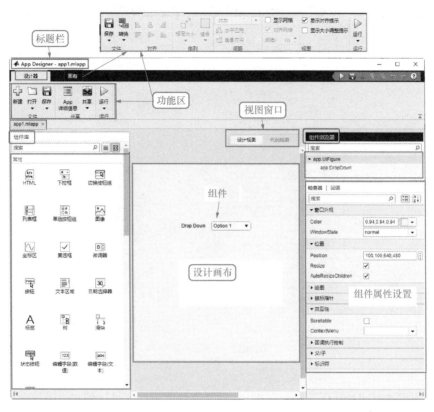

图 4-10　App 应用程序窗口

窗口类似于 Windows 的界面风格，主要包括标题栏、功能区、视图窗口、设计画布、组件库、组件浏览器 6 个部分。

1. 标题栏

标题栏位于窗口界面的左上角，显示应用程序名称 App Designer 及文件名称 app1. mlapp。App 应用程序文件名称扩展名为 . mlapp，默认名称为 app1、app2，依次递增。

2. 功能区

功能区下包括"设计器""画布"两个选项卡，"设计器"选项卡中包含一系列文件的基本命令，如新建、保存、运行等；"画布"选项卡中包含文件内组建的操作命令，如对齐、排列、间距设置、视图设置等。

3. 视图窗口

视图窗口包括"设计视图"与"代码视图"两个窗口，在"设计视图"中布置可视化组件，在"代码视图"中生成面向对象的代码，如图 4-11 所示。单击两个窗口，可在画布中的可视化设计与集成版本的 MATLAB 编辑器中的代码开发之间快速切换。在"组件浏览器"的模块属性区域进行组件编辑属性，相应的基本代码会自动更新。

◆ 在"设计视图"中显示工作区 – 设计画布，进行组件的放置与布局。

◆ "代码视图"中提供与 MATLAB 相同的大多数编程功能，具有一组丰富的功能，帮助导航代码并避免许多烦琐的任务。在编辑器中，代码的某些部分是可编辑的，而有些则是不可编辑的。代码的灰色部分不可编辑，这些部分由 AppDesigner 生成和管理，白色部分是可编辑的。

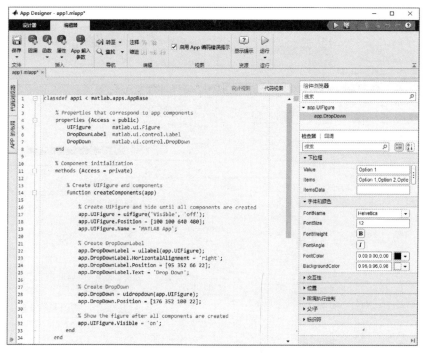

图 4-11　代码视图

4. 设计画布

App 窗口显示交互式设计环境，将可视化组件从组件库拖放到设计画布，组件放置过程中自动显示水平、处置辅助线，使用对齐线对齐控件，获取用户界面组件的准确布局，如图 4-12 所示。

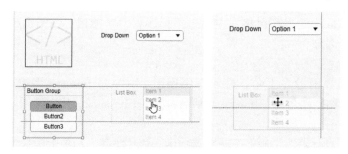

图 4-12　自动对齐线

5. 组件库

在组件库中包含标准用户界面组件，可以将组件拖动到设计画布，在设计画布中构建具有一组标准组件（如文本字段、按钮和下拉列表）的交互的用户界面。

6. 组件浏览器

在组件浏览器中可以通过专门的属性表指定常用组件属性，包括组件名称与组件属性两部分，设计画布没有组件时，如图 4-13 所示。

（1）"窗口外观"选项组

◆ Color（设计画布颜色）：设置设计画布颜色，包括两种设置方式，如图 4-14 所示，在文本框中输入 RGB 颜色值，或者单击颜色块■ ，弹出"颜色选择"对话框（见图 4-15）选择颜色。

图 4-13　组件浏览器

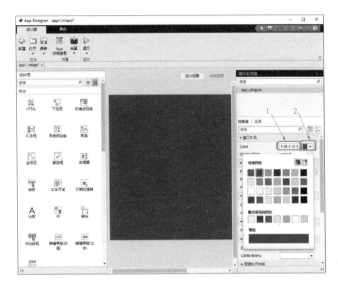

图 4-14　设计画布颜色设置

◆ WindowState（窗口状态）：设置单选按钮组的显示状态，包括 normal（正常）、maximized（最大化）、minimized（最小化）、fullscreen（全屏）4 种显示方式。

（2）"位置"选项组

◆ Position（位置）：定义设计画布的大小，设计画布为矩形，以此定义矩形坐标与长宽值，如图 4-16 所示。

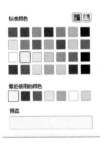

图 4-15　颜色选择

图 4-16　定义设计画布大小

◆ Resize（调整大小）：勾选该复选框，拖动鼠标可调整坐标系大小。

◆ AutoResizeChildren（自动调整大小）：用于调整设计画布中对象的大小，勾选该复选框可自动进行调整。

（3）"绘图"选项组

◆ Colormap（颜色图）：设置设计画布的颜色图.

◆ Alphamap（Alpha 颜色）：设置阿尔法通道颜色图。

（4）"鼠标指针"选项组

◆ Pointer：设置鼠标指针指向。

（5）"交互性"选项组

◆ Scrollable（滚动性）：勾选该复选框，在组件中添加滚动条。

◆ ContextMenu（右键菜单）：在文本框中输入需要添加的快捷命令，在组件上单击右键以显示该命令。

（6）回调执行控制

◆ Interruptible（中断性）：勾选该复选框后，在回调函数执行过程中，如遇到编程警报，将执行中断程序处理。

◆ BusyAction（执行处理）：利用回调函数控制应用程序的行为，包含 queue（队列）和 cancel（取消）。

◆ BeingDelete（正在删除）：设置执行删除操作方式。

（7）父/子

◆ HandleVisibility（句柄可见性）：包含 on（打开）、callback（回调）、off（关闭）3 个选项。

（8）标识符

◆ Name（名称）：定义标识符名称，默认为 MATLAB App。

◆ NumberTitle（数量）：勾选该复选框，显示标识符的数量编号。

◆ IntegerHandle（整数句柄）：勾选该复选框，显示标识符的句柄。

◆ Tag（标签）：在文本框中输入标签内容，为组件添加标识符。

4.2 组件库

App 设计工具组件库中提供了大多数 UI 组件，可以将它们拖放到画布上，以图形交互的方式设计现代的、功能齐全的应用程序。

"组建库"侧栏默认安装在界面左侧，如图 4-17 所示，单击左下角的"折叠"按钮 折叠侧栏，单击"展开"按钮 展开"组件库"侧栏。

在"搜索"栏输入需要查找的组件名称或关键词，在组件显示区显示符合条件的搜索结果，如图 4-18 所示。组件库中的组件分为 5 大类，包含常用、容器、图窗工具、仪器和 AEROSPACE（航空航天）。

图 4-17 "组建库"侧栏

图 4-18 搜索组件

在应用程序设计器中创建的应用程序或 uifigure 功能支持航空航天工具箱组件。若要使用工具箱组件，需要有效的许可证和关联工具箱的安装。

4.2.1 组件属性

在"组件库"中单击选择组件，按住鼠标左键将其拖动到设计画布中适当位置，松开鼠标，在该位置放置组件，单击选中该组件，在"组件浏览器"中显示该组件的属性。下面介绍常用组件的属性。

1. 按钮组

按钮组组件属性如图4-19所示。

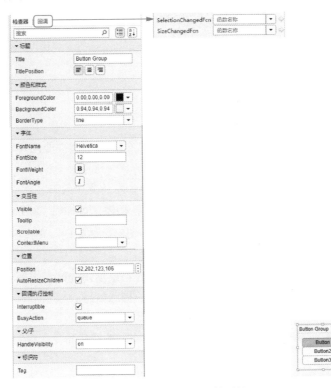

图 4-19　按钮组组件属性

图 4-19 中显示的是 Button Group（按钮组）组件的属性，在浏览器上半部分显示组件按钮组名称 app. Button Group 与单个按钮名称 app. Button、app. Button2、app. Button3；下半部分显示组件的"检查器"属性与"回调"属性。

（1）"检查器"选项卡

1）"标题"选项组。

◆ Title（标题）：显示组件的名称，可以直接在该文本框中修改组件名称。

◆ TitlePosition（标题位置）：显示组件名称相对于整个组件的位置，包括 lefttop ▤、centertop ▤ 和 righttop ▤ 3 个选项，如图4-20所示。

2）"颜色和样式"选项组。

◆ ForegroundColor（前景色）：组件前景色设置包括

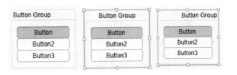

图 4-20　标题名称位置

两种方式，在文本框中输入 RGB 颜色值，或者单击颜色块，在弹出的"颜色选择"对话框（见图 4-21）选择前景色。

◆ BackgroundColor（背景色）：组件背景色设置，设置方法与前景色设置相同，设置结果如图 4-22 所示。

◆ BorderType（边框样式）：组件外边框的样式，包括 line 和 none 两种，如图 4-23 所示。

图 4-21　前景色颜色选择　　　　图 4-22　背景色颜色设置　　　　图 4-23　边框样式

3）"字体"选项组。

◆ FontName（字体名）：在下拉列表中选择组件中文字的字体，如图 4-24 所示，默认选择 Helvetica。

◆ FontSize（字体大小）：在文本框中输入字体大小，默认大小为 12。

◆ FontWeight（字体粗细）：单击"加粗"按钮 **B**，切换字体加粗、不加粗两种情况。

◆ FontAngle（字体角度）：单击"斜向"按钮 *I*，切换字体斜向、正向两种情况。

4）"交互性"选项组。

◆ Visible（可见性）：默认勾选该复选框，显示组件；取消勾选该复选框，隐藏组件。

◆ Tooltip（工具提示）：在文本框中输入需要添加的提示信息。

◆ Scrollable（滚动性）：勾选该复选框，在组件中添加滚动条。

◆ ContextMenu（右键菜单）：在文本框中输入需要添加的快捷命令，在组件上单击右键时显示该命令。

5）位置。

◆ Position（位置）：定义组件的坐标位置。

◆ AutoResizeChildren（子部件自动调整大小）：若组件由多个子组件组成，显示该复选框，用于调整子组件间的大小，自动进行调整。

6）回调执行控制。

◆ Interruptible（中断性）：勾选该复选框后，在回调函数执行过程中，如遇到编程警报，将执行中断程序处理。

◆ BusyAction（执行处理）：利用回调函数控制应用程序的行为，包含 queue（队列）和 cancel（取消）。

7）父/子。

◆ HandleVisibility（句柄可见性）：包含 on（打开）、callback（回调）和 off（关闭）3 个选项。

8）标识符。

◆ Tag（标签）：在文本框中输入标签内容，为组件添加标识符。

（2）"回调"选项卡

在该选项卡下显示回调函数，如 SelectionChangedFcn 和 SizeChangedFcn。

在"组件浏览器"中选择按钮组 Button Group 下的按钮组件 Button，"组件浏览器"中组件的选项略有不同，如图 4-25 所示。

图 4-24　字体选择列表　　　　　　图 4-25　选择 Button 后的"组件浏览器"侧栏

下面介绍增加的选项"文本"选项组。

◆ Value（值）：勾选该复选框，激活该子组件按钮的编辑状态；取消该复选框的勾选，自动跳转到下一个子组件的编辑状态。

◆ Text（文本）：显示子组件的名称，可以直接在该文本框中修改组件名称。

◆ HorizontalAlignment（水平对齐）：显示组件名称在水平方向上的对齐方式，包括 left ≣、center ≣ 和 right ≣ 3 个选项，如图 4-26 所示。

图 4-26　组件名称对齐方式

◆ Verticalignment（垂直对齐）：显示组件名称在垂直方向上的对齐方式，包括 top ≣、center ≣ 和 bottom ≣ 3 个选项。

◆ Icon（图标）：指定要添加的图标文件。

◆ IconAlignment（图标对齐）：指定添加的图标的位置，包括 left、right、center、top 和 bottom 五个选项。

2. 坐标区组件

坐标区组件的属性如图 4-27 所示。

图 4-27 坐标区组件的属性

（1）"字体和颜色"选项组

◆ FontColor（字体颜色）：选择字体颜色。

（2）"标签"选项组

◆ Title. String：坐标系标题名称。

◆ XLabelString 和 YLabel. String：X、Y 坐标轴标签名称。

（3）"字体"选项组

◆ FontName（字体名）：在下拉列表中选择组件中文字的字体，默认选择 Helvetica。

◆ FontWeight（字体粗细）：单击"加粗"按钮，切换字体加粗、不加粗两种情况。

◆ FontSize（字体大小）：在文本框中输入字体大小，默认大小为 12。

（4）"刻度"选项组

◆ XTick 和 YTick：坐标轴取值间隔。

◆ XTickLabel 和 YTickLabel：坐标轴取值间隔标记。

（5）"标尺"选项组

◆ XLim、YLim 和 ZLim：坐标轴取值范围。

◆ XLimMode、YLimMode 和 ZLimMode：坐标轴取值范围模式，包括 auto（自动）和 manual（手动）。

◆ XAxisLocation 和 YAxisLocation：坐标轴相对于绘图区位置，默认 X 轴在绘图区下方，Y 轴在绘图区左侧。

◆ XColor、YColor 和 ZColor：坐标轴颜色。

◆ XColorMode、YColorMode 和 ZColorMode：坐标轴颜色模式。

◆ XDir、YDir 和 ZDir：坐标轴取值方向，包括 normal（正向）和 reverse（反向）。

◆ XScale、YScale 和 ZScale：坐标轴缩放类型，包括 linear（线性）和 log（对数）。

（6）"网格"选项组

◆ XGrid、YGrid 和 ZGrid：控制坐标轴网格的显示。

◆ Layer（层）：设置坐标系所在层。

◆ GridLineStyle：设置网格线类型。

◆ GridColor：设置网格颜色。

◆ GridColorMode：设置网格颜色模式。

◆ GridAlpha：设置网格透明度值。

◆ GridAlphaMode：设置网格透明度模式。

◆ XMinorGrid、YMinorGrid 和 ZMinorGrid：控制坐标轴副网格的显示。

◆ MinorGridLineStyle：设置副网格线样式。

◆ MinorGridColor：设置副网格颜色。

◆ MinorGridColorMode：设置副网格颜色模式。

◆ MinorGridAlpha：设置副网格透明度。

◆ MinorGridAlphaMode：设置副网格透明度样式。

（7）"多个绘图"选项组

◆ ColorOrder：设置多条曲线显示时，曲线颜色顺序。

◆ LineStyleOrder：设置线样式顺序。

◆ NextPlot：设置曲线的添加样式。

◆ SortMethod：设置排序方法。

◆ ColorOrderindex：设置色阶索引。

◆ LineStyleOrderindex：设置颜色样式索引。

（8）"颜色和透明度"选项组

◆ ColorScale：设置颜色缩放样式，包括 linear（线性）和 log（对数）。

◆ CLim：设置颜色取值范围。

◆ CLimMode：设置颜色取值模式，包括 auto（自动）和 manual（手动）。

◆ Alphamap：定义透明度颜色。

◆ AlphaScale：定义透明度缩放值。

◆ ALim：定义透明度取值范围。

◆ ALimMode：定义透明度取值模式，包括 auto（自动）和 manual（手动）。

◆ BackgroundColor：选择坐标系背景色。

（9）"框样式"选项组

◆ Color：设置坐标系边框颜色。

◆ LineWidth：设置坐标系线宽。

◆ Box：勾选该复选框，显示坐标系上边框与右侧边框，默认只显示坐标系的左侧边框与下方边框。

◆ BoxStyle：设置边框样式。

◆ Clipping：勾选该复选框，剪裁坐标系超出部分。

◆ CippingStyle：设置剪裁样式。

◆ AmbientLightColor：设置光线颜色。

（10）"位置"选项组

◆ InnerPosition：定义坐标系中输入数据位置。

◆ Position：定义坐标系起点坐标与坐标系长、宽。

◆ DataAspectRatio：设置坐标系中 X、Y、Z 坐标轴数据显示比例。

◆ DataAspectRatioMode：设置坐标系中比例模式。

◆ PlotBoxAspectRatio：定义绘图边框比例。

◆ PlotBoxAspectRatioMode：定义绘图边框比例设置模式。

（11）"视角"选项组

◆ View：设置坐标系中图形显示角度。

◆ Projection：设置坐标系投影方式，包括 orthographic（正视）和 perspective（透视）。

◆ CameraPosition：设置坐标系中相机视图位置，相机视图可用于虚拟合成镜头并预览渲染时场景的外观。

◆ CameraPositionMode：设置相机位置定义模式。

◆ CameraTarget：设置相机视图观察对象坐标。

◆ CameraTargetMode：设置相机视图观察对象模式。

◆ CameraUpVector：设置相机视图相机位置坐标。

◆ CameraUpVectorMode：定义相机视图相机渲染模式。

◆ CameraVlewAngle：定义相机视图渲染角度。

◆ CameraViewAngleMode：定义相机视图观察角度模式。

4.2.2 常用组件

常用组件包括 18 种响应交互的组件，如按钮、滑块、下拉列表和树，见表 4-1。

表 4-1 常用组件

组件图标	组件外观	组件属性
PUSH 按钮	Button	• Text：输入按钮组件的名称，默认值为 Button
切换按钮组	Button Group Button Button2 Button3	
a b 下拉框	Drop Down Option 1 ○ Option 1 ○ Option 2 ○ Option 3 ○ Option 4	• 标签：输入下拉框组件的名称，默认值为 Drop Down • Items（选项）：输入下拉框中选项名称，默认名称为 Option 1、Option 2、Option 3、Option 4
a b c 列表框	List Box Item 1 Item 2 Item 3 Item 4	• 标签：输入列表框组件的名称，默认值为 List Box • Items（选项）：输入列表框中选项名称，默认名称为 Item 1、Item 2、Item 3、Item 4

（续）

组 件 图 标	组 件 外 观	组 件 属 性
单远按钮组	Button Group ⦿ Button ○ Button2 ○ Button3	• WindowState（窗口状态）：设置单选按钮组的显示状态，包括 normal（正常）、maximized（最大化）、minimized（最小化）和 fullscreen（全屏）4 种显示方式
图像		• ImageSource（图像资源）：单击"浏览"按钮，选择要浏览的图像文件，显示在图像组件中 • HorizontalAlignment（水平对齐）：包括左、中、右三种对齐方式 • Verticalignment（垂直对齐）：包括上、中、下三种对齐方式 • ScaleMethod（缩放方法）：包括 fit（适合）、fill（填满）、none（无）、scaledown（缩小）、scaleup（放大）和 stretch（拉长）
坐标区	Title	
复选框	□ Check Box	• "Value（值）"：勾选该复选框，激活组件的功能 • "Text（文本）"：显示组件的名称，默认名称为 Check Box
微调器	Spinner 　0 ⬍	• Limits（极限）：定义组件的取值范围 • Step（步）：定义取值间隔 • RoundFractionalValues（小数值的舍入方法）：勾选该复选框，MATLAB 将小数值舍入为整数 • ValueDisplayFormat（值显示格式）：显示参数值的表示格式，包括证书、科学计数法或自定义，默认格式为 %11.4g，还设置了小数点精确位数
文本区域	Text Area	• 标签：输入文本区域组件的名称，默认值为 Text Area
日期选择器	Date Picker yyyy-mm-dd ▼	• Value（值）：单击下拉列表，选择日期 • DisplayFormat：显示格式 • DisabledDaysOfWeek：显示星期 • DisabledDates：显示日期
A 标签	Label	• Label（标签）：输入文本区域组件的名称，默认值为 Label
树	▾ Node 　Node2 　Node3 　Node4	• Multiselect：勾选该复选框，在树组件中可选择多个子组件 • Editable：勾选该复选框，可编辑组件参数 • Enable：勾选该复选框，启动交互功能
滑块	Slider ⬍ 0 20 40 60 80 100	• Limits：取值范围，单击⦂按钮，定义最大值与最小值 • Orientation：设置组件方向，垂直或水平 • MajorTicks：定义滑块主要刻度值 • MajorTickLabels：定义滑块只要刻度值标签 • MinorTicks：定义主要刻度

（续）

组 件 图 标	组 件 外 观	组 件 属 性
STATE 状态按钮	Button	• Value（值）：勾选该复选框，激活该组件的功能 • Text（文本）：显示组件的名称，默认名称为 Button
123 编辑字段(数值)	Edit Field 0	• Value（值）：在文本框中输入组件的数值
abc 编辑字段(文本)	Edit Field2	• Value（值）：在文本框中输入组件的字符值
表	Column 1 Column 2 Column 3 Column 4	• ColumnName：表格名称 • ColumnWidth：表格宽度 • ColumnEditable：表格是否可编辑 • ColumnSortable：表格是否可排序 • RowName：列名称

4.2.3 实例——公司执勤表界面设计

1. 设计画布环境设置

（1）启动 App 界面

1）在命令行窗口中输入下面的命令。

```
>>appdesigner
```

2）弹出图 4-28 所示的"App 设计工具首页"界面，选择"空白 App"，进入 App Designer 图形窗口，如图 4-29 所示，进行界面设计。

图 4-28   "App 设计工具首页"界面

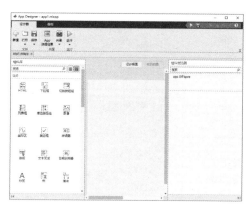

图 4-29   App Designer 图形窗口

（2）放置画布界面

在"组件库"侧栏中选择 1 个标签、1 个按钮、1 个日期选择器和 1 个编辑字段（文本），放置到设计画布界面，如图 4-30 所示。

2. 组件属性设置

1）在设计画布中单击"标签"组件 Label，或在"组件浏览器"中单击选中组件 app. Label，在"组件浏览器"侧栏中显示标签组件的属性，如图 4-31 所示。在 Text 文本框中修改标签名称，输入"公司执勤表"，在 HorizontalAlignment（水平对齐方式）选项单击 Center（中心对齐）按钮，在 FontSize（字体大小）文本框输入字体大小"30"，在 FontWeight（字体粗细）选项中单击"加粗"按钮 B，在 FontColor（字体颜色）选项中单击颜色块■▼，弹出"颜色选择"对话框，选择黄色；在 BackgroundColor（背景色）选项中单击颜色块■▼，弹出"颜色选择"对话框，选择红色，如图 4-32 所示，设置结果如图 4-33 所示。

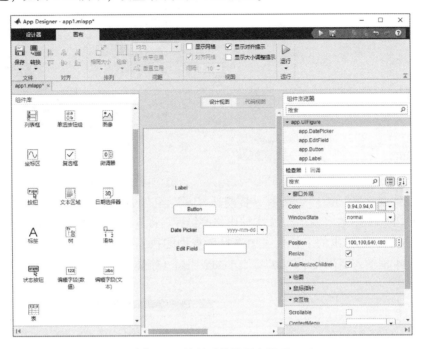

图 4-30　放置到设计画布界面

图 4-31　"组件浏览器"侧栏

图 4-32　组件属性设置

图 4-33　设置结果

2）在设计画布中选中"按钮"组件 Button，在"组件浏览器"侧栏中显示组件的属性，在 Text 文本框中修改按钮名称，输入"查询"，在 FontSize（字体大小）文本框输入字体大小"20"，在 Icon（图标）选项中单击"浏览"按钮，弹出"打开图像文件"对话框，选择 chaxunt. jpg 文件，如图 4-34 所示。单击"打开"按钮，在按钮组件上插入图标。在 IconAlignment（图标对齐方式）选项中选择 right（右侧）选项，将插入的图标放置在按钮右半部分，如图 4-35 所示。

图 4-34　"打开图像文件"对话框

图 4-35　选择 right（右侧）选项

3）在"组件浏览器"侧栏中选中"日期选择器"组件 app. DatePicker，在"组件浏览器"侧栏中显示组件的属性，在"标签"文本框中修改组件名称，输入"执勤日期"，在 Value（值）选项中单击 ⏷ 按钮，在弹出的下拉列表中选择要查询的执勤日期，如图 4-36 所示。在 FontSize（字体大小）文本框输入字体大小"20"，在 FontWeight（字体粗细）选项单击"加粗"按钮 B，如图 4-37 所示。

图 4-36　选择日期

图 4-37　设置字体、字号和粗细

4）在"组件浏览器"侧栏中选中"编辑字段（文本）"组件 app. EditField，在"组件浏览器"侧栏中显示组件的属性，在"标签"文本框中修改组件名称，输入"执勤人员"，在 FontSize（字体大小）文本框输入字体大小"20"，在 FontWeight（字体粗细）选项单击"加粗"按钮 B，如图 4-38 所示。

单击"保存"按钮 💾，系统生成以 . mlapp 为扩展名的文件，在弹出的对话框中输入文件名称"gongsizhiqinbiao. mlapp"，完成文件的保存，如图 4-39 所示。

图 4-38　设置字号和字体加粗

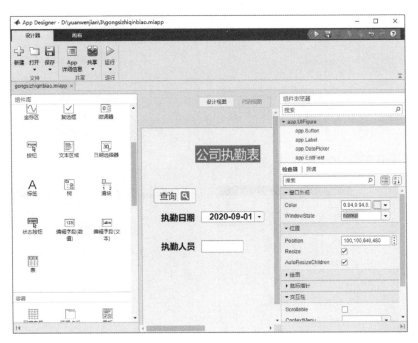

图 4-39　设计画布编辑结果

4.3　设计画布

在 AppDesigner 中构建 UI 组件的方法是指在"组件库"中选择组件拖动到设计画布上；组件是用于 UI 设计和开发的一种很好的办法，使用较少的可重用的组件，更好地实现一致性。

4.3.1　组件的组成

"组件库"侧栏中的组件是不同组成结构对象的组合，从组成结构来分，包括单个组件与有多个子组件组成的组件组，如图 4-40 所示。

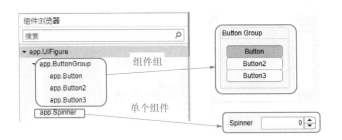

图 4-40　组件结构分类

1. 单个组件

"微调器"组件可以看作是标签和编辑框的组合，在"组件浏览器"中只显示组合为一体的名称，如图 4-41 所示。在"组件浏览器"组件名称"app. 组件名"上单击右键，显示图 4-42 所示的快捷菜单，勾选"在组件浏览器中包含组件标签"复选框，添加组件标签名称，两个组件的关系是同层，如图 4-43 所示。

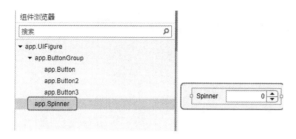

图4-41　显示组件名称　　　　　　　　　　　　　图4-42　快捷菜单

图4-43　添加标签名称

2. 组件组

组件组从显示关系来定义，可分为同层关系与上下关系。

（1）上下关系

将组件拖到容器（如面板）中时，容器会变成蓝色，以指示组件是容器的子组件，如图4-44所示，"组件浏览器"通过缩进父容器下子组件的名称来显示上下关系，也称父–子关系，如图4-45所示。

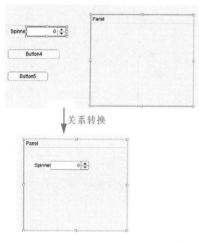

图4-44　拖动组件　　　　　　　　　　　　　　　图4-45　上下关系

（2）同层关系

某些单个组件也可以看作是不同对象的组合，组合前与组合后组件的关系不变，依旧是同层，如图 4-46 所示。

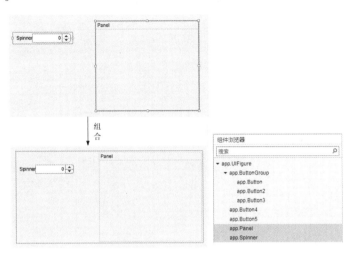

图 4-46　同层关系

4.3.2　上下文菜单

"上下文菜单"组件只有在右键单击正在运行的应用程序中的组件时才可见，所以在设计视图中编辑上下文菜单的工作流与其他组件略有不同。

下面介绍添加和编辑上下文菜单的方法。

1. 添加组件

在"组件库"→"图窗工具"选项下选择"上下文菜单"组件，将其拖动到设计画布中，如图 4-47 所示，与一般组件直接在设计画布上显示不同，该组件出现在图下面画布上的一个区域中，在该上下文菜单区域提供所创建的每个上下文菜单的预览，并指示每个组件分配给多少个组件。

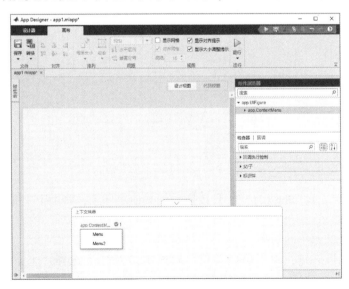

图 4-47　添加上下文菜单

单击上下文菜单区域顶部的　　∧　　按钮，隐藏该区域，如图 4-48 所示。

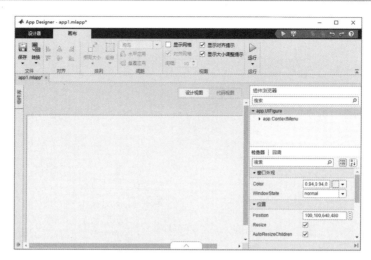

图 4-48　隐藏上下文菜单区域

2. 属性分配

（1）添加属性

1）图 4-49 中，将上下文菜单 app. ContextMenu、app. ContextMenu2、app. ContextMenu3 直接拖动到设计画布中，则直接将上下文菜单属性分配给 UI 图形。

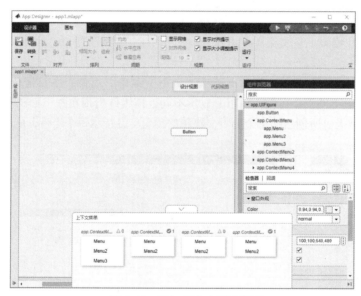

图 4-49　添加多个上下文菜单

2）将上下文菜单 app. ContextMenu4 直接拖动到其他组件上，将上下文菜单属性分配给组件 app. Button。

（2）组件与上下文菜单的切换

在组件上单击鼠标右键，弹出快捷菜单，如图 4-50 所示，选择"上下文菜单"→"转至 app. ContextMenu4"命令，自动切换到该组件分配的上下文菜单 app. ContextMenu4 处，如图 4-51 所示。

（3）重新分配属性

1）若要将分配给某组件的上下文菜单替换为另一个组件，可以将上下文菜单拖到该组件上，如图 4-52 所示。

图 4-50　右键快捷菜单　　　　　　　　　　　图 4-51　切换对象

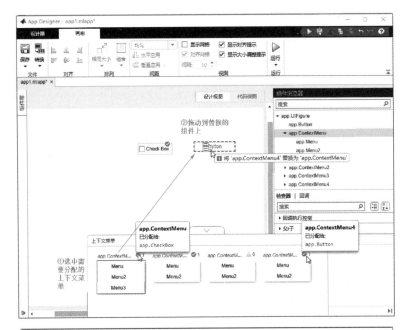

图4-52　重新分配属性

2）在组件上单击鼠标右键，在弹出的快捷菜单中选择"上下文菜单"→"替换为"命令，并选择创建的其他上下文菜单，完成替换，如图 4-53 所示。

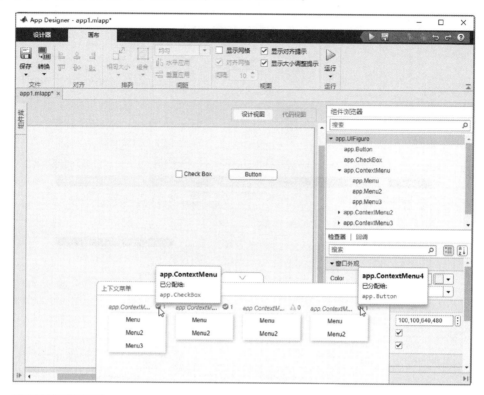

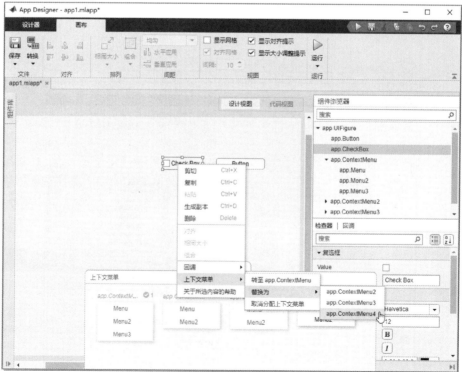

图 4-53　完成替换

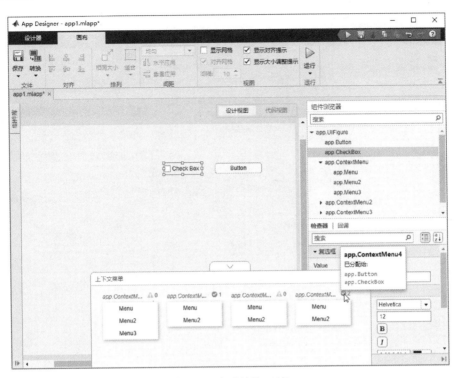

图 4-53　完成替换（续）

3）在"组件浏览器"中选择组件，通过"交互性"→"ContextMenu"命令选择下拉列表并选择要分配给组件的其他上下文菜单，如图 4-54 所示。

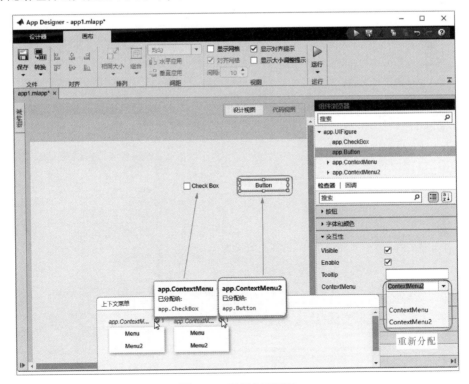

图 4-54　重新分配属性

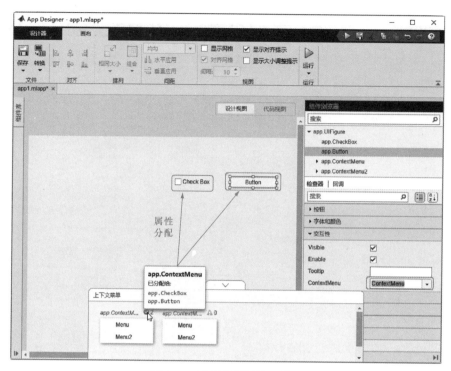

图 4-54　重新分配属性（续）

4）若要将上下文菜单与组件断开关联，在该组件上单击右键，选择"上下文菜单"→"取消分配上下文菜单"命令，即可取消属性分配，如图 4-55 所示。

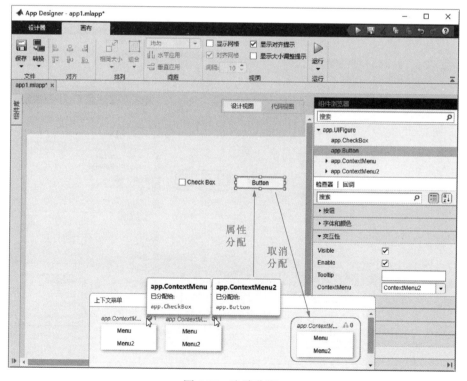

图 4-55　取消分配

3. 编辑组件

在上下文菜单区域中双击上下文菜单或在上下文菜单区域右击上下文菜单，进入上下文菜单编辑区域，如图4-56所示，可以编辑和添加菜单项和子菜单。

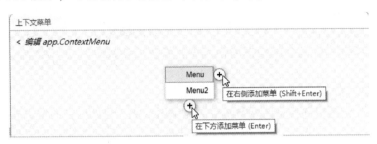

图 4-56　上下文菜单编辑区域

1）双击菜单项 Menu，编辑菜单项名称，如图4-57所示。

图 4-57　编辑菜单项

2）单击右侧、下方按钮 ⊕，在右侧、下方添加菜单项，如图4-58所示。

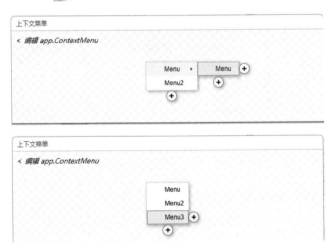

图 4-58　添加菜单项

编辑完成后，单击后箭头（<）退出编辑区域。

4.3.3 UI 组件编辑布局

在"组件浏览器"中将组件拖动到设计画布后，在设计画布中添加组件，同时，在"组件浏览器"上半部分显示添加的组件名称，并添加前缀名 app。完成对设计画布中组件的放置后，需要进行组件的自定义设置，包括组件的编辑与布局。

1. 组件的属性编辑

不同的组件属性参数不同,需要编辑的参数也不同,下面简单介绍属性编辑的方法,具体属性操作读者可自行进行练习。

(1) 双击组件编辑标签

在设计画布中双击组件或子组件标签时,需要编辑的标签边界自动添加蓝色编辑框,在蓝色编辑框内输入需要修改的参数内容,如图 4-59 所示。

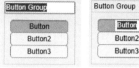

图 4-59 编辑参数

(2) "组件浏览器" 编辑标签

"组件浏览器"包括组件目录区域与组件参数编辑区域,组件标签的编辑有三种方法。

1) 组件目录区域以树形结构显示,显示组建的层次关系,直接双击组件名称 "app. 组件名",显示编辑框,修改标签名,如图 4-60 所示。

2) 在组件目录区域组件名称 "app. 组件名" 上单击右键,显示图 4-61 所示的快捷菜单,选择 "重命名" 命令,编辑标签名称。

3) 在组件参数编辑区域 "检查器" 选项卡下的 Title 文本框内输入新名称。

图 4-60 "组件浏览器" 侧栏　　　　　　　　　　　　图 4-61 显示快捷菜单

2. 对齐方式

(1) 在组件浏览器中设置文本的对齐参数

1) HorizontalAlignment (水平对齐):显示组件名称在水平方向上的对齐方式,包括 left ▤、center ▤、right ▤三个选项。

2) Verticalignment (垂直对齐):显示组件名称在垂直方向上的对齐方式。

(2) 使用拖动组件

在画布上拖动组件,通过多个部件中心的橙色虚线表示它们的中心是对齐的,边缘的橙色实线表示边缘是对齐的,垂直线表示组件在其父容器中居中,如图 4-62 所示。

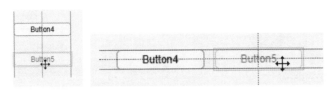

图4-62　对齐线

（3）使用对齐工具

1）框选需要对齐的对象，如图4-63所示，激活功能区内"画布"选项卡下"对齐"选项组中的命令，如图4-64所示。其中，对齐工具包括6个命令：左对齐、居中对齐、右对齐、上对齐、中间对齐、下对齐。框选组件后单击"左对齐"按钮，结果如图4-65所示。

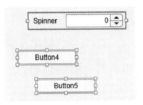

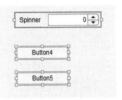

图4-63　框选组件　　　　　图4-64　对齐命令　　　　　图4-65　组件左对齐

2）框选组件，单击"水平应用"按钮 或"垂直应用"按钮 ，控制相邻组件之间的水平、垂直间距，在下拉列表中可选择在组件占用的空间为均匀分配或间距为20，如图4-66所示。

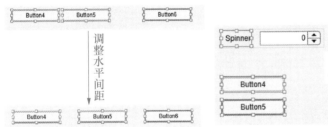
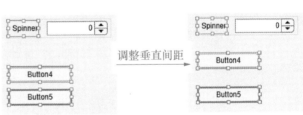

图4-66　调整组件间距

3. 调整大小

1）选中单个组件，组件上显示蓝色编辑框，将鼠标放置在边框上，鼠标变为拉伸图标，如图4-67所示，向内向外拖动鼠标，对组件大小进行调整，当调整到与目标组件大小相同时，设计画布中自动显示辅助线。

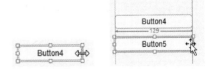

图4-67　调整组件大小

2）框选多个需要调整大小的组件或按〈Shift〉键选中多个组件，激活功能区内"画布"选项卡下"排列"选项组中的"相同大小"命令，显示调整命令，包括"宽度和高度""宽度""高度"，如图4-68所示。选择对应命令，调整选择组件的大小，结果如图4-69所示。

4. 组合

某些情况下，可以将两个或多个组件组合在一起，将它们作为一个单元进行修改。在最后确定组件的相对位置后对其进行分组，在不更改关系的情况下移动组件。

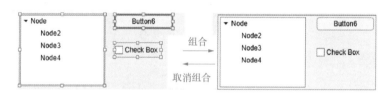

图 4-68　调整大小命令 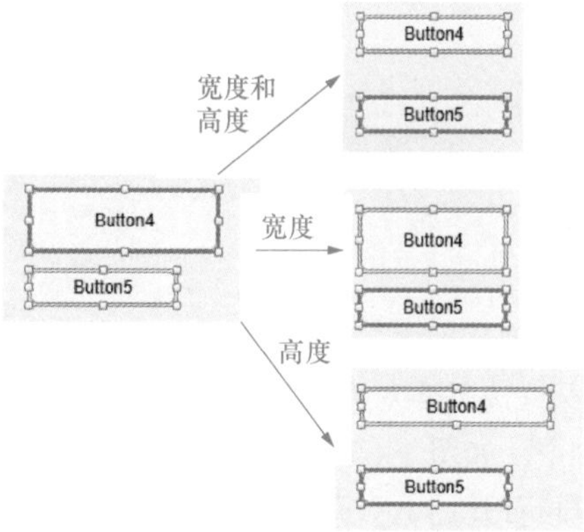　　　　　　　　图 4-69　组件大小调整

　　若要对一组组件进行分组，需要在画布中选择组件，激活功能区内"画布"选项卡下"排列"选项组中的"组合"命令，在下拉菜单中显示组合命令，包括"组合""添加到组""从组中删除""取消组合"。

　　"组合"与"取消组合"是一组互逆运算，如图 4-70 所示。执行"组合"或"添加到组"命令，向组合中添加选中组件；执行"从组中删除"命令，从组合中删除选中组件；"添加到组"与"从组中删除"命令也是一组互逆运算，如图 4-71 所示。

图 4-70　"组合"与"取消组合"

图 4-71　"添加到组"与"从组中删除"

4.4　代码视图

　　"代码视图"不但提供了 MATLAB 编辑器中的大多数编程功能，还可以浏览代码，避免许多烦琐的任务。

4.4.1　代码视图编辑环境

　　单击"代码视图"进入代码视图编辑环境，在左侧显示"代码浏览器"侧栏与"App 的布局"侧栏，如图 4-72 所示。

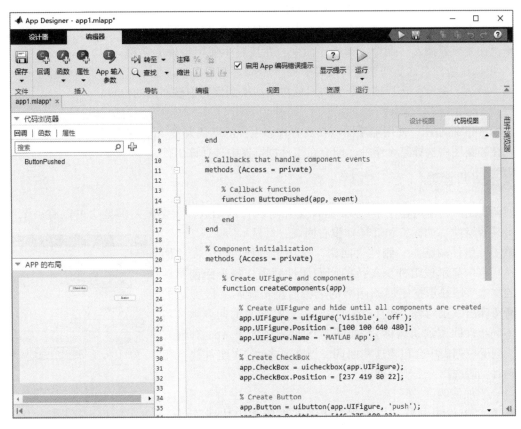

图 4-72　代码视图

1. "代码浏览器"侧栏

"代码浏览器"包括三个选项卡："回调""函数""属性"，可使用这些选项卡添加、删除或重命名 App 中的任何回调、辅助函数或自定义属性。

回调表示用户与应用程序中的 UI 组件交互时执行的函数；函数表示 MATLAB 中执行操作的辅助函数；属性表示存储数据并在回调和函数之间共享数据的变量，使用前缀 app. 指定属性名称来访问属性值。

1）单击"回调"或"函数"选项卡上的某个项目，编辑器将滚动到代码中的对应部分。通过选择要移动的回调，将回调拖放到列表中的新位置来重新排列回调的顺序。

2）通过在搜索栏中输入部分名称来搜索回调，单击搜索结果，编辑器将滚动到该回调的定义。如果更改了某个回调的名称，App 设计工具会自动更新代码中对该回调的所有引用。

3）在"回调"选项卡下单击"添加"按钮 ，弹出图 4-73 所示的"添加回调函数"对话框，选择在组件或 UI 图形中添加回调函数。

4）"函数"选项卡下单击"添加"按钮 ，添加私有属性或公共属性，私有属性用于存储仅在 App 中共享的数据，公共属性用于存储在 App 的内部和外部共享的数据。

5）在"回调"选项卡下的回调函数上单击鼠标右键，弹出快捷菜单，显示快捷命令，如图 4-74 所示。

图 4-73　"添加回调函数"对话框

◆ "删除"命令：选择该命令，手动删除回调。

◆ "重命名"命令：选择该命令，修改回调名称。

◆ "在光标处插入"命令：选择该命令，在代码中使用组件的名称。也可以将组件名称从列表拖到代码中。

◆ "转至"命令：选择该命令，将鼠标自动切换到代码中该回调的位置。

图 4-74　快捷菜单

2. "App 的布局"侧栏

显示 App 缩略图，使用缩略图可在具有许多组件的复杂大型 App 中查找组件。在缩略图中选择某个组件，即会在组件浏览器中选择该组件。

4.4.2 回调管理

回调是用户与应用程序中的 UI 组件交互时执行的函数，大多数组件至少可以有一个回调。但是，某些组件（如标签和灯具）没有回调，只显示信息。

单击"组件浏览器"侧栏"回调"选项卡选择组件，在"回调"选项卡中显示该组件受支持的回调属性列表。每个回调属性旁边的文本字段显示指定回调函数的名称。单击文本字段旁边的向下箭头弹出下拉列表，选择以尖括号 < > 括起来的回调默认名称（不同组件回调默认名称），如图 4-75 所示。如果 App 有现有回调，则下拉列表中会包含这些回调。当需要多个 UI 组件执行相同代码时，请选择一个现有回调。

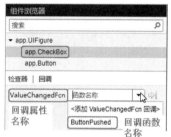

图 4-75　回调属性列表

（1）添加回调

◆ 在"组件浏览器"中的组件上单击右键弹出快捷菜单，选择"回调"→"添加 ValueChangedFcn 回调"命令，如图 4-76 所示。

◆ 在"设计画布"中的组件上单击右键弹出快捷菜单，选择"回调"→"添加 ValueChangedFcn 回调"命令，如图 4-77 所示。

◆ 在"组件浏览器"中"回调"选项卡中显示回调属性下拉列表中选择"添加 ValueChangedFcn 回调"命令，如图 4-78 所示。

图 4-76　添加回调方法（一）

图 4-77　添加回调方法（二）

图 4-78　添加回调方法（三）

（2）删除回调

要手动删除回调，在代码浏览器"回调"选项卡上的"回调"属性下拉列表中选择"没有回调"选项，删除回调。

如果从 App 中删除组件，仅当关联的回调未被编辑且未与其他组件共享时，App 设计工具才会删除关联的回调。

4.4.3　管理 UI 组件

当向应用程序添加 UI 组件时，App Designer 会为该组件指定默认名称，如图 4-79 所示，在"代码视图"中可以使用该名称（包括 app 前缀）引用代码中的组件，如图 4-80 所示。

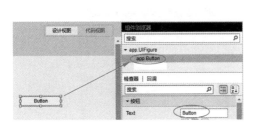

图 4-79　指定组件默认名称

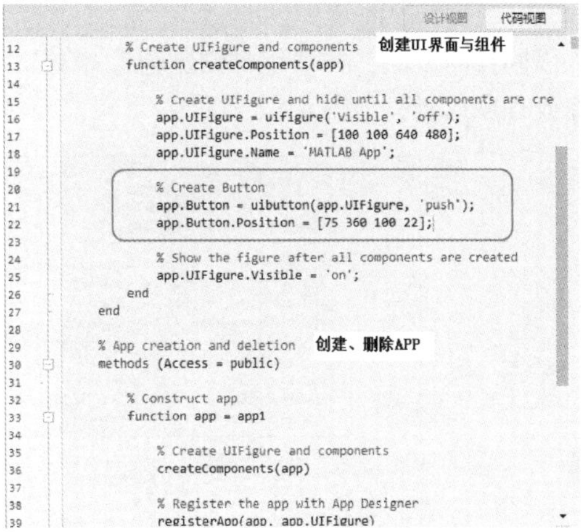

图 4-80　代码视图

代码视图中，关于创建组件程序如下。

```
% Create Button(创建按钮组件)
        app. Button = uibutton(app. UIFigure, 'push');
        app. Button. Position = [75 360 100 22];  % 定义按钮组件位置
```

可以根据需要更改组件的名称，在"组件浏览器"的 Text 文本框中输入一个新名字，当更改组件名称时，应用程序设计器会自动更新对该组件的所有引用，如图 4-81 所示。

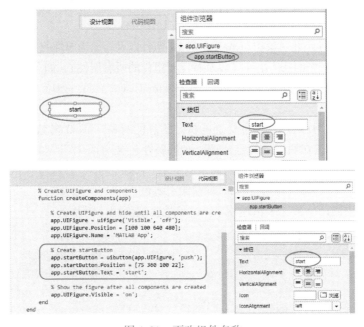

图 4-81　更改组件名称

代码视图中，关于组件的回调函数辑程序如下。

```
% Create startButton
        app. startButton = uibutton (app. UIFigure, 'push');
        app. startButton. Position = [75 360 100 22];
        app. startButton. Text = 'start';    % 定义组件文本名称
```

以同样的方法，在"组件浏览器"中修改组件其他属性，在"代码视图"中自动显示对应的修改程序代码，如图 4-82 所示。

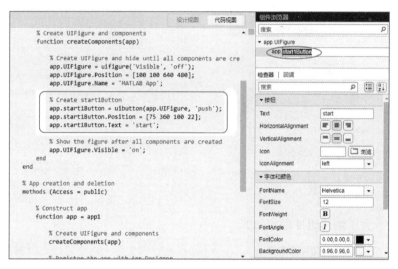

图 4-82　显示对应的修改程序代码

4.4.4 回调参数

回调由回调函数与输入参数组成，App 参数为回调提供 App 对象。App 设计工具中的所有回调在函数签名中均包括下面的输入参数。

◆ app：app 对象，使用此对象访问 App 中的 UI 组件以及存储为属性的其他变量。可以使用圆点语法访问任何回调中的任何组件（以及特定于组件的所有属性），如 app. Component. Property，若定义仪表的名称为"PressureGauge，app. PressureGauge. Value =50;"表示将仪表的 Value 属性设置为 50。

◆ event：包含有关用户与 UI 组件交互的特定信息的对象。event 参数提供具有不同属性的对象，具体取决于正在执行的特定回调。对象属性包含与回调响应的交互类型相关的信息。例如，滑块的 ValueChangedFcn 回调中的 event 参数包含一个名为 Value 的属性。该属性在用户移动滑块（释放鼠标之前）时存储滑块值。

以下是一个滑块回调函数，表示使用 event 参数使仪表跟踪滑块的值。

```
function SliderValueChanged(app, event)          % 定义回调函数
    latestvalue = event. Value;                   % 定义滑动组件的值
        app. PressureGauge. Value = latestvalue;   % 更新滑块值
end
% Value changed function: Switch
function SwitchValueChanged(app, event)
```

```
value = app. Switch. Value;              % Current Button value
        app. Lamp. Value = value;        % Update Lamp
end
```

4.4.5 辅助函数

辅助函数是 MATLAB 在应用程序中定义的函数，以便在代码中的不同位置调用。辅助函数包含两种类型：私有函数和公共函数。私有函数通常用于单窗口应用程序，而公共函数通常用于多窗口应用程序。

1. 代码视图

代码视图提供了几种创建辅助函数的不同方法：

1）在"代码浏览器"侧栏"函数"选项卡下单击"添加"按钮 ✚，添加私有函数或公共函数，私有函数只能在 App 中调用，公共函数可以在 App 的内部和外部调用，如图 4-83 所示。

2）在功能区"编辑器"选项卡下单击"函数"按钮 ，展开下拉菜单，如图 4-84 所示，选择私有函数或公共函数。

图 4-83　选择函数

图 4-84　下拉菜单

2. 函数管理

1）选择辅助函数后，App Designer 将创建一个模板函数，并将光标放在该函数的正文中。可以更新函数名及其参数，并将代码添加到函数体中。在代码中 app 参数下添加程序代码，如图 4-85 所示。

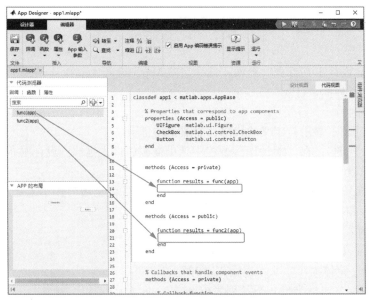

图 4-85　创建模板函数

2）在"代码浏览器"中双击辅助函数"func（app）"或单击代码视图中私有函数下的"func（app）"，更改函数名称，如图 4-86 所示。

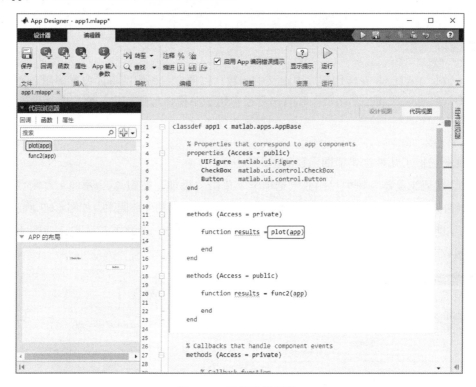

图 4-86　编辑辅助函数

4.4.6 操作实例——音响音乐系统

1. 设计画布环境设置

1）启动 App 界面，在命令行窗口中输入下面的命令。

```
>>appdesigner
```

2）弹出"App 设计工具首页"界面，选择空白 App，进入 App Designer 图形窗口，默认名称为 app1. mlapp，进行界面设计。

2. 创建面板组件

打开"代码视图"，显示自定义的代码，如图 4-87 所示。

切换回"设计视图"，在"组件库"侧栏中选中面板组件，拖放到设计画布。

3. 组件属性设置

1）在设计画布中单击"面板"组件 Panel，或在"组件浏览器"中单击选中组件 app. Panel，在"组件浏览器"侧栏中修改组件的属性。

◆ 在 Title（标题）文本框中输入"音响音乐"。

◆ 在 FontName（字体名称）下拉列表中选择"幼圆"。

◆ 在 FontSize（字体大小）文本框输入"30"。

◆ 在 BorderType（边框类型）下拉列表中选择 None（无边框）。

◆ 在 FontWeight（字体粗细）选项中单击"加粗"按钮 **B**。

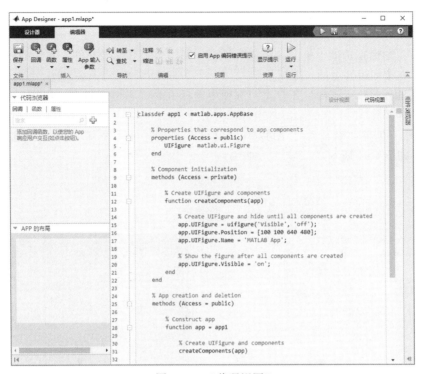

图 4-87 "代码视图"

◆ 在 BackgroundColor（背景色）选项中单击颜色块，选择青，如图 4-88 所示。
◆ 手动调整面板组件大小，结果如图 4-89 所示。

图 4-88 "组件浏览器"侧栏

图 4-89 调整组件大小

2）在设计画布中添加"按钮"组件 Button，在"组件浏览器"侧栏中显示组件的属性，如图 4-90 所示。

◆ 在 Text（文本）文本框中输入"视频"。

◆ 在 FontSize（字体大小）文本框输入"20"。

◆ 在 FontWeight（字体粗细）选项中单击"加粗"按钮 **B**。

◆ 在 Icon（图标）选项中单击"浏览"按钮，弹出"打开图像文件"对话框，选择 sp1. png 文件，在按钮组件上插入图标。

◆ 在 IconAlignment（图标对齐方式）选项中选择 right（右侧）选项，将插入的图标放置在按钮右半部分。

同样的方法，创建"音乐""图片""文件"按钮，插入图标文件 sp2. png、sp3. png 和 sp4. png，结果如图 4-91 所示。

图 4-90　组件属性设置

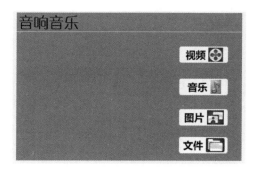

图 4-91　创建按钮

（·）提示：

若创建相同的按钮组件，选中该按钮，直接按住〈Ctrl〉键向下拖动组件，拖动过程中自动激活定位线，使组件在垂直方向是对齐，如图 4-92 所示，在设计画布中直接双击需要修改的按钮组件，修改按钮名称。

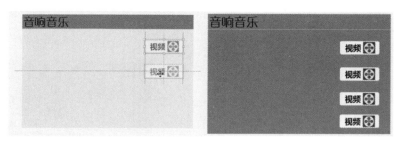

图 4-92　复制按钮组件

3）选中创建的所有按钮，在"画布"选项卡下单击"垂直应用"按钮，使组件在垂直方向上间距相同，布局结果如图 4-93 所示。

单击"保存"按钮 ，系统生成以 . mlapp 为扩展名的文件，在弹出的对话框中输入文件名称"yinxiangyinyue. mlapp"，完成文件的保存。

图 4-93　布局结果

4. 代码编辑

下面创建按下按钮执行的交互操作。

（1）"视频"按钮

在设计画布中的"视频"按钮上单击右键选择"回调"→"添加 ButtonPushedFcn 回调"命令，自动转至"代码视图"，添加回调函数 ButtonPushed，代码如下所示。

```
% Callbacks that handle component events
    methods (Access = private)
        % Button pushed function: Button
        function ButtonPushed(app, event)


        end
    end
```

在 functionButtonPushed（app，event）函数下添加函数，代码如下所示。

```
function ButtonPushed(app, event)
        % 当按下按钮时显示视频播放,打开视频显示器演示视频。
            app. Label = uilabel(app. Panel,'Text','视频播放');   % 添加标签显示
            app. Label. FontSize = 50;            % 定义标签文字大小
app. Label. Position = [65 70 200 200];         % 定义标签位置
            implay(' rhinos. avi');               % 打开视频显示器演示视频
            end
```

在代码视图中"代码浏览器"选项卡下选择"属性"选项卡，单击 ⊞▾ 按钮，添加"私有属性"，自动在"代码视图"编辑区添加属性，代码如下所示。

```
properties (Access = private)
        Property % Description
end
```

定义回调函数中添加的属性 Label，代码如下所示。

```
properties (Access = private)
        Label % 定义属性
end
```

（2）"音乐"按钮

在设计画布中"音乐"按钮上单击右键选择"回调"→"添加 ButtonPushedFcn 回调"命令，自动转至"代码视图"并添加回调函数 Button_ 2Pushed，代码如下所示。

```
        % Button pushed function: Button_2
        function Button_2Pushed(app, event)


        end
```

在 function Button_2Pushed（app，event）函数下添加函数，代码如下所示。

```
function Button_2Pushed(app, event)
    % 当按下按钮时显示音频播放,播放一段蜂鸣音
            app. Label = uilabel(app. Panel,'Text','音频播放');   % 添加标签显示
            app. Label. FontSize = 50;                              % 定义标签文字大小
    app. Label. Position = [65 10 200 200];                         % 定义标签位置
    beep                                                            % 播放蜂鸣音
    end
```

（3）"图片"按钮

在设计画布中"图片"按钮上单击右键选择"回调"→"添加 ButtonPushedFcn 回调"命令，自动转至"代码视图"并添加回调函数 Button_ 3Pushed，代码如下所示。

```
        % Button pushed function: Button_3
        function Button_3Pushed(app, event)



        end
```

在 function Button_3Pushed(app, event) 函数下添加函数，代码如下所示。

```
function Button_3Pushed(app, event)
    % 当按下按钮时显示图片
            app. image = uiimage(app. Panel);
            app. image. ImageSource ='Angry bird. jpg';
            app. image. Position = [15 30 300 200];
    end
```

在"代码浏览器"侧栏"属性"选项卡下单击"添加"按钮🞤，添加私有属性，代码如下所示。

```
properties (Access = private)
        Label % 定义属性
        image % 定义属性
end
```

5. 程序运行

单击工具栏中的"运行"按钮▷，在运行界面显示图 4-94 所示的运行结果。

单击"视频"按钮，显示视频播放，打开视频显示器演示视频，结果如图 4-95 所示。

单击"音乐"按钮，显示音频播放，播放一段蜂鸣音，结果如图 4-96 所示。

单击"图片"按钮，显示图片，结果如图 4-97 所示。

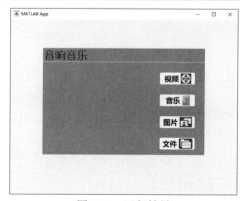

图 4-94　运行结果

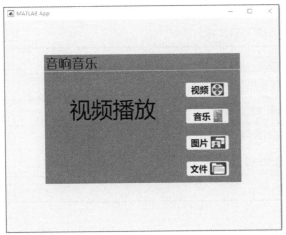

图 4-95　演示视频

图 4-96　音频播放

图 4-97　显示图片

4.5　App 打包和共享

在计算机操作中，打包是将几个相关文件放在一起，用压缩软件将文件压缩为一个压缩文件的操作。在 MATLAB 中，App 是为了解决常见的科学计算任务而编写的交互式应用程序，打包后，App 文件可以作为一个具有特定功能的整体出现。

在 App Designer 应用程序中，将 GUI 设计 App 文件进行打包，创建为实现特定功能的 App 安装文件，以便与其他人共享。

matlab. apputil. create 函数以交互方式创建或修改 App 工程文件，它的使用方式见表 4-2。

表 4-2　matlab. apputil. create 调用格式

调用格式	说　明
matlab. apputil. create	打开"打包为 App"对话框，创建 . mlappinstall 文件
matlab. apputil. create（prjfile）	加载指定的 . prj 文件，并使用指定工程文件中的信息填充"打包为 App"对话框

其余创建打包文件的函数见表4-3。

表4-3 其余创建打包文件的函数

函 数	说 明
matlab. apputil. package	将 App 文件打包为 . mlappinstall 文件
matlab. apputil. install	从 . mlappinstall 文件安装应用程序
matlab. apputil. run	以编程方式运行应用程序
matlab. apputil. getInstalledAppInfo	列出已安装应用程序的信息
matlab. apputil. uninstall	卸载 App

4.6 GUIDE 编辑环境

GUI 图形界面的功能，主要通过一定的设计思路与计算方法，由特定的程序来实现。为了实现程序的功能，还需要在运行程序前编写代码，完成程序中变量的赋值、输入输出、计算及绘图功能。

4.6.1 启动软件

GUI 设计向导（GUIDE）的调用方式有三种：

◆ 在 MATLAB 主工作窗口中输入"guide"命令。

◆ 单击 MATLAB 主工作窗口上方工具栏中的 按钮。

◆ 在 MATLAB 主工作窗口"文件"菜单中，选择 New→GUI 命令。

GUIDE 界面如图 4-98 所示。

GUIDE 界面主要有两种功能：一是创建新的 GUI，二是打开已有的 GUI（见图 4-99）。

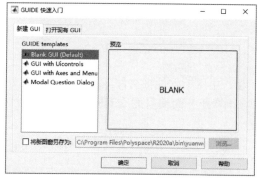

图 4-98 GUIDE 界面 　　　　　　图 4-99 打开已有的 GUI

从图 4-98 可以看到，GUIDE 提供了 4 种图形用户界面，分别是：

◆ Blank GUI（空白 GUI）。

◆ GUI with Uicontrols（控制 GUI）。

◆ GUI with Axes and Menu（图像与菜单 GUI）。

◆ Modal Question Dialog（对话框 GUI）。

其中，后三种 GUI 是在空白 GUI 基础上预置了相应的功能供用户直接选用。

GUIDE 界面的下方是"将新图形另存为"工具条，用来选择 GUI 文件的保存路径。

在 GUIDE 界面中选择 Blank GUI，进入 GUI 的编辑界面，如图 4-100 所示。

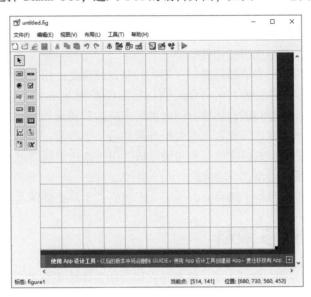

图 4-100　选择 Blank GUI

4.6.2 GUI 组件

在 GUIDE 中提供了多种组件，用于实现用户界面的创建工作。用户界面控件分布在 GUI 界面编辑器左侧，其作用见表 4-4。

表 4-4　GUI 组件

图　标	作　用	图　标	作　用
	选择模式		按钮控件
	滚动条控件		单选按钮控件
	复选框控件		文本框控件
	文本信息控件		弹出菜单控件
	列表框控件		开关按钮控件
	表格控件		坐标轴控件
	组合框控件		按钮组控件
	ActiveX 控件		

下面简要介绍其中几种控件的功用和特点。

◆ 按钮控件：通过鼠标单击可以实现某种行为，并调用相应的回调子函数。

◆ 滚动条控件：通过移动滚动条改变指定范围内的数值输入，滚动条的位置代表用户输入的数值。

◆ 单选按钮控件：执行方式与按钮相同，通常以组为单位，且组中各按钮是一种互斥关系，即任何时候一组单选按钮中只能有一个有效。

◆ 复选框控件：与单选按钮类似，不同的是同一时刻可以有多个复选框有效。

◆ 文本框控件：该控件用于控制用户编辑或修改字符串的文本域。

◆ 文本信息控件：通常作为其他控件的标签，且用户不能采用交互方式修改其属性值或调用其响应的回调函数。

◆ 弹出菜单控件：用于打开并显示一个由 String 属性定义的选项列表，通常用于提供一些相互排斥的选项，与单选按钮控件类似。

◆ 列表框控件：与弹出菜单控件类似，不同的是该控件允许用户选择其中的一项或多项。

◆ 开关按钮控件：该控件能产生一个二进制状态的行为（on 或 off）。单击该按钮可以使按钮在下陷或弹起状态间进行切换，同时调用相应的回调函数。

◆ 坐标轴控件：该控件可以设置许多关于外观和行为的参数，使用户的 GUI 可以显示图片。

◆ 组合框控件：是图形窗口中的一个封闭区域，用于把相关联的控件组合在一起。该控件可以有自己的标题和边框。

◆ 按钮组控件：作用类似于组合框，但它可以响应关于单选按钮及开关按钮的高级属性。

4.7 GUIDE 迁移策略

在 MATLAB R2019b 中，MathWorks 宣布将在以后的版本中删除原来用于在 MATLAB 中设计 GUI 的拖放式环境 GUIDE。在删除 GUIDE 后，使用 GUIDE 创建的现有程序可导出并继续在 MATLAB 中运行或导入 App Designer，如果需要更改程序的行为，仍可编辑程序文件。

1. 导入 MATLAB

选择菜单栏中的"文件"→"导出为 MATLAB 文件"命令，导出使用 GUIDE 创建的程序。通过在单个 MATLAB 程序文件中重新创建 GUIDE FIG 和程序文件，可将其转换为编程式程序。

◆ convertToGUIDECallbackArguments 函数将 App 设计工具回调参数转换为代码所需的 GUIDE 样式回调参数，使 GUIDE 样式回调代码与 App 设计工具 UI 组件兼容。

◆ convertToGUIDECallbackArguments 函数将添加到每个迁移的回调函数的开头。该函数接受 App 设计工具回调参数 app 和 event，并返回 GUIDE 样式回调参数 hObject、eventdata 和 handles。

2. 迁移到 App Designer

选择菜单栏中的"文件"→"迁移到 App 设计工具"命令，将 GUIDE 创建的程序转换为可以在 App Designer 中使用的程序文件。

App 设计工具与 GUIDE 之间的主要差异在于代码结构、回调语法以及访问 UI 组件和共享数据的方式。

◆ 读取 GUIDE FIG 文件和关联的代码，然后生成 App 设计工具 MLAPP 文件。App 设计工具文件名采用 guideFileName _ App. mlapp 形式。

◆ 将组件和属性配置转换为 App 设计工具的等效内容，并保留 App 的布局。

◆ 在 MLAPP 文件中保留 GUIDE 回调代码和用户定义函数的副本。

◆ 逐步演示对迁移的 App 所做的更改。

◆ 总结迁移工具成功完成的操作。列出针对 App 的任何限制或不受支持的功能，并提供建议的操作（如果有）。

◆ App 组件与 GUIDE 组建的差异见表 4-5。

表 4-5　App 与 GUIDE 组件差异

差　异	GUIDE	App 设计工具
对象主体	组件	UI 组件
使用图窗和图形	GUIDE 调用 figure 函数创建 App 窗口 GUIDE 调用 axes 函数创建坐标区以显示绘图 支持所有 MATLAB 图形函数。无须指定目标坐标区	App 设计工具调用 uifigure 函数创建 App 窗口 App 设计工具调用 uiaxes 函数创建坐标区以显示绘图 支持大多数 MATLAB 图形函数
使用组件	GUIDE 使用 uicontrol 函数创建大多数组件。可用的组件较少	App 设计工具使用自己的专用函数创建每个 UI 组件。可用的组件较多，包括 Tree、Gauge、TabGroup 和 DatePicker
访问组件属性	GUIDE 使用 set 和 get 访问组件属性，并使用 handles 指定组件 name = get（handles. Fig, ' Name '）	App 设计工具支持 set 和 get，但建议使用圆点表示法访问组件属性，并使用 app 指定组件 name = app. UIFigure. Name
管理 App 代码	代码被定义为可以调用局部函数的主函数。所有代码均可编辑	代码被定义为 MATLAB 类。只有回调、辅助函数和自定义属性可以编辑
编写回调	所需的回调输入参数是 handles、hObject 和 eventdata myCallback（hObject, evendata, handles）	所需的回调输入参数是 app 和 event myCallback（app, event）
共享数据	要存储数据以及在回调和函数之间共享数据，请使用 UserData 属性、handles 结构体或者 guidata、setappdata 或 getappdata 函数 handles. currSelection = selection; guidata（hObject, handles）;	要存储数据以及在回调和函数之间共享数据，请使用自定义属性创建变量 app. currSelection = selection

第5章 绘图在 GUI 中的应用

内容指南

MATLAB 不但擅长数值运算，同时它还具有强大的图形功能，这是其他用于科学计算的编程语言所无法比拟的。利用 MATLAB 可以很方便地实现大量数据计算结果的可视化，而且可以很方便地修改和编辑图形界面。

本章将介绍 MATLAB 的二维、三维图形的绘制。希望通过本章的学习，读者能够进行 MATLAB 二维绘图、三维绘图以及各种绘图的修饰。

内容要点

- 二维绘图。
- 创建坐标区。
- 二维图形修饰处理。
- 三维绘图命令。

5.1 二维绘图

二维曲线是将平面上的数据连接起来的平面图形，数据点可以用向量或矩阵来提供。MATLAB 的大量数据计算给二维曲线提供了应用平台，这也是 MATLAB 有别于其他科学计算的编程语言的特点，MATLAB 实现了数据结果的可视化，具有强大的图形功能。

5.1.1 plot 绘图命令

plot 命令是最基本的绘图命令，也是最常用的一个绘图命令。当执行 plot 命令时，系统会自动创建一个新的图形窗口。若之前已经有图形窗口打开，那么系统会将图形画在最近打开过的图形窗口上，原有图形也将被覆盖。

plot 命令的常用格式见表 5-1。

表 5-1　plot 命令的使用格式

调用格式	说　明
plot(X,Y)	当 x 是实向量时，则绘制出以该向量元素的下标（即向量的长度，可用 MATLAB 函数 length( )求得）为横坐标，以该向量元素的值为纵坐标的一条连续曲线 当 x 是实矩阵时，按列绘制出每列元素值相对应的曲线，曲线数等于 x 的列数 当 x 是负数矩阵时，按列分别绘制出以元素实部为横坐标，以元素虚部为纵坐标的多条曲线
plot(X,Y,LineSpec)	当 x、y 是同维向量时，绘制以 x 为横坐标、以 y 为纵坐标的曲线 当 x 是向量，y 是有一维与 x 等维的矩阵时，绘制出多根不同颜色的曲线，曲线数等于 y 阵的另一维数，x 作为这些曲线的横坐标 当 x 是矩阵，y 是向量时，同上，但以 y 为横坐标 当 x、y 是同维矩阵时，以 x 对应的列元素为横坐标，以 y 对应的列元素为纵坐标分别绘制曲线，曲线数等于矩阵的列数。其中 x、y 为向量或矩阵，LineSpec 为用单引号标记的字符串，用来设置所画数据点的类型、大小、颜色以及数据点之间连线的类型、粗细、颜色等

（续）

调用格式	说　明
plot(X1 , Y1 , X2 , Y2 , ⋯)	绘制多条曲线。在这种用法中，(xi, yi) 必须是成对出现的，上面的命令等价于逐次执行 plot(Xi, Yi)命令，其中 $i = 1, 2, ⋯$
plot(X1 , Y1 , LineSpec1 , ⋯ , Xn , Yn , LineSpecn , ⋯)	这种格式的用法与 plot(X1 , Y1 , X2 , Y2 , ⋯) 相似，不同之处的是此格式有参数的控制，运行此命令等价于依次执行 plot(xi, yi, si)，其中 $i = 1, 2, ⋯$
plot(Y)	创建数据 **Y** 的二维线图。 ● 当 **Y** 是实向量（$Y(i) = a$）时，则绘制出以该向量元素的下标 i（即向量的长度，可用 MATLAB 函数 length( )求得的值为横坐标），以该向量元素的值 a 为纵坐标的一条连续曲线 ● 当 **Y** 是实矩阵时，按列绘制出每列元素值相对齐下标的曲线，曲线数等于 x 的列数 ● 当 **Y** 是复数矩阵（$Y = a + bi$）时，按列分别绘制出以元素实部 a 为横坐标，以元素虚部 b 为纵坐标的多条曲线
plot(Y , LineSpec)	设置线条样式、标记符号和颜色
plot(⋯ , Name , Value)	使用一个或多个属性参数值指定曲线属性，线条的设置属性见表 5-2
plot(ax , ⋯)	将在由 ax 指定的坐标区中，而不是在当前坐标区（gca）中创建线条。选项 ax 可以位于前面的语法中的任何输入参数组合之前
h = plot(⋯)	创建由图形线条对象组成的列向量 **h**，可以使用 **h** 修改图形数据的属性

实际应用中，LineSpec 是某些字母或符号的组合，由 MATLAB 系统默认设置，即曲线默认一律采用"实线"线型，LineSpec 的合法设置参见表 5-3 ~ 表 5-5。不同曲线将按表 5-4 所给出的前 7 种颜色（蓝、绿、红、青、品红、黄、黑）顺序着色。

表 5-2　线条属性表

字　符	说　明	参　数　值
color	线条颜色	指定为 RGB 三元组、十六进制颜色代码、颜色名称或短名称
LineWidth	指定线宽	默认为 0.5
Marker	标记符号	'+'、'o'、'*'、'.'、'x'、'square'或's'、'diamond'或'd'、'v'、'^'、'>'、'<'、'pentagram'或'p'、'hexagram'或'h'、'none'
MarkerIndices	要显示标记的数据点的索引	$[a\ b\ c]$ 在第 a、第 b 和第 c 个数据点处显示标记
MarkerEdgeColor	指定标识符的边缘颜色	'auto'（默认）、RGB 三元组、十六进制颜色代码、'r'、'g'、'b'
MarkerFaceColor	指定标识符填充颜色	'none'（默认）、'auto'、RGB 三元组、十六进制颜色代码、'r'、'g'、'b'
MarkerSize	指定标识符的大小	默认为 6
DatetimeTickFormat	刻度标签的格式	'yyyy – MM – dd'、'dd/MM/yyyy'、'dd. MM. yyyy'、'yyyy 年 MM 月 dd 日'、'MMMM d, yyyy'、'eeee, MMMM d, yyyy HH: mm: ss'、'MMMM d, yyyy HH: mm: ss Z'
DurationTickFormat	u 刻度标签的格式	'dd: hh: mm: ss' 'hh: mm: ss' 'mm: ss' 'hh: mm'

表 5-3　线型符号及说明

线 型 符 号	符 号 含 义	线 型 符 号	符 号 含 义
–	实线（默认值）	:	点线
– –	虚线	-.	点画线

表 5-4　颜色控制字符表

字　符	色　彩	RGB 值
b（blue）	蓝色	001
g（green）	绿色	010
r（red）	红色	100
c（cyan）	青色	011
m（magenta）	品红	101
y（yellow）	黄色	110
k（black）	黑色	000
w（white）	白色	111

表 5-5　线型控制字符表

字　符	数 据 点	字　符	数 据 点
+	加号	>	向右三角形
o	小圆圈	<	向左三角形
*	星号	s	正方形
.	实点	h	正六角星
x	交叉号	p	正五角星
d	菱形	v	向下三角形
^	向上三角形		

5.1.2　subplot 命令

如果要在同一图形窗口中分割出所需要的几个窗口来，可以使用 subplot 命令，subplot 命令的常用格式见表 5-6。

表 5-6　subplot 命令的使用格式

调 用 格 式	说　　明
subplot（m,n,p）	将当前窗口分割成 $m \times n$ 个视图区域，并指定第 p 个视图为当前视图
subplot（m,n,p,'replace'）	删除位置 p 处的现有坐标区并创建新坐标区
subplot（m,n,p,'align'）	创建新坐标区，以便对齐图框。此选项为默认行为
subplot（m,n,p,ax）	将现有坐标区 ax 转换为同一图窗中的子图
subplot（'Position',pos）	在 pos 指定的自定义位置创建坐标区。指定 pos 作为 [*left bottom width height*] 形式的四元素向量。如果新坐标区与现有坐标区重叠，新坐标区将替换现有坐标区
subplot（…,Name,Value）	使用一个或多个名称 – 值对组参数修改坐标区属性

（续）

调 用 格 式	说　　明
ax = subplot(. . .)	返回创建的 Axes 对象，可以使用 ax 修改坐标区
subplot(ax)	将 ax 指定的坐标区设为父图窗的当前坐标区。如果父图窗尚不是当前图窗，此选项不会使父图窗成为当前图窗

需要注意的是，这些子图的编号是按行来排列的，例如第 s 行第 t 个视图区域的编号为 $(s-1) \times n + t$。如果在此命令之前并没有任何图形窗口被打开，那么系统将会自动创建一个图形窗口，并将其为割成 $m \times n$ 个视图区域。

5.1.3 tiledlayout 绘图命令

tiledlayout 命令用于创建分块图布局，显示当前图窗中的多个绘图。如果没有图窗，MATLAB 创建一个图窗并按照设置进行布局。如果当前图窗包含一个现有布局，MATLAB 使用新布局替换该布局。它的使用格式见表 5-7。

表 5-7　tiledlayout 命令的使用格式

调 用 格 式	说　　明
tiledlayout(m,n)	将当前窗口分割成 $m \times n$ 个视图区域，默认状态下，只有一个空图块填充整个布局。当调用 nexttile 命令创建新的坐标区域时，布局都会根据需要进行调整以适应新坐标区，同时保持所有图块的纵横比约为 4：3
tiledlayout(' flow ')	指定布局的 ' flow ' 图块排列
tiledlayout(. . . , Name, Value)	使用一个或多个名称 – 值对组参数指定布局属性
tiledlayout(parent, · · ·)	在指定的父容器（可指定为 Figure、Panel 或 Tab 对象）中创建布局
t = tiledlayout(. . .)	返回 TiledChartLayout 对象 t，使用 t 配置布局的属性

分块图布局包含覆盖整个图窗或父容器的不可见图块网格。每个图块可以包含一个用于显示绘图的坐标区。创建布局后，调用 nexttile 命令以将坐标区对象放置到布局中。然后调用绘图函数在该坐标区中绘图。nexttile 命令的使用格式见表 5-8。

表 5-8　nexttile 命令的使用格式

调 用 格 式	说　　明
nexttile	创建一个坐标区对象，再将其放入当前图窗中的分块图布局的下一个空图块中
nexttile(tilenum)	指定要在其中放置坐标区的图块的编号。图块编号从 1 开始，按从左到右、从上到下的顺序递增。如果图块中有坐标区或图对象，nexttile 会将该对象设为当前坐标区
nexttile(span)	创建一个占据多行或多列的坐标区对象。指定 *span* 作为 [*r c*] 形式的向量。坐标区占据 $r \times c$ 的图块。坐标区的左上角位于第一个空的 $r \times c$ 区域的左上角
nexttile(tilenum, span)	创建一个占据多行或多列的坐标区对象。将坐标区的左上角放置在 tilenum 指定的图块中。
nexttile(t, · · ·)	在 t 指定的分块图布局中放置坐标区对象
ax = nexttile(. . .)	返回坐标区对象 ax，使用 ax 对坐标区设置属性

5.1.4 fplot 绘图命令

fplot 命令也是 MATLAB 提供的一个画图命令，它是一个专门用于画一元函数图像的命令。有些读者可能会有这样的疑问：plot 命令也可以画一元函数图像，为什么还要引入 fplot 命令呢？

这是因为 plot 命令是依据给定的数据点来作图的，而在实际情况中，一般并不清楚函数的具体情况，因此依据所选取的数据点作的图像可能会忽略真实函数的某些重要特性，给科研工作造成不可估计的损失。MATLAB 提供了专门绘制一元函数图像的 fplot 命令，它用来指导数据点的选取，通过其内部自适应算法，在函数变化比较平稳处，它所取的数据点会相对稀疏一点，在函数变化明显处所取的数据点会自动密一些，因此用 fplot 命令所作出的图像要比用 plot 命令作出的图像光滑准确。

fplot 命令的主要使用格式见表 5-9。

表 5-9 fplot 命令的使用格式

调用格式	说　　明
fplot(f)	在默认区间 $[-5\ 5]$（对于 x）绘制由函数 $y=f(x)$ 定义的曲线
fplot(f, xinterval)	在指定区间绘图。将区间指定为 $[\textbf{xmin}\ \textbf{xmax}]$ 形式的二元素向量用指定的线型 s 画出一元函数 f 的图形
fplot(funx, funy)	在默认间隔 $[-5\ 5]$ 上绘制由 $x=funx(t)$ 和 $y=funy(t)$ 定义的曲线
fplot(funx, funy, tinterval)	在指定的时间间隔内绘制。将间隔指定为 $[\textbf{tmin}\ \textbf{tmax}]$ 形式的二元向量
fplot(..., LineSpec)	指定线条样式、标记符号和线条颜色。例如，'-r'绘制一条红线。在前面语法中的任何输入参数组合之后使用此选项
fplot(..., Name, Value)	使用一个或多个名称 – 值对参数指定行属性。
fplot(ax, ⋯)	绘制到由 x 指定的轴中，而不是当前轴（GCA）。指定轴作为第一个输入参数
fp = fplot(...)	根据输入返回函数行对象或参数化函数行对象。使用 FP 查询和修改特定行的属性
[x, y] = fplot(f, ⋯)	返回横坐标与纵坐标的值给变量 x 和 y

5.1.5 line 命令

在 MATLAB 中，系统自动把坐标轴画在边框上，如果需要从坐标原点拉出坐标轴，可以利用 line 命令，用于在图形窗口的任意位置画直线或折线，line 命令的常用格式见表 5-10。

表 5-10 line 命令的使用格式

调用格式	说　　明
line(x, y)	使用向量 x 和 y 中的数据在当前坐标区中绘制线条
line(x, y, z)	在三维坐标中绘制线条
line	使用默认属性设置绘制一条从点 (0，0) 到 (1，1) 的线条
line(..., Name, Value)	使用一个或多个名称 – 值对组参数修改线条的外观
line(ax, ⋯)	在由 ax 指定的坐标区中，而不是在当前坐标区（gca）中创建线条
pl = line(...)	返回创建的所有基元 Line 对象

5.1.6 fill 绘图命令

fill 命令用于填充二维封闭多边形，创建彩色多边形，该命令的主要使用格式见表 5-11。

表 5-11 fill 命令的使用格式

调用格式	说　明
fill(X,Y,C)	根据 **X** 和 **Y** 中的数据创建填充的多边形（顶点颜色由 **C** 指定）。**C** 是一个用作颜色图索引的向量或矩阵。如果 **C** 为行向量，length（**C**）必须等于 size（**X**，2）和 size（**Y**，2）；如果 **C** 为列向量，length（**C**）必须等于 size（**X**，1）和 size（**Y**，1）。必要时，fill 可将最后一个顶点与第一个顶点相连以闭合多边形。**X** 和 **Y** 的值可以是数字、日期时间、持续时间或分类值
fill(X,Y,ColorSpec)	填充 **X** 和 **Y** 指定的二维多边形，ColorSpec 指定填充颜色
fill(X1,Y1,C1,X2,Y2,C2,…)	指定多个二维填充区
fill(…,'PropertyName',PropertyValue)	为图形对象指定属性名称和值
fill(ax,…)	由 *ax* 指定的坐标区而不是当前坐标区（gca）中创建多边形
h = fill(…)	返回由图形对象构成的向量

在由数据所构成的多边形内，用所指定的颜色填充。如果该多边形不是封闭的，可以用初始点和终点的连线封闭。

5.1.7 patch 绘图命令

patch 命令用于创建一个或多个填充多边形，该命令的主要使用格式见表 5-12。

表 5-12 patch 命令的使用格式

调用格式	说　明
patch(X,Y,C)	使用 **X** 和 **Y** 的元素作为每个顶点的坐标，以创建一个或多个填充多边形。**C** 决定多边形的颜色
patch('XData',X,'YData',Y)	类似于 patch(**X**,**Y**,**C**)，不同之处在于不需要为二维坐标指定颜色数据
patch('Faces',F,'Vertices',V)	创建一个或多个多边形，其中 **V** 指定顶点的值，**F** 定义要连接的顶点。当有多个多边形时，仅指定唯一顶点及其连接矩阵可以减小数据大小。为 **V** 中的每个行指定一个顶点
patch(S)	使用结构体 **S** 创建一个或多个多边形。**S** 可以包含字段 Faces 和 Vertices
patch(…,Name,Value)	创建多边形，并使用名称 – 值对组参数指定一个或多个属性
patch(ax,…)	将在由 *ax* 指定的坐标区中，而不是当前坐标区（gca）中创建
p = patch(…)	返回包含所有多边形数据的补片对象 *p*

patch 命令还可以在三维坐标中创建多边形，具体格式在三维绘图章节中进行介绍。

patch 命令还可在封装子系统图标上绘制指定形状的颜色补片，该命令的主要使用格式见表 5-13。

表 5-13 patch 命令的使用格式

调用格式	说　明
patch(x,y)	创建具有由坐标向量 *x* 和 *y* 指定的形状的实心补片。补片的颜色是当前前景颜色
patch(x,y,[r g b])	创建由向量 [*r g b*] 指定颜色的实心补片，其中 *r* 为红色分量，*g* 为绿色分量，*b* 为蓝色分量

例 5-1：创建多种颜色的多边形。

1. 设计画布环境设置

（1）启动 App 界面

1）在命令行窗口中输入下面的命令。

```
>>appdesigner
```

2）弹出"App 设计工具首页"界面，选择"空白 App"，进入 App Designer 图形窗口，默认名称为 app1. mlapp，进行界面设计。

（2）设置组件属性

在设计画布中放置"坐标区"组件 UIAxes，设置该组件的属性。

◆ 在 Title String（标题字符）文本框中输入"图形显示 1""图形显示 2"。

◆ 在 FontSize（字体大小）文本框输入字体大小"20"。

◆ 在 FontWeight（字体粗细）选项单击"加粗"按钮 **B**。

◆ XLabelString、YLabel. String、XTick、XTickLabel、YTick 和 YTickLabel 文本框数值均为空。

（3）显示组件属性

在设计画布中放置"按钮"组件 Button，在左侧栏中放置按钮，在"组件浏览器"侧栏中显示组件的属性。

◆ 在 Text（文本）文本框中输入"多边形 1""多边形 2"。

◆ 在 FontSize（字体大小）文本框输入字体大小"20"。

◆ 在 FontWeight（字体粗细）选项单击"加粗"按钮 **B**。

（4）保存文件

单击"保存"按钮 🖫，系统生成以 . mlapp 为扩展名的文件，在弹出的对话框中输入文件名称"Graph_ patch. mlapp"，完成文件的保存，界面设计结果如图 5-1 所示。

图 5-1　界面设计结果

2. 代码编辑

（1）定义辅助函数

在代码视图中"代码浏览器"选项卡下选择"函数"选项卡，单击 ➕▾ 按钮，添加"私有函数"，自动在"代码视图"编辑区添加函数，代码如下所示。

```
methods (Access = private)

        function results = func(app)

        end
end
```

定义辅助函数中添加的 updateplot 函数，代码如下所示。

```
function [v1,f1] = updateplot(app)
        % 根据面与顶点数据定义多边形
        v1 = [2 4;2 8;8 4];
        f1 = [1 2 3];
end
```

（2）添加初始参数

在代码视图中"代码浏览器"选项卡下选择"回调"选项卡，单击 ➕▾ 按钮，在"添加回调函数"对话框中为 app. UIFigure 添加 startupFcn 回调，自动转至"代码视图"，添加回调函数 startupFcn，代码如下所示。

```
% Code that executes after component creation
function startupFcn(app)
% 关闭坐标轴
app.UIAxes.Visible ='off';
app.UIAxes_2.Visible ='off';
    end
```

（3）定义回调函数

在代码视图中"代码浏览器"选项卡下选择"回调"选项卡，单击 按钮，在"添加回调函数"对话框中为按钮"多边形1"和"多边形2"添加 ButtonPushedFcn 回调，添编辑后代码如下所示。

```
% Button pushed function: Button
    function ButtonPushed(app, event)
      [v1,f1] = updateplot(app);
      % 绘制填充多边形,设置面颜色与轮廓颜色、透明度
      patch(app.UIAxes,'Faces',f1,'Vertices',v1,…
          'FaceColor','y','EdgeColor','r','FaceAlpha',.3);
    end

    % Button pushed function: Button_2
    function Button_2Pushed(app, event)
    [v1,f1] = updateplot(app);
      % 绘制填充多边形,设置面颜色与轮廓颜色、透明度、线宽
      patch(app.UIAxes_2,'Faces',f1,'Vertices',v1,…
          'FaceColor','b','EdgeColor','y',…
          'LineWidth',4,'FaceAlpha',.5);
end
end
```

3. 程序运行

1）单击工具栏中的"运行"按钮 ，显示运行界面，如图5-2所示。

2）单击"多边形1"按钮，在左侧坐标区域显示多边形，如图5-3所示。

3）单击"多边形2"按钮，在右侧坐标区域显示多边形，如图5-4所示。

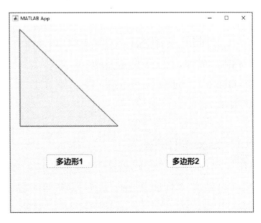

图5-2　显示运行界面　　　　图5-3　在左侧显示多边形

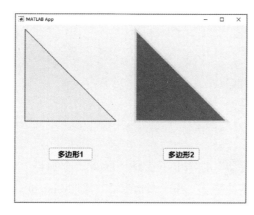

图 5-4　在右侧显示多边形

例 5-2：二维绘图。

1. 设计画布环境设置

（1）启动 App 界面

1）在命令行窗口中输入下面的命令。

```
> >appdesigner
```

2）弹出"App 设计工具首页"界面，选择"可自动调整布局的两栏式 App"，进入 App Designer 图形窗口，默认名称为 app1. mlapp，进行界面设计。

（2）设置组件属性

在设计画布中放置"单选按钮组"组件 app. ButtonGroup，设置该组件的属性。

◆ 在 Title（标题）文本框中输入"曲线命令"，在 FontSize（字体大小）文本框输入字体大小"20"。

◆ 双击依次修改入按钮名称 Text（文本）为 plot、fplot、patch、fill，在 FontSize（字体大小）文本框输入字体大小"15"。

◆ 在 FontWeight（字体粗细）选项单击"加粗"按钮 。

（3）控制组件显示

选择对象，单击"水平应用"按钮 或"垂直应用"按钮 ，控制相邻组件之间的水平、垂直间距。

（4）保存文件

单击"保存"按钮 ，系统生成以 . mlapp 为扩展名的文件，在弹出的对话框中输入文件名称"Graph _plott. mlapp"，完成文件的保存，界面设计结果如图5-5 所示。

图 5-5　界面设计结果

2. 代码编辑

（1）定义辅助函数

在代码视图中"代码浏览器"选项卡下选择"函数"选项卡，单击 按钮，添加"私有函数"，自动在"代码视图"编辑区添加函数，代码如下所示。

```
methods (Access = private)
```

```
function results = func(app)


    end
end
```

定义辅助函数 updateplot，代码如下所示。

```
function [x,y] = updateplot(app)
% 定义参数
tt = 0:pi/50:2 * pi;
x = cos(tt) + cos(2 * tt);
y = 4 * sin(tt);
    end
```

（2）添加初始参数

在"组件浏览器"中选择 app. UIFigure，单击右键选择"回调"→"添加 startupFcn 回调"命令，自动转至"代码视图"，添加回调函数 startupFcn，代码如下所示。

```
% Code that executes after component creation
    function startupFcn(app)


    end
```

在 function startupFcn（app）函数下添加函数，代码如下所示。

```
% 将当前窗口布局为的视图区域
app. t = tiledlayout(app. RightPanel,2,2);
%  将 TileSpacing 属性设置为 'none' 来减小图块的间距
app. t. TileSpacing = 'none';
% 将 Padding 属性设置为 'compact',减小布局边缘和图窗边缘之间的空间
app. t. Padding = 'compact';
% 创建坐标区
    app. ax1 = nexttile(app. t);
    app. ax2 = nexttile(app. t);
    app. ax3 = nexttile(app. t);
    app. ax4 = nexttile(app. t);
    % 取消坐标系的显示
    app. ax1. Visible = 0;
    app. ax2. Visible = 0;
    app. ax3. Visible = 0;
    app. ax4. Visible = 0;
  [x,y] = updateplot(app);
plot(app. ax1,x,y)
end
```

（3）添加属性

在代码视图中"代码浏览器"选项卡下选择"属性"选项卡，单击 按钮，添加"私有属性"，自动在"代码视图"编辑区添加属性，代码如下所示。

```
properties (Access = private)
        Property % Description
end
```

定义回调函数中添加的属性，代码如下所示。

```
properties (Access = private)
    ax1   % 定义属性名
    ax2
    ax3
    ax4
    t
end
```

（4）添加"曲线命令"单选按钮回调函数

在设计画布中"曲线命令"单选按钮上单击右键选择"回调"→"添加 SelectionChangedFcn 回调"命令，自动转至"代码视图"，添加回调函数 ButtonGroupSelectionChanged，代码如下所示。

```
% Callbacks that handle component events
    methods (Access = private)
        % Selection changed function:ButtonGroup
        function ButtonGroupSelectionChanged(app, event)
            selectedButton = app. ButtonGroup. SelectedObject;

        end
    end
```

在 function ButtonGroupSelectionChanged（app，event）函数下添加函数，代码如下所示。

```
function ButtonGroupSelectionChanged(app, event)
selectedButton = app. ButtonGroup. SelectedObject;
            % 调用参数
[x,y] = updateplot(app);
switch  selectedButton. Text
        case 'plot'
plot(app. ax1,x,y)
        case 'fplot'
fplot(app. ax2,@ (t)cos(3 * t),@ (t)sin(2 * t))
        case 'patch'
patch(app. ax3,x,y,ones(size(y)))
        otherwise
fill(app. ax4,x,y,y)
end
end
```

3. 程序运行

1）单击工具栏中的"运行"按钮 ▶，在运行界面显示运行结果。

2）在"曲线命令"单选钮组下选择 plot、fplot、patch、fill，切换显示曲线，结果如图 5-6 所示。

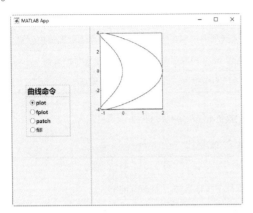
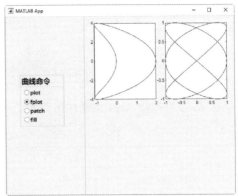

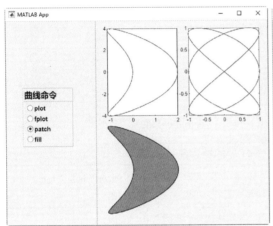
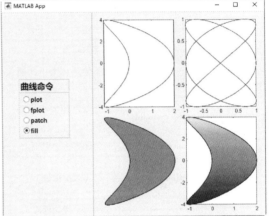

图 5-6　运行结果

5.2　创建坐标区

在 MATLAB 中，常用于图形交互的坐标区包括笛卡儿坐标区、地理坐标区和极坐标区。

上面讲的绘图命令使用的都是笛卡儿坐标系，而在实际工程中，往往会涉及不同坐标系下的图像问题，例如常用的极坐标。下面简单介绍几个工程计算中常用的其他坐标系下的绘图命令。

5.2.1　创建笛卡儿坐标区

axes 命令用于创建笛卡儿坐标区，它的使用格式见表 5-14。

表 5-14　axes 命令的使用格式

调用格式	说　　明
axes	在当前图窗中创建默认的笛卡儿坐标区，并将其设置为当前坐标区。通常情况下，不需要在绘图之前创建坐标区，因为如果不存在坐标区，图形函数会在绘图时自动创建坐标区

（续）

调用格式	说　　明
axes(Name,Value)	使用一个或多个名称–值对组参数修改坐标区的外观，或控制数据的显示方式
axes(parent,Name,Value)	在由 parent 指定的图窗、面板或选项卡中创建坐标区，而不是在当前图窗中创建
ax = axes(…)	返回创建的 Axes 对象。可在创建 Axes 对象后使用 ax 查询和修改对象属性
axes(cax)	将 cax 指定的坐标区或图设置为当前坐标区，并使父图窗成为焦点

坐标区 Axes 可控制 Axes 对象的外观和行为，坐标区 Axes 属性见表 5-15。

表 5-15　坐标区 Axes 属性

类别	属　性　名	说　　明	属　性　值
字体	FontName	字体名称	支持的字体名称、'FixedWidth'
	FontWeight	字符粗细	'normal'（默认）、'bold'
	FontSize	字体大小	数值标量
	FontSizeMode	字体大小的选择模式	'auto'（默认）、'manual'
	FontAngle	字符角度	'normal'（默认）、'italic'
	LabelFontSizeMultiplier	标签字体大小的缩放因子	1.1（默认）、大于 0 的数值
	TitleFontSizeMultiplier	标题字体大小的缩放因子	1.1（默认）、大于 0 的数值
	TitleFontWeight	标题字符的粗细	'bold'（默认）、'normal'
	FontUnits	字体大小单位	'points'（默认）、'inches'、'centimeters'、'normalized'、'pixels'
	FontSmoothing	字体平滑处理	'on'（默认）、on/off 逻辑值
刻度	XTick，YTick，ZTick	刻度值	[ ]（默认）、由递增值组成的向量
	XTickMode，YTickMode，ZTickMode	刻度值的选择模式	'auto'（默认）、'manual'
	XTickLabel，YTickLabel，ZTickLabel	刻度标签	''（默认）、字符向量元胞数组、字符串数组、分类数组
	XTickLabelMode，YTickLabelMode，ZTickLabelMode	刻度标签的选择模式	'auto'（默认）、'manual'
	TickLabelInterpreter	刻度标签解释器	'tex'（默认）、'latex'、'none'
	XTickLabelRotation，YTickLabelRotation，ZTickLabelRotation	刻度标签的旋转	0（默认）、以度为单位的数值
	XMinorTick，YMinorTick，ZMinorTick	次刻度线	on/off 逻辑值
	TickDir	刻度线方向	'in'（默认）、'out'、'both'
	TickDirMode	TickDir 的选择模式	'auto'（默认）、'manual'
	TickLength	刻度线长度	[0.01 0.025]（默认）、二元素向量

（续）

类别	属性名	说明	属性值
标尺	XLim, YLim, ZLim	最小和最大坐标轴范围	[0 1]（默认）、[*min max*] 形式的二元素向量
	XLimMode, YLimMode, ZLimMode	坐标轴范围的选择模式	'auto'（默认）、'manual'
	XAxis, YAxis, ZAxis	轴标尺、标尺对象	
	XAxisLocation	X 轴位置	'bottom'（默认）、'top'、'origin'
	YAxisLocation	Y 轴位置	'left'（默认）、'right'、'origin'
	XColor, YColor, ZColor	轴线、刻度值和标签的颜色	[0.15 0.15 0.15]（默认）、RGB 三元组、十六进制颜色代码、'r'、'g'、'b'等
	XColorMode	用于设置 X 轴网格颜色的属性	'auto'（默认）、'manual'
	YColorMode	用于设置 Y 轴网格颜色的属性	'auto'（默认）、'manual'
	ZColorMode	用于设置 Z 轴网格颜色的属性	'auto'（默认）、'manual'
	XDir、YDir、ZDir	轴方向	'normal'（默认）、'reverse'
	XScale, YScale, ZScale	值沿坐标轴的标度	'linear'（默认）、'log'
网格	XGrid, YGrid, ZGrid	网格线	'off'（默认）、on/off 逻辑值
	Layer	网格线和刻度线的位置	'bottom'（默认）、'top'
	GridLineStyle	网格线的线型	'-'（默认）、'--'、':'、'-.'、'none'
	GridColor	网格线的颜色	[0.15 0.15 0.15]（默认）、RGB 三元组、十六进制颜色代码、'r'、'g'、'b'等
	GridColorMode	用于设置网格颜色的属性	'auto'（默认）、'manual'
	GridAlpha	网格线透明度	0.15（默认）、范围 [0，1] 内的值
	GridAlphaMode	GridAlpha 的选择模式	'auto'（默认）、'manual'
	XMinorGrid, YMinorGrid, ZMinorGrid	次网格线	'off'（默认）、on/off 逻辑值
	MinorGridLineStyle	次网格线的线型	':'（默认）、'-'、'--'、'-.'、'none'
	MinorGridColor	次网格线的颜色	[0.1 0.1 0.1]（默认）、RGB 三元组、十六进制颜色代码、'r'、'g'、'b'等
	MinorGridColorMode	用于设置次网格颜色的属性	'auto'（默认）、'manual'
	MinorGridAlpha	次网格线的透明度	0.25（默认）、范围 [0，1] 内的值
	MinorGridAlphaMode	MinorGridAlpha 的选择模式	'auto'（默认）、'manual'

（续）

类别	属 性 名	说 明	属 性 值
标签	Title	坐标区标题的文本对象	文本对象
	XLabel，YLabel，ZLabel	坐标区标签的文本对象	文本对象
	Legend	与坐标区关联的图例	emptyGraphicsPlaceholder（默认）、Legend 对象
多个绘图	ColorOrder	色序	七种预定义颜色（默认）、由 RGB 三元组组成的三列矩阵
	LineStyleOrder	线型序列	'-' 实线（默认）、字符向量、字符向量元胞数组、字符串数组
	NextSeriesIndex	下一个对象的 SeriesIndex 值	整数
	NextPlot	要重置的属性	' replace '（默认）、' add '、' replacechildren '、' replaceall '
	SortMethod	渲染对象的顺序	' depth '、' childorder '
	ColorOrderIndex	色序索引	1（默认）、正整数
	LineStyleOrderIndex	线型序列索引	1（默认）、正整数
颜色图和透明度图	Colormap	颜色图	parula（默认）、由 RGB 三元组组成的 $m \times 3$ 数组
	ColorScale	颜色图的刻度	' linear '（默认）、' log '
	CLim	颜色范围	［0 1］（默认）、［*cmin cmax*］形式的二元素向量
	CLimMode	CLim 的选择模式	' auto '（默认）、' manual '
	Alphamap	透明度图	由从 0 到 1 的 64 个值组成的数组（默认）、由从 0 到 1 的有限 alpha 值组成的数组
	AlphaScale	透明度图的刻度	' linear '（默认）、' log '
	ALim	alpha 范围	［0 1］（默认）、［*amin amax*］形式的二元素向量
	ALimMode	ALim 的选择模式	' auto '（默认）、' manual '
框样式	Color	背景色	［1 1 1］（默认）、RGB 三元组、十六进制颜色代码、' r '、' g '、' b '等
	LineWidth	线条宽度	0.5（默认）、正数值
	Box	框轮廓	' off '（默认）、on/off 逻辑值
	BoxStyle	框轮廓样式	' back '（默认）、' full '
	Clipping	在坐标区范围内裁剪对象	' on '（默认）、on/off 逻辑值
	ClippingStyle	裁剪边界	'3dbox '（默认）、' rectangle '
	AmbientLightColor	背景光源颜色	［1 1 1］（默认）、RGB 三元组、十六进制颜色代码、' r '、' g '、' b '等
位置	OuterPosition	大小和位置，包括标签和边距	［0 0 1 1］（默认）、四元素向量
	InnerPosition	内界大小和位置	［0.1300 0.1100 0.7750 0.8150］（默认）、四元素向量
	Position	大小和位置，不包括标签边距	［0.1300 0.1100 0.7750 0.8150］（默认）、四元素向量

（续）

类别	属性名	说明	属性值
位置	TightInset	文本标签的边距	[left bottom right top] 形式的四元素向量
	PositionConstraint	保持不变的位置	' outerposition '、' innerposition '
	Units	位置单位	' normalized '（默认）、' inches '、' centimeters '、' points '、' pixels '、' characters '
	DataAspectRatio	数据单元的相对长度	[1 1 1]（默认）、[*dx dy dz*] 形式的三元素向量
	DataAspectRatioMode	数据纵横比模式	' auto '（默认）、' manual '
	PlotBoxAspectRatio	每个坐标轴的相对长度	[1 1 1]（默认）、[*px py pz*] 形式的三元素向量
	PlotBoxAspectRatioMode	PlotBoxAspectRatio 的选择模式	' auto '（默认）、' manual '
	Layout	布局选项	空 LayoutOptions 数组（默认）、TiledChartLayoutOptions 对象
视图	View	视图的方位角和仰角	[0 90]（默认）、[*azimuth elevation*] 形式的二元素向量
	Projection	二维屏幕上的投影类型	' orthographic '（默认）、' perspective '
	CameraPosition	照相机位置	[*x y z*] 形式的三元素向量
	CameraPositionMode	CameraPosition 的选择模式	' auto '（默认）、' manual '
	CameraTarget	照相机目标点	[*x y z*] 形式的三元素向量
	CameraTargetMode	CameraTarget 的选择模式	' auto '（默认）、' manual '
	CameraUpVector	定义向上方向的向量	[*x y z*] 形式的三元素方向向量
	CameraUpVectorMode	CameraUpVector 的选择模式	' auto '（默认）、' manual '
	CameraViewAngle	视野	6.6086（默认）、范围 [0, 180) 中的标量角
	CameraViewAngleMode	CameraViewAngle 的选择模式	' auto '（默认）、' manual '
交互性	Toolbar	数据探查工具栏	AxesToolbar 对象（默认）
	Interactions	交互	由交互对象组成的数组、[ ]
	Visible	可见性状态	' on '（默认）、on/off 逻辑值
	CurrentPoint	鼠标指针的位置	2×3 数组
	ContextMenu	上下文菜单	空 GraphicsPlaceholder 数组（默认）、ContextMenu 对象
	Selected	选择状态	' off '（默认）、on/off 逻辑值
	SelectionHighlight	是否显示选择句柄	' on '（默认）、on/off 逻辑值
回调	ButtonDownFcn	鼠标单击回调	''（默认）、函数句柄、元胞数组、字符向量
	CreateFcn	创建函数	''（默认）、函数句柄、元胞数组、字符向量
	DeleteFcn	删除函数	''（默认）、函数句柄、元胞数组、字符向量
	Interruptible	回调中断	' on '（默认）、on/off 逻辑值
	BusyAction	回调排队	' queue '（默认）、' cancel '

（续）

类 别	属 性 名	说 明	属 性 值
回到执行控件	PickableParts	捕获鼠标单击的能力	' visible ' （默认）、' all '、' none '
	HitTest	响应捕获的鼠标单击	' on ' （默认）、on/off 逻辑值
	BeingDeleted	删除状态	on/off 逻辑值
父子	Parent	父容器	Figure 对象、Panel 对象、Tab 对象、TiledChartLayout 对象
	Children	子级	空 GraphicsPlaceholder 数组、图形对象的数组
	HandleVisibility	对象句柄的可见性	' on ' （默认）、' off '、' callback '
标识符	Type	图形对象的类型	' axes '
	Tag	对象标识符	'' （默认）、字符向量、字符串标量
	UserData	用户数据	[ ] （默认）、数组

5.2.2 创建极坐标区

polaraxes 命令用于创建极坐标区，它的使用格式见表 5-16。

表 5-16 polaraxes 命令的使用格式

调 用 格 式	说 明
polaraxes	在当前图窗中创建默认的极坐标区，并将其设置为当前坐标区
polaraxes(Name , Value)	使用一个或多个名称 – 值对组参数修改坐标区的外观，或控制数据的显示方式
polaraxes(parent , ⋯)	在由 parent 指定的图窗、面板或选项卡中创建坐标区，而不是在当前图窗中创建
pax = polaraxes(...)	返回创建的 Axes 对象。可在创建 Axes 对象后使用 ax 查询和修改对象属性
polaraxes(pax_in)	将 pax_in 指定的坐标区或图设置为当前坐标区，并使父图窗成为焦点

polarplot 命令用于在极坐标中绘制线条，它的使用格式见表 5-17。

表 5-17 polarplot 命令的使用格式

调 用 格 式	说 明
polarplot(theta , rho)	在极坐标中绘制线条，由 theta 表示弧度角，rho 表示每个点的半径值
polarplot(theta , rho , LineSpec)	根据 LineSpec 设置线条的线型、标记符号和颜色
polarplot(theta1 , rho1 , ⋯ , thetaN , rhoN)	根据多个（rho，theta）对组绘制多条线条
polarplot(theta1 , rho1 , LineSpec1 , ⋯ , thetaN , rhoN , LineSpecN)	指定每个线条的线型、标记符号和颜色
polarplot(rho)	按等间隔角度（介于 0 和 2π 之间）绘制 rho 中的半径值
polarplot(rho , LineSpec)	设置线条的线型、标记符号和颜色
polarplot(Z)	利用 Z 中的复数值绘制线条
polarplot(Z , LineSpec)	利用 Z 中的复数值绘制线条，设置线条的线型、标记符号和颜色
polarplot(... , Name , Value)	使用一个或多个名称 – 值对组参数指定图形线条的属性
polarplot(pax , ⋯)	使用 pax 指定的 PolarAxes 对象，而不是使用当前坐标区
p = polarplot(...)	返回一个或多个图形线条对象。在创建图形线条对象之后使用 p 为其设置属性

例 5-3：直角坐标与极坐标系图形。

在直角坐标系与极坐标下画出下面函数的图像：

$$r = \mathrm{e}^{\sin t} - 2\sin 4t + \left(\cos \frac{t}{5} \right)^6$$

1. 设计画布环境设置

（1）启动 App 界面

1）在命令行窗口中输入下面的命令。

```
>>appdesigner
```

2）弹出"App 设计工具首页"界面，选择"可自动调整布局的两栏式 App"，进入 App Designer 图形窗口，默认名称为 app1. mlapp，进行界面设计。

（2）显示组件属性

在组件库中选中"按钮"组件 Button，在左侧面板中放置按钮，在"组件浏览器"侧栏中显示组件的属性。

◆ 在 Text（文本）文本框中输入"极坐标""转换为笛卡儿"。

◆ 在 FontSize（字体大小）文本框输入字体大小"20"。

◆ 在 FontWeight（字体粗细）选项单击"加粗"按钮 B。

（3）设置组件属性

在设计画布右侧面板中放置"坐标区"组件 UIAxes，设置该组件的属性。

◆ 在 Title String（标题字符）文本框中输入"笛卡儿坐标系"。

◆ 在 FontSize（字体大小）文本框输入字体大小"20"。

◆ 在 FontWeight（字体粗细）选项单击"加粗"按钮 B。

（4）控制组件的显示

选择对象，单击"水平应用"按钮 或"垂直应用"按钮 ，控制相邻组件之间的水平、垂直间距。

（5）保存文件

单击"保存"按钮 ，系统生成以 . mlapp 为扩展名的文件，在弹出的对话框中输入文件名称"Graph_polar. mlapp"，完成文件的保存，界面设计结果如图 5-7 所示。

2. 代码编辑

（1）定义辅助函数

在代码视图中"代码浏览器"选项卡下选择"函数"选项卡，单击 按钮，添加"私有函数"，定义辅助函数中添加的 updateplot 函数，代码如下所示。

图 5-7　界面设计

```
function [I,J] = updateimage(app)
        function [t,r] = updateplot(app)
        % 定义数据
        % 创建 0 到 24π 的向量 t,元素个数为 1000
```

```
t = linspace(0,24*pi,1000);
r = exp(sin(t)) - 2*sin(4.*t) + (cos(t./5)).^6;
end
```

（2）添加初始参数

在代码视图中"代码浏览器"选项卡下选择"回调"选项卡，单击 按钮，在"添加回调函数"对话框中为 app.UIFigure 添加 startupFcn 回调，自动转至"代码视图"，添加回调函数 startupFcn，代码如下所示。

```
function startupFcn(app)
% 设置图窗大小位置
    app.UIFigure.Position = [10 10 900 450];
% 创建极坐标区
    app.ax1 = polaraxes(app.RightPanel);
% 设置坐标区位置
    app.ax1.Position = [0.05 0.2 0.5 0.6];


% 创建笛卡儿坐标区
    app.ax2 = uiaxes(app.UIFigure);
    % 设置坐标区位置
    app.ax2.Position = [650 100 200 300];
    % 界面绘图
    [t,r] = updateplot(app);
    % 左侧坐标区显示函数在笛卡儿坐标系下的图形
    plot(app.UIAxes,t,r)
end
```

（3）按钮回调函数

在代码视图中"代码浏览器"选项卡下选择"回调"选项卡，单击 按钮，在"添加回调函数"对话框中为"极坐标""转换为笛卡儿"添加 ButtonPushedFcn 回调，自动转至"代码视图"，编辑后代码如下所示。

```
% Button pushed function: Button
    function ButtonPushed(app, event)
[t,r]   = updateplot(app);
    % 在极坐标区绘图
polarplot(app.ax1,t,r);
        app.ax1.Title.String = '极坐标绘图';
        app.ax1.Title.Color = 'red';
        app.ax1.Title.FontSize = 30;
        end


    % Button pushed function: Button_2
    function Button_2Pushed(app, event)
    [t,r]   = updateplot(app);
```

```
% 将极坐标数据 t、r 转化成直角坐标系下的数据 xx、yy
[xx,yy] = pol2cart(t,r);
% 在坐标区绘图
plot(app. ax2,xx,yy)
app. ax2. Title. String = '笛卡儿绘图';
app. ax2. Title. Color = 'b';
app. ax2. Title. FontSize = 30;
end
```

（4）添加属性

在代码视图中"代码浏览器"选项卡下选择"属性"选项卡，单击 ➕ ▼ 按钮，添加"私有属性"，自动在"代码视图"编辑区添加属性，代码如下所示。

```
properties (Access = private)
    ax1   % 定义属性
    ax2
end
```

3. 程序运行

1）单击工具栏中的"运行"按钮 ▶，显示运行界面，如图 5-8 所示。

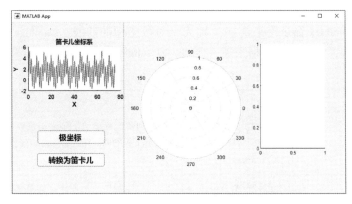

图 5-8　显示运行界面

2）单击"极坐标"按钮，在坐标系 1 中显示函数在极坐标系下的图形，结果如图 5-9 所示。

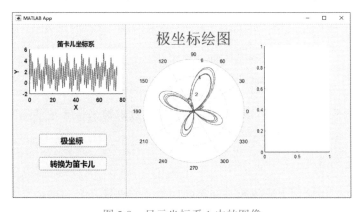

图 5-9　显示坐标系 1 中的图像

3）单击"转换为笛卡儿"按钮，在坐标系 2 中显示将极坐标数据转换为笛卡儿坐标数据后的函数图形，结果如图 5-10 所示。

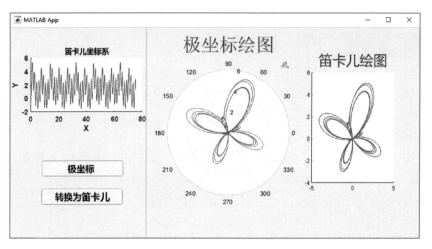

图 5-10　显示坐标系 2 的图像

5.2.3　半对数坐标系下绘图

半对数坐标在工程中也是很常用的，MATLAB 提供的 semilogx 与 semilogy 命令可以很容易实现这种作图方式。semilogx 命令用来绘制 X 轴为半对数坐标的曲线，semilogy 命令用来绘制 Y 轴为半对数坐标的曲线，它们的使用格式是一样的。以 semilogx 命令为例，其调用格式见表 5-18。

表 5-18　semilogx 命令的调用格式

调用格式	说　明
semilogx(X)	绘制以 10 为底对数刻度的 X 轴和线性刻度的 Y 轴的半对数坐标曲线，若 X 是实矩阵，则按列绘制每列元素值相对其下标的曲线图，若为复矩阵，则等价于 semilogx（real（X），imag（X））命令
semilogx(X1 , Y1 , ⋯)	对坐标对 (Xi, Yi)（$i = 1, 2, \cdots$），绘制所有的曲线，如果（Xi，Yi）是矩阵，则以（Xi，Yi）对应的行或列元素为横纵坐标绘制曲线
semilogx(X1 , Y1 , s1 , ⋯)	对坐标对 (Xi, Yi)（$i = 1, 2, \cdots$）绘制所有的曲线，其中 si 是控制曲线线型、标记以及色彩的参数
semilogx(⋯ ,' PropertyName ', PropertyValue , ⋯)	对所有用 semilogx 命令生成的图形对象的属性进行设置
semilogx(ax , ⋯)	在 ax 指定的坐标区中绘制图像
h = semilogx(⋯)	返回 *line* 图形句柄向量，每条线对应一个句柄

除了上面的半对数坐标绘图外，MATLAB 还提供了双对数坐标系下的绘图命令 loglog，它的使用格式与 semilogx 相同，这里就不再详细说明了。

5.2.4　双 Y 轴坐标

双 Y 轴坐标在实际中常用来比较两个函数的图像，实现这一操作的命令是 plotyy，其使用格式见表 5-19。

表 5-19　plotyy 命令的使用格式

调 用 格 式	说 明
plotyy(rfobject , parameter)	用左边的 Y 轴画出图 1，用右边的 Y 轴画出图 2
plotyy(rfobject , parameter1 , ⋯. , parameterN)	使用预定义的主格式和辅助格式，参数为 parameter1 , ⋯, parameter$N$
plotyy(rfobject , parameter, format1 , format2)	使用左 Y 轴的格式 1 和右 Y 轴的格式 2 绘制指定的参数
plotyy(rfobject , parameter1 ⋯. parametern , format1 , format2)	绘制参数 parameter1 , ⋯, parameter$N$，左 Y 轴使用格式 1，右 Y 轴使用格式 2
plotyy(rfobject , (parameter1_1 , ⋯. parameter1_n) , format1 , (parameter2_1 . ⋯⋯ , parameter2_n) , format1 , format2)	左 Y 轴使用格式 1，参数 parameter1_1 , ⋯, parameter1_n。右 Y 轴使用格式 2，参数 parameter2_1 , ⋯, parameter2_n
plotyy(... , x − axis parameter, x − axis format)	绘制对象在指定操作条件下的指定参数
plotyy(... , Name , Value)	在对象的指定名称 − 值对操作条件下绘制指定参数
[ax , hlines1 , hlines2] = plotyy(...)	ax 为两个元素的数组，分别对应左侧坐标轴和右侧坐标轴，hlines1 为依照左侧坐标轴画出曲线的句柄，hlines2 为依照左侧坐标轴画出曲线的句柄

例 5-4：在不同坐标系绘图。

使用不同坐标系命令在同一坐标内绘制曲线 $y_1 = e^{-x}\cos 4\pi x$ 和 $y_2 = 2e^{-0.5x}\cos 2\pi x$。

1. 设计画布环境设置

（1）启动 App 界面

1）在命令行窗口中输入下面的命令。

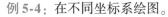

```
>>appdesigner
```

2）弹出 "App 设计工具首页" 界面，选择 "可自动调整布局的两栏式 App"，进入 App Designer 图形窗口，默认名称为 app1. mlapp，进行界面设计。

（2）显示组件属性

在设计画布左侧面板中放置 "按钮" 组件 Button，在左侧栏中放置按钮，在 "组件浏览器" 侧栏中显示组件的属性。

◆ 在 Text（文本）文本框中输入 "笛卡儿" "半对数" "双对数" "双 Y 轴"。

◆ 在 FontSize（字体大小）文本框输入字体大小 "20"。

◆ 在 FontWeight（字体粗细）选项单击 "加粗" 按钮 。

（3）保存文件

单击 "保存" 按钮 ，系统生成以 . mlapp 为扩展名的文件，在弹出的对话框中输入文件名称 "Graph_plaxes. mlapp"，完成文件的保存，界面设计结果如图 5-11 所示。

图 5-11　界面设计

2. 代码编辑

(1) 定义辅助函数

在代码视图中"代码浏览器"选项卡下选择"函数"选项卡,单击 ⊞▾ 按钮,添加"私有函数",自动在"代码视图"编辑区添加函数,代码如下所示。

```
methods (Access = private)

        function results = func(app)

        end
end
```

定义辅助函数中添加的 updateplot 函数,代码如下所示。

```
function [x,y1,y2] = updateplot(app)
  x = linspace(-2 * pi,2 * pi,200);
  y1 = exp(-x). * cos(4 * pi * x);
  y2 = 2 * exp(-0.5 * x). * cos(2 * pi * x);
end
```

(2) 添加初始参数

在代码视图中"代码浏览器"选项卡下选择"回调"选项卡,单击 ⊞▾ 按钮,在"添加回调函数"对话框中为 app. UIFigure 添加 startupFcn 回调,自动转至"代码视图",添加回调函数 startupFcn,代码如下所示。

```
% Code that executes after component creation
function startupFcn(app)
% 将当前窗口布局为的视图区域
t = tiledlayout(app. RightPanel,2,2);
% 创建坐标区
  app. ax1 = nexttile(t);
  app. ax2 = nexttile(t);
  app. ax3 = nexttile(t);
  app. ax4 = nexttile(t);
  % 取消坐标系的显示
  app. ax1. Visible = 0;
  app. ax2. Visible = 0;
  app. ax3. Visible = 0;
  app. ax4. Visible = 0;
        end
```

(3) 定义回调函数

在代码视图中"代码浏览器"选项卡下选择"回调"选项卡,单击 ⊞▾ 按钮,在"添加回调函数"对话框中为按钮"笛卡儿""半对数""双对数""双 Y 轴"添加 ButtonPushedFcn 回调,添编辑后代码如下所示。

```
% Button pushed function: Button
        function ButtonPushed(app, event)
        [x,y1,y2]=updateplot(app);
        plot(app.ax1,x,y1,x,y2)
        title(app.ax1,'笛卡儿坐标系')
        end


        % Button pushed function: Button_2
        function Button_2Pushed(app, event)
        [x,y1,y2]=updateplot(app);
        semilogy(app.ax2,x,y1,x,y2)
        title(app.ax2,'半对数坐标系')
        end


        % Button pushed function: Button_3
        function Button_3Pushed(app, event)
          [x,y1,y2]=updateplot(app);
        loglog(app.ax3,x,y1,x,y2)
        title(app.ax3,'双对数坐标系')
        end


        % Button pushed function:YButton
        function YButtonPushed(app, event)
          [x,y1,y2]=updateplot(app);
        plotyy(app.ax4,x,y1,x,y2,'plot')
        title(app.ax4,'双 Y 轴坐标系')
    end
```

（4）添加属性

在代码视图中"代码浏览器"选项卡下选择"属性"选项卡，单击按钮，添加"私有属性"，自动在"代码视图"编辑区添加属性，代码如下所示。

```
properties (Access = private)
    ax1   % 定义属性
    ax2
    ax3
    ax4
end
```

3. 程序运行

1）单击工具栏中的"运行"按钮 ▶，显示运行界面，如图 5-12 所示。

2）单击"笛卡儿"按钮，在右侧坐标区域显示的笛卡儿坐标系中绘图，如图 5-13 所示。

3）单击"半对数"按钮，在右侧坐标区域显示的半对数坐标系中绘图，如图 5-14 所示。

4）单击"双对数"按钮，在右侧坐标区域显示的双对数坐标系中绘图，如图 5-15 所示。

5）单击"双 Y 轴"按钮，在右侧坐标区域显示的双 Y 轴坐标系中绘图，如图 5-16 所示。

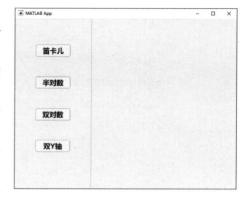

图 5-12　运行结果

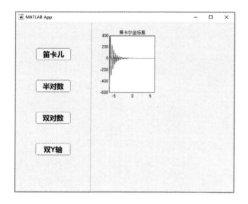

图 5-13　笛卡儿坐标系绘图

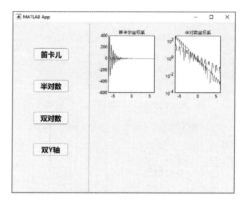

图 5-14　半对数坐标系绘图

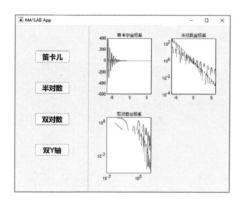

图 5-15　双对数坐标系绘图

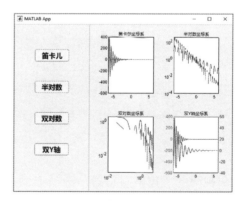

图 5-16　双 Y 轴坐标系绘图

5.3　二维图形修饰处理

通过上一节的学习，读者可能会感觉到简单的绘图命令并不能满足我们对可视化的要求。为了让所绘制的图形看起来舒服并且易懂，MATLAB 提供了许多图形控制的命令。本节主要介绍一些常用的图形控制命令。

5.3.1 坐标系控制

MATLAB 的绘图函数可根据要绘制的曲线数据的范围自动选择合适的坐标系,使得曲线尽可能清晰地显示出来,所以一般情况下用户不必自己选择绘图坐标。

1. 设置坐标框

在默认状态下,系统自动用一个坐标框把图形圈起来。如果只需画出坐标轴,可以利用 box 命令进行控制,box 命令的常用格式见表 5-20。

表 5-20　box 命令的使用格式

调用格式	说　明
box on	添加坐标框,显示坐标区轮廓
box off	删去坐标框
box	切换框轮廓的显示
box(ax,…)	使用 ax 指定的坐标区,而不是使用当前坐标区

2. 创建新坐标系

对于有些图形,如果用户感觉自动选择的坐标不合适,则可以利用 axis 命令选择新的坐标系。axis 命令用于控制坐标轴的显示、刻度、长度等特征,它有很多种使用方式,表 5-21 列出了一些常用的使用格式。

表 5-21　axis 命令的使用格式

调用格式	说　明
axis（limits）	设置 x, y, z 坐标的最小值和最大值。函数输入参数可以是 4 个 [xmin xmax ymin ymax],也可以是 6 个 [xmin xmax ymin ymax zmin zmax],还可以是 8 个 [xmin xmax ymin ymax zmin zmax cmin cmax]（cmin 是对应于颜色图中的第一种颜色的数据值,cmax 是对应于颜色图中的最后一种颜色的数据值。）分别对应于二维、三维或四维坐标系的最大最小值 对于极坐标区,以下列形式指定范围 [thetamin thetamax rmin rmax]:将 theta 坐标轴范围设置为从 thetamin 到 thetamax。将 r 坐标轴范围设置为从 $rmin$ 到 $rmax$
axis style	使用 style 样式设置置轴范围和尺度,进行限制和缩放
axismode	设置 MATLAB 是否自动选择限制。将模式指定为 manual、auto 或 semiautomatic（手动、自动或半自动）选项之一,如' auto x '
axisydirection	原点放在轴的位置
axisvisibility	设置坐标轴的可见性
lim = axis	返回当前坐标区的 X 轴和 Y 坐标轴范围。对于三维坐标区,还会返回 Z 坐标轴范围。对于极坐标区,它返回 theta 轴和 r 坐标轴范围
[m,v,d] = axis(' state ')	返回坐标轴范围选择、坐标区可见性和 Y 轴方向的当前设置
… = axis(ax,…)	使用 ax 指定的坐标区或极坐标区

5.3.2 图形的重叠控制

如果要在同一图形窗口中添加新绘图时保留当前绘图,可以使用 hold 命令,hold 命令的常用格式见表 5-22。

表 5-22　hold 命令的使用格式

调用格式	说　明
hold on	保留当前坐标区中的绘图，从而使新添加到坐标区中的绘图不会删除现有绘图
hold off	将保留状态设置为 off，从而使新添加到坐标区中的绘图清除现有绘图并重置所有的坐标区属性
hold(ax,…)	为 ax 指定的坐标区而非当前坐标区设置 hold 状态

5.3.3　图形注释

　　MATLAB 中提供了一些常用的图形标注函数，利用这些函数可以为图形添加标题，为图形的坐标轴加标注，为图形加图例，也可以把说明、注释等文本放到图形的任何位置。本小节的内容是图形控制中最常用的，也是实际中应用最多的，因此读者要仔细学习本节内容，并上机调试本节所给出的各种例子。

　　1. 注释图形标题及轴名称

　　在 MATLAB 绘图命令中，title 命令用于给图形对象加标题，它的使用格式也非常简单，见表 5-23。

表 5-23　title 命令的使用格式

调用格式	说　明
title(' text ')	在当前坐标轴上方正中央放置字符串 string 作为图形标题
title(target,' text ')	将标题字符串' text '添加到指定的目标对象
title(' text ',' PropertyName ', PropertyValue,…)	对由命令 title 生成的图形对象的属性进行设置，输入参数"text"为要添加的标注文本
h = title(…)	返回作为标题的 text 对象句柄

　　在 MATLAB 中，还可以对坐标轴进行标注，相应的命令为 xlabel、ylabel、zlabel，作用分别是对 X 轴、Y 轴、Z 轴进行标注，它们的调用格式都是一样的，下面以 xlabel 为例进行说明，见表 5-24。

表 5-24　xlabel 命令的使用格式

调用格式	说　明
xlabel(' string ')	在当前轴对象中的 X 轴上标注说明语句 string
xlabel(fname)	先执行函数 fname，返回一个字符串，然后在 X 轴旁边显示出来
xlabel(' text ',' PropertyName ', PropertyValue,…)	指定轴对象中要控制的属性名和要改变的属性值，参数 text 为要添加的标注名称

　　2. 标注图形

　　在给所绘得的图形进行详细的标注时，最常用的两个命令是 text 与 gtext，它们均可以在图形的具体部位进行标注。

　　text 命令的使用格式见表 5-25。

表 5-25　text 命令的使用格式

调用格式	说　明
text(x,y,' string ')	在图形中指定的位置（x，y）上显示字符串 string
text(x,y,z,' string ')	在三维图形空间中的指定位置（x，y，z）上显示字符串 string
text(x,y,z,' string ',' PropertyName ', PropertyValue,…)	在三维图形空间中的指定位置（x，y，z）上显示字符串 string，且对指定的属性进行设置，表 5-26 给出了文字属性名、含义及属性值的有效值与默认值
text(ax,…)	将在由 ax 指定的坐标区中创建文本标注
t = text(…)	返回一个或多个文本对象 t，使用 t 修改所创建的文本对象的属性

表 5-26　text 命令属性列表

属 性 名	含　义	有 效 值	默 认 值
Editing	能否对文字进行编辑	on、off	off
Interpretation	tex 字符是否可用	tex、none	tex
Extent	text 对象的范围（位置与大小）	[left，bottom，width，height]	随机
HorizontalAlignment	文字水平方向的对齐方式	left、center、right	left
Position	文字范围的位置	[x，y，z] 直角坐标系	[ ]（空矩阵）
Rotation	文字对象的方位角度	标量 [单位为度（°）]	0
Units	文字范围与位置的单位	pixels（屏幕上的像素点）、normalized（把屏幕看成一个长、宽为 1 的矩形）、inches、centimeters、points、data	data
VerticalAlignment	文字垂直方向的对齐方式	normal（正常字体）、italic（斜体字）、oblique（斜角字）top（文本外框顶上对齐）、cap（文本字符顶上对齐）、middle（文本外框中间对齐）、base-line（文本字符底线对齐）、bottom（文本外框底线对齐）	middle
FontAngle	设置斜体文字模式	normal（正常字体）、italic（斜体字）、oblique（斜角字）	normal
FontName	设置文字字体名称	用户系统支持的字体名或者字符串 FixedWidth	Helvetica
FontSize	文字字体大小	结合字体单位的数值	10 points
FontUnits	设置属性 FontSize 的单位	points（1 points = 1/72inches）、normalized（把父对象坐标轴作为单位长的一个整体；当改变坐标轴的尺寸时，系统会自动改变字体的大小）、inches、centimeters、pixels	points
FontWeight	设置文字字体的粗细	light（细字体）、normal（正常字体）、demi（黑体字）、bold（黑体字）	normal

（续）

属 性 名	含 义	有 效 值	默 认 值
Clipping	设置坐标轴中矩形的剪辑模式	on：当文本超出坐标轴的矩形时，超出的部分不显示 off：当文本超出坐标轴的矩形时，超出的部分显示	off
EraseMode	设置显示与擦除文字的模式	normal、none、xor、background	normal
SelectionHighlight	设置选中文字是否突出显示	on、off	on
Visible	设置文字是否可见	on、off	on
Color	设置文字颜色	有效的颜色值：ColorSpec	
HandleVisibility	设置文字对象句柄对其他函数是否可见	on、callback、off	on
HitTest	设置文字对象能否成为当前对象	on、off	on
Seleted	设置文字是否显示出"选中"状态	on、off	off
Tag	设置用户指定的标签	任何字符串	' '（即空字符串）
Type	设置图形对象的类型	字符串' text '	
UserData	设置用户指定数据	任何矩阵	[ ]（即空矩阵）
BusyAction	设置如何处理对文字回调过程中断的句柄	cancel、queue	queue
ButtonDownFcn	设置当鼠标在文字上单击时，程序做出的反应	字符串	' '（即空字符串）
CreateFcn	设置当文字被创建时，程序做出的反应	字符串	' '（即空字符串）
DeleteFcn	设置当文字被删除（通过关闭或删除操作）时，程序做出的反应	字符串	' '（即空字符串）

3. 标注图例

当在一幅图中出现多种曲线时，用户可以根据自己的需要，利用 legend 命令对不同的图例进行说明。如果坐标区不存在，legend 命令将创建坐标区。它的使用格式见表 5-27。

表 5-27　legend 命令的使用格式

调 用 格 式	说 明
legend	为每个绘制的数据序列创建一个带有描述性标签的图例
legend(label1 ,…, labelN)	用指定的文字 label 在当前坐标轴中对所给数据的每一部分显示一个图例
legend(labels)	使用字符向量元胞数组、字符串数组或字符矩阵设置标签每一行字符串作为标签
legend(*subset* ,…)	在图例中 *subset* 向量中列出的数据序列的项用指定的文字中显示图例
legend(target ,…)	在 target 指定的坐标区或图中添加图例

（续）

调用格式	说　　明
legend(...,'Location',lcn)	设置图例位置。'Location'指定放置位置，包括'north'、'south'、'east'、'west'、'northeast'等
legend(...,'Orientation',ornt)	ornt指定图例放置方向，默认值为'vertical'，即垂直堆叠图例项；'horizontal'表示并排显示图例项
legend(...,Name,Value)	使用一个或多个名称－值对组参数来设置图例属性。设置属性时，必须使用元胞数组{}指定标签。
legend(bkgd)	删除图例背景和轮廓。bkgd的默认值为'boxon'，即显示图例背景和轮廓
lgd = legend(...)	返回 Legend 对象。可使用 lgd 在创建图例后查询和设置图例属性
legend(vsbl)	控制图例的可见性，vsbl 可设置为'hide'、'show'或'toggle'
legend('off')	从当前的坐标轴中去除图例

5.3.4 网格线控制

为了使图像的可读性更强，可以利用 grid 命令给二维或三维图形的坐标面增加网格线，它的使用格式见表5-28。

表5-28　grid 命令的使用格式

调用格式	说　　明
grid on	给当前的坐标轴增加网格线
grid off	从当前的坐标轴中去掉网格线
grid	转换网格线显示与否的状态
grid minor	切换改变次网格线的可见性。次网格线出现在刻度线之间。并非所有类型的图都支持次网格线。
grid(axes_handle,on、off)	对指定的坐标轴 axes_handle 是否显示网格线

5.3.5 图形放大与缩小

在工程实际中，常常需要对某个图像的局部性质进行仔细观察，这时可以通过 zoom 命令将局部图像进行放大，使其便于观察。zoom 命令的使用格式见表5-29。

表5-29　zoom 命令的使用格式

调用格式	说　　明
zoom on	打开交互式图形放大功能
zoom off	关闭交互式图形放大功能
zoom out	将系统返回非放大状态，并将图形恢复原状
zoom reset	系统将记住当前图形的放大状态，作为放大状态的设置值，当使用 zoom out 或双击鼠标时，图形并不是返回到原状，而是返回 reset 时的放大状态
zoom	用于切换放大的状态：on 和 off
zoom xon	只对 X 轴进行放大
zoom yon	只对 Y 轴进行放大

（续）

调用格式	说　　明
zoom(factor)	用放大系数 factor 进行放大或缩小，而不影响交互式放大的状态。若 factor > 1，系统将图形放大 factor 倍；若 0 < factor ≤ 1，系统将图形放大 1/factor 倍
zoom(fig, option)	对窗口 fig（不一定为当前窗口）中的二维图形进行放大，其中参数 option 为 on、off、xon、yon、reset、factor 等
h = zoom(figure_handle)	返回缩放模式对象，通过句柄 figure_handle 来控制模式的行为

在使用这个命令时，要注意当一个图形处于交互式的放大状态时，有两种方法来放大图形。一种是用鼠标左键单击需要放大的部分，可使此部分放大一倍，这一操作可进行多次，直到达到 MATLAB 的最大显示为止；单击鼠标右键，可使图形缩小一半，这一操作可进行多次，直到还原图形为止。另一种是用鼠标拖出要放大的部分，系统将放大选定的区域。该命令的作用与图形窗口中放大图标的作用是一样的。

5.3.6 颜色控制

在绘图的过程中，给图形加上不同的颜色，会大大增加图像的可视化效果。在计算机中，颜色是通过对红、绿、蓝三种颜色进行适当的调配来得到的。在 MATLAB 中，这种调配是用一个三维向量 [*R G B*] 实现的，其中 *R*、*G*、*B* 的值代表 3 种颜色之间的相对亮度，它们的取值范围均在 0 ~ 1 之间。表 5-30 中列出了一些常用的颜色调配方案。

表 5-30　颜色调配表

调配矩阵	颜　色	调配矩阵	颜　色
[1 1 1]	白色	[1 1 0]	黄色
[1 0 1]	洋红色	[0 1 1]	青色
[1 0 0]	红色	[0 0 1]	蓝色
[0 1 0]	绿色	[0 0 0]	黑色
[0.5 0.5 0.5]	灰色	[0.5 0 0]	暗红色
[1 0.62 0.4]	肤色	[0.49 1 0.83]	碧绿色

在 MATLAB 中，控制及实现这些颜色调配的主要命令为 colormap，它的使用格式见表 5-31。

表 5-31　colormap 命令的使用格式

调用格式	说　　明
colormap([R G B])	设置当前色图为由矩阵 [R G B] 所调配出的颜色
colormap map	将当前图窗的颜色图设置为预定义的颜色图之一
colormap('default')	设置当前色图为默认颜色
cmap = colormap	获取当前色的调配矩阵
cmap = colormap(target)	返回 target 指定的图窗、坐标区或图的颜色图

利用调配矩阵来设置颜色是很麻烦的。为了使用方便，MATLAB 提供了几种常用的色图。表 5-32 给出了这些色图名称及调用函数。

表 5-32　色图名称及调用函数

调 用 函 数	色 图 名 称	调 用 函 数	色 图 名 称
autumn	红色黄色阴影色图	jet	hsv 的一种变形（以蓝色开始和结束）
bone	带一点蓝色的灰度色图	lines	线性色图
colorcube	增强立方色图	pink	粉红色图
cool	青红浓淡色图	prism	光谱色图
copper	线性铜色	spring	洋红黄色阴影色图
flag	红、白、蓝、黑交错色图	summer	绿色黄色阴影色图
gray	线性灰度色图	white	全白色图
hot	黑、红、黄、白色图	winter	蓝色绿色阴影色图
hsv	色彩饱和色图（以红色开始和结束）		

例 5-5：曲线修饰。

1. 设计画布环境设置

（1）启动 App 界面

1）在命令行窗口中输入下面的命令。

```
>>appdesigner
```

2）弹出"App 设计工具首页"界面，选择"可自动调整布局的两栏式 App"，进入 App Designer 图形窗口，默认名称为 app1. mlapp，进行界面设计。

（2）显示组件属性

在设计画布左侧面板中放置"按钮"组件 Button，在左侧栏中放置按钮，在"组件浏览器"侧栏中显示组件的属性。

◆ 在 Text（文本）文本框中输入"添加标题"。

◆ 在 FontSize（字体大小）文本框输入字体大小"15"。

◆ 在 FontWeight（字体粗细）选项单击"加粗"按钮 B。

同样的方法，创建按钮"添加包络线""添加分隔线""添加图例"。

（3）设置组件属性

在设计画布中放置"滑块"组件 Slider，设置该组件的属性。

◆ 在"标签"文本框中输入"缩放比例"。

◆ 在 FontSize（字体大小）文本框输入字体大小"15"。

◆ 在 FontWeight（字体粗细）选项中单击"加粗"按钮 B。

◆ 在 Value（值）文本框输入初始值"1"。

◆ 在 Limits（范围）文本框输入"0.2　2"。

（4）控制组件显示

在设计画布右侧面板中放置"坐标区"组件 UIAxes，设置该组件的属性。选择对象，单击"水平应用"按钮 或"垂直应用"按钮 ，控制相邻组件之间的水平、垂直间距。

（5）保存文件

单击"保存"按钮 ，系统生成以 . mlapp 为扩展名的文件，在弹出的对话框中输入文件名

称"Curve_ modificationPlot. mlapp",
完成文件的保存,界面设计结果如
图 5-17 所示。

2. 代码编辑

(1) 定义辅助函数

在代码视图中"代码浏览器"
选项卡下选择"函数"选项卡,单
击 按钮,添加"私有函数",
自动在"代码视图"编辑区添加函
数,代码如下所示。

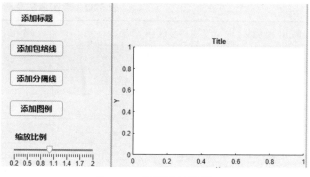

图 5-17　界面设计结果

```
methods (Access = private)

        function results = func(app)

        end
    end
```

定义辅助函数中添加的 updateplot 函数,代码如下所示。

```
function updateplot(app)
        % 定义曲线参数
        x = (0:pi/100:2 * pi)';
        y1 = 2 * exp( - 0.5 * x). * cos(2 * pi * x);
        y2 = 2 * exp( - 0.5 * x) * [1, - 1];
        % 绘制曲线
        plot(app. UIAxes,x,y2);
        hold on
        plot(app. UIAxes,x,y1);
end
```

(2) 添加初始参数

在"组件浏览器"中选择 app. UIFigure,单击右键选择"回调"→"添加 startupFcn 回调"
命令,自动转至"代码视图",添加回调函数 startupFcn,代码如下所示。

```
% Code that executes after component creation
        function startupFcn(app)

        end
```

在 functionstartupFcn（app）函数下添加函数,代码如下所示。

```
function startupFcn(app)
updateplot(app)
hold(app. UIAxes)
    end
```

（3）添加"添加标题"按钮回调函数

在设计画布中"绘图"按钮上单击右键选择"回调"→"添加 ButtonPushedFcn 回调"命令，自动转至"代码视图"，添加回调函数 ButtonPushed，代码如下所示。

```
% Button pushed function: Button
function ButtonPushed(app, event)


   end
```

在 functionButtonPushed（app，event）函数下添加函数，代码如下所示。

```
function ButtonPushed(app, event)
% 添加标题
   title(app.UIAxes,'函数曲线','FontSize',30)
   % 添加 X、Y 坐标轴标签
   xlabel(app.UIAxes,'xValue')
   ylabel(app.UIAxes,'yValue')
      end
```

（4）添加"添加包络线"按钮回调函数

在设计画布中"绘图"按钮上单击右键选择"回调"→"添加 ButtonPushedFcn 回调"命令，自动转至"代码视图"，添加回调函数 Button_ 2Pushed，代码如下所示。

```
% Button pushed function: Button_2
function Button_2Pushed(app, event)



   end
```

在 function Button_ 2Pushed（app，event）函数下添加函数，代码如下所示。

```
function Button_2Pushed(app, event)
updateplot(app);
hold(app.UIAxes)
   end
```

（5）添加"添加分隔线"按钮回调函数

在设计画布中"绘图"按钮上单击右键选择"回调"→"添加 ButtonPushedFcn 回调"命令，自动转至"代码视图"，添加回调函数 Button_ 3Pushed，代码如下所示。

```
% Button pushed function: Button_3
function Button_3Pushed(app, event)


end
```

在 function Button_ 3Pushed（app，event）函数下添加函数，代码如下所示。

```
function Button_3Pushed(app, event)
   % 转换分隔线显示与否的状态
   grid(app.UIAxes)
end
```

（6）添加"添加图例"按钮回调函数

在设计画布中"绘图"按钮上单击右键选择"回调"→"添加 ButtonPushedFcn 回调"命令，自动转至"代码视图"，添加回调函数 Button_ 4Pushed，代码如下所示。

```
% Button pushed function: Button_4
function Button_4Pushed(app, event)


end
```

在 function Button_ 4Pushed（app，event）函数下添加函数，代码如下所示。

```
function Button_4Pushed(app, event)
% 定义坐标系显示
axis(app.UIAxes,[0 10 -4 5]);
% 添加图例
legend(app.UIAxes,'L1','L2','L3','L4')
end
```

（7）添加"缩放比例"滑块回调函数

在设计画布中"缩放比例"滑块上单击右键选择"回调"→"添加 ValueChangingFcn 回调"命令，自动转至"代码视图"，添加回调函数 SliderValueChanging，代码如下所示。

```
% Value changing function: Slider
    function SliderValueChanging(app, event)
        changingValue = event.Value;


end
```

在 functionSliderValueChanging（app，event）函数下添加函数，代码如下所示。

```
% Value changing function: Slider
    function SliderValueChanging(app, event)
% 根据滑块滑动值设置曲线缩放比例
    changingValue = event.Value;
    zoom(app.UIAxes,changingValue);
    end
```

3. 程序运行

1）单击工具栏中的"运行"按钮▶，在坐标系绘制曲线，如图 5-18 所示。

2）单击"添加标题"按钮，在坐标系曲线上添加标题，结果如图 5-19 所示。

3）单击"添加包络线"，在绘制的曲线两侧添加包络线，结果如图 5-20 所示。

4）单击"添加分隔线"，坐标系中添加分隔线与坐标轴名称，结果如图 5-21 所示。

5）单击"添加图例"，在绘制的坐标区为曲线添加图例并设置坐标系范围，结果如图 5-22 所示。

6）滑动"缩放比例"，坐标系中出现曲线变化，结果如图 5-23 所示。

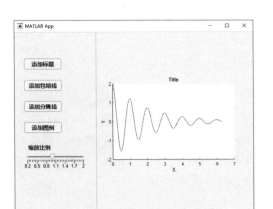

图 5-18 绘制曲线

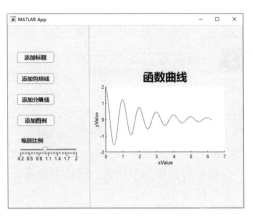

图 5-19 添加标题

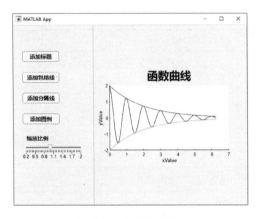

图 5-20 添加包络线

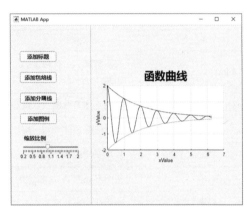

图 5-21 添加分隔线与坐标轴名称

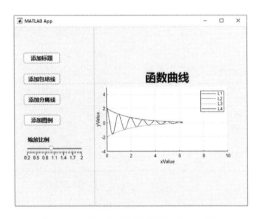

图 5-22 添加图例并设置坐标系范围

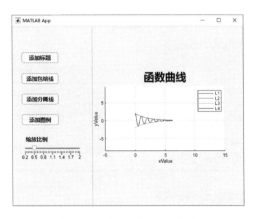

图 5-23 滑动"缩放比例"

5.4 三维绘图命令

为了显示三维图形，MATLAB 提供了各种各样的函数。有一些函数可在三维空间中画线，而另一些可以画曲面与线格框架。另外，颜色可以用来代表第四维。当颜色以这种方式使用时，它不但不再具有像照片中那样显示色彩的自然属性，而且也不具有基本数据的内在属性，所以把它称作为彩色。本章主要介绍三维图形的作图方法和效果。

5.4.1 三维曲线绘图命令

1. plot3 命令

plot3 命令是二维绘图 plot 命令的扩展，因此它们的使用格式也基本相同，只是 plot3 在参数中多加了一个第三维的信息。例如，$plot(x,y,s)$ 与 $plot3(x,y,z,s)$ 的意义是一样的，前者绘的是二维图，后者绘的是三维图，后面的参数 s 也是用来控制曲线的类型、粗细、颜色等的。因此，这里不给出它的具体使用格式，读者可以按照 plot 命令的格式来学习。

2. fplot3 命令

同二维情况一样，三维绘图里也有一个专门绘制三维参数化曲线的绘图命令 fplot3，该命令的使用格式见表 5-33。

表 5-33　fplot3 命令的使用格式

调 用 格 式	说　　明
$fplot3(x,y,z)$	在系统默认的区域 $x \in (-5,5)$，$y \in (-5,5)$ 上画出空间曲线 $x = x(t)$，$y = y(t)$，$z = z(t)$ 的图形
$fplot3\ (x,y,z,[a,b])$	绘制上述参数曲线在区域 t 指定为 $[a\ b]$ 上的三维网格图
$fplot3(\ldots,LineSpec)$	设置三维曲线线型、标记符号和线条颜色
$fplot3(\ldots,Name,Value)$	使用一个或多个名称 – 值对组参数指定线条属性
$fplot3(ax,\cdots)$	将图形绘制到 ax 指定的坐标区中，而不是当前坐标区中
$fp = fplot3(\ldots)$	使用此对象查询和修改特定线条的属性

3. patch 绘图命令

patch 命令还可用于创建一个或多个二维或三维填充多边形，该命令填充三维多边形的主要使用格式见表 5-34。

表 5-34　patch 命令的使用格式

调 用 格 式	说　　明
$patch(X,Y,Z,C)$	使用 X、Y 和 Z 在三维坐标中创建三维多边形
$patch('XData',X,'YData',$ $Y,'ZData',Z)$	不需要为三维坐标指定颜色数据

4. fill3 绘图命令

fill3 命令用于创建单一着色多边形和 Gouraud 着色多边形，该命令的主要使用格式见表 5-35。

表 5-35　fill3 命令的使用格式

调 用 格 式	说　　明
$fill3(X,Y,Z,C)$	填充三维多边形。X、Y 和 Z 三元组指定多边形顶点。C 指定颜色，为当前颜色图索引的向量或矩阵
$fill3(X,Y,Z,ColorSpec)$	ColorSpec 指定颜色

（续）

调用格式	说　　明
fill3(X1,Y1,Z1,C1,X2,Y2,Z2,C2,…)	指定多个三维填充区
fill3(…,'PropertyName',PropertyValue)	为特定的补片属性设置值
fill3(ax,…)	为特定的补片属性设置值
h = fill3(…)	返回由补片对象构成的向量

例 **5-6**：绘制三维曲线图。

1. 设计画布环境设置

（1）启动 App 界面

1）在命令行窗口中输入下面的命令。

```
>>appdesigner
```

2）弹出"App 设计工具首页"界面，选择"可自动调整布局的两栏式 App"，进入 App Designer 图形窗口，默认名称为 app1.mlapp，进行界面设计。

（2）编辑组件文本属性

在设计画布左侧面板中放置"编辑字段（文本）"组件 EditField，在中间面板中放置字段，在"组件浏览器"侧栏中显示组件的属性。

◆ 在"标签"文本框中输入"x""y""z"。

◆ 在 Value（值）文本框中输入"sin（t）""cos（t）""cos（z＊t）"。

◆ 在 FontSize（字体大小）文本框中输入字体大小"20"。

◆ 在 FontWeight（字体粗细）选项单击"加粗"按钮 **B** 。

（3）编辑组件数值属性

在组件库中选中"编辑字段（数值）"组件 EditField，在设计画布左侧面板中放置字段，在"组件浏览器"侧栏中显示组件的属性。

◆ 在"标签"文本框中输入"Line"。

◆ 在 Value（值）文本框中输入"2"。

◆ 在 FontSize（字体大小）文本框中输入字体大小"20"。

◆ 在 FontWeight（字体粗细）选项单击"加粗"按钮 **B** 。

（4）显示组件属性

在设计画布左侧面板中放置"按钮"组件 Button，在左侧栏中放置按钮，在"组件浏览器"侧栏中显示组件的属性。

◆ 在 Text（文本）文本框中输入"Title"。

◆ 在 FontSize（字体大小）文本框中输入字体大小"20"。

◆ 在 FontWeight（字体粗细）选项单击"加粗"按钮 **B** 。

（5）设置组件属性

在设计画布中放置"下拉框"组件 DropDown，设置该组件的属性。

◆ 在"标签"文本框中输入"曲线颜色"。

◆ 在 FontSize（字体大小）文本框中输入字体大小"15"。

◆ 在 FontWeight（字体粗细）选项单击"加粗"按钮 B。

◆ 在"下拉框"下设置：Items（选择项）分别为"蓝""红""绿""黄"；ItemsData（选择项数据）分别为 b、r、g、y；Value（值）为 b，如图 5-24 所示。

图 5-24   "下拉框"设置

（6）控制组件显示

在设计画布右侧面板中放置"坐标区"组件 UIAxes，设置该组件的属性；选择对象，单击"水平应用"按钮 或"垂直应用"按钮 ，控制相邻组件之间的水平、垂直间距。

（7）保存文件

单击"保存"按钮 ，系统生成以 .mlapp 为扩展名的文件，在弹出的对话框中输入文件名称"graph _plot3d. mlapp"，完成文件的保存，界面设计结果如图 5-25 所示。

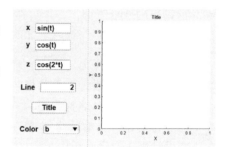

图 5-25   界面设计结果

2. 代码编辑

（1）定义辅助函数

在代码视图中"代码浏览器"选项卡下选择"函数"选项卡，单击 按钮，添加"私有函数"，自动在"代码视图"编辑区添加函数，代码如下所示。

```
methods (Access = private)

        function results = func(app)

        end
end
```

定义辅助函数中添加的 CreatMa，代码如下所示。

```
function CreatMa(app)
clear x y z
% 定义自变量 t 的值
t = -10 * pi:pi/250:10 * pi;
% 获取编辑字段的值
x = app. xEditField. Value;
y = app. yEditField. Value;
z = app. zEditField. Value;
%将字符串转换为字符,计算 matlab 表达式
x = eval(str2sym(x));
y = eval(str2sym(y));
```

```
z = eval(str2sym(z));
% 绘制三维曲线
pl = plot3(app.UIAxes,x,y,z);
% 通过微调器控制曲线线宽
pl.LineWidth = app.LineEditField.Value;
% 通过下拉列表控制曲线颜色
pl.Color = app.DropDown.Value;
end
```

（2）添加初始参数

在"组件浏览器"中选择 app. UIFigure，单击右键选择"回调"→"添加 startupFcn 回调"命令，自动转至"代码视图"，添加回调函数 startupFcn，代码如下所示。

```
% Code that executes after component creation
    function startupFcn(app)

    end
```

在 functionstartupFcn（app）函数下添加函数，代码如下所示。

```
function startupFcn(app)
    % 调用函数显示绘制的三维曲线
    CreatMa(app);
end
```

（3）添加 Line 微调器回调函数

在设计画布中"曲线颜色"下拉框上单击右键选择"回调"→"添加 ValueChangedFcn 回调"命令，自动转至"代码视图"，添加回调函数 LineEditFieldValueChanged，代码如下所示。

```
% Value changed function:LineEditField
    function LineEditFieldValueChanged(app, event)
        value =   app.LineEditField.Value;

    end
```

在 function LineEditFieldValueChanged（app，event）函数下添加函数，代码如下所示。

```
function LineEditFieldValueChanged(app, event)
    % 通过"Line"微调器控制曲线线宽
    CreatMa(app);
end
```

（4）添加 Title 按钮回调函数

在设计画布中的 Title 按钮上单击右键选择"回调"→"添加 ButtonPushedFcn 回调"命令，自动转至"代码视图"，添加回调函数 TitleButtonPushed，代码如下所示。

```
% Value changed function:TitleButton
    function TitleButtonPushed (app, event)

    end
```

在 function TitleButtonPushed（app, event）函数下添加函数，代码如下所示。

```
function TitleButtonPushed(app, event)
        % 添加标题
        title(app. UIAxes,'空间线','FontSize',30)
        % 添加坐标轴标签
        xlabel(app. UIAxes,'sin(t)')
        ylabel(app. UIAxes,'cos(t)')
        zlabel(app. UIAxes,'cos(2* t)')
end
```

（5）添加 Color 下拉框回调函数

在设计画布中"曲线颜色"下拉框上单击右键选择"回调"→"添加 ValueChangedFcn 回调"命令，自动转至"代码视图"，添加回调函数 ColorDropDownValueChanged，代码如下所示。

```
% Value changed function:ColorDropDown
        function ColorDropDownValueChanged(app, event)
            value =   app. ColorDropDown. Value;

        end
```

在 function ColorDropDownValueChanged（app, event）函数下添加函数，代码如下所示。

```
function ColorDropDownValueChanged(app, event)
        % 通过"Color"下拉列表控制曲线颜色
        CreatMa(app);
end
```

3. 程序运行

1）单击工具栏中的"运行"按钮 ▶，在运行界面默认显示三维曲线图，如图 5-26 所示。

2）修改 Line 解调器为 6，调整曲线线宽，结果如图 5-27 所示。

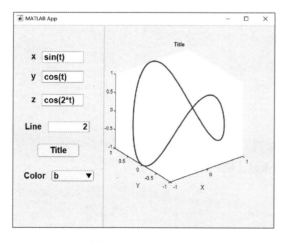

图 5-26　单击"运行"按钮显示运行结果

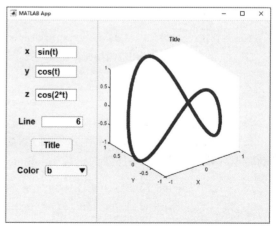

图 5-27　调整曲线线宽

3）在 Color 下拉列表中选择 r，曲线显示为红色，结果如图 5-28 所示。

单击 Title 按钮，坐标区添加标题，结果如图 5-29 所示。

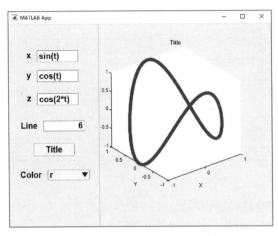

图 5-28 曲线显示为红色

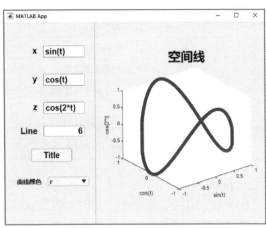

图 5-29 添加标题

5.4.2 三维网格命令

1. meshgrid 命令

在 MATLAB 中 meshgrid 命令用来生成二元函数 $z = f(x, y)$ 中 XY 平面上的矩形定义域中数据点矩阵 X 和 Y，或者是三元函数 $u = f(x, y, z)$ 中立方体定义域中的数据点矩阵 X、Y 和 Z。它的使用格式也非常简单，见表 5-36。

表 5-36 meshgrid 命令的使用格式

调用格式	说　明
$[X, Y] = \text{meshgrid}(x, y)$	向量 X 为 XY 平面上矩形定义域的矩形分割线在 X 轴的值，向量 Y 为 XY 平面上矩形定义域的矩形分割线在 Y 轴的值。输出向量 X 为 XY 平面上矩形定义域的矩形分割点的横坐标值矩阵，输出向量 Y 为 XY 平面上矩形定义域的矩形分割点的纵坐标值矩阵
$[X, Y] = \text{meshgrid}(x)$	等价于形式 $[X, Y] = \text{meshgrid}(x, x)$
$[X, Y, Z] = \text{meshgrid}(x, y, z)$	向量 X 为立方体定义域在 X 轴上的值，向量 Y 为立方体定义域在 Y 轴上的值，向量 Z 为立方体定义域在 Z 轴上的值。输出向量 X 为立方体定义域中分割点的 X 轴坐标值，Y 为立方体定义域中分割点的 Y 轴坐标值，Z 为立方体定义域中分割点的 Z 轴坐标值
$[X, Y, Z] = \text{meshgrid}(x)$	与 $[X, Y, Z] = \text{meshgrid}(x, x, x)$ 相同，返回网格大小为 $\text{length}(x) \times \text{length}(x) \times \text{length}(x)$ 的三维网格坐标

2. mesh 命令

该命令生成的是由 X、Y 和 Z 指定的网线面，而不是单根曲线，它的主要使用格式见表 5-37。

表 5-37 mesh 命令的使用格式

调用格式	说　明
$\text{mesh}(X, Y, Z)$	绘制三维网格图，颜色和曲面的高度相匹配。若 X 与 Y 均为向量，且 $\text{length}(X) = n$，$\text{length}(Y) = m$，而 $[m, n] = \text{size}(Z)$，空间中的点 $(X(j), Y(i), Z(i, j))$ 为所画曲面网线的交点；若 X 与 Y 均为矩阵，则空间中的点 $(X(i, j), Y(i, j), Z(i, j))$ 为所画曲面的网线的交点

(续)

调用格式	说　明
mesh(Z)	生成的网格图满足 $X = 1$：n 与 $Y = 1$：m，$[n,m] = size(Z)$，其中 Z 为定义在矩形区域上的单值函数
mesh(Z,C)	同 mesh(Z)，只不过颜色由 C 指定
mesh(ax,…)	将图形绘制到 ax 指定的坐标区中
mesh(…,'PropertyName', PropertyValue,…)	对指定的属性 PropertyName 设置属性值 PropertyValue，可以在同一语句中对多个属性进行设置
mesh(axes_handles,…)	将图形绘制到带有句柄 axes_handle 的坐标区中，而不是当前坐标区（gca）中
h = mesh(…)	返回图形对象句柄

3. peaks 命令

在 MATLAB 中，提供了一个演示函数 peaks，该函数是从高斯分布转换和缩放得来的包含两个变量的函数，用来产生一个山峰曲面的函数，它的主要使用格式见表 5-38。

表 5-38　peaks 命令的使用格式

调用格式	说　明
Z = peaks;	返回一个 49×49 矩阵
Z = peaks(n);	返回一个 $n \times n$ 矩阵
Z = peaks(V);	返回一个 $n \times n$ 矩阵，其中 $n = length(V)$
Z = peaks(X,Y);	在给定的 X 和 Y（必须大小相同）处计算 peaks 并返回大小相同的矩阵
peaks(…)	使用 surf 绘制 peaks 函数
[X,Y,Z] = peaks(…);	返回另外两个矩阵 X 和 Y 用于参数绘图

4. fmesh 命令

该命令专门用来绘制符号函数 $f(x,y)$（即 f 是关于 x、y 的数学函数的字符串表示）的三维网格图，它的使用格式见表 5-39。

表 5-39　fmesh 命令的使用格式

调用格式	说　明
fmesh(f)	绘制 f 在系统默认区域 $x \in (-5,5)$，$y \in (-5,5)$ 内的三维网格图
fmesh(f,[a,b])	绘制 f 在区域 $x \in (a,b)$，$y \in (a,b)$ 内的三维网格图
fmesh(f,[a,b,c,d])	绘制 f 在区域 $x \in (a,b)$，$y \in (c,d)$ 内的三维网格图
fmesh(x,y,z)	绘制参数曲面 $x = x(s,t)$，$y = y(s,t)$，$z = z(s,t)$ 在系统默认的区域 $s \in [-5\ \ 5]$，$t \in [-5\ \ 5]$ 内的三维网格图
fmesh(x,y,z,[a,b])	绘制上述参数曲面在 $s \in [a\ \ b]$，$t \in [a\ \ b]$ 内的三维网格图
fmesh(x,y,z,[a,b,c,d])	绘制上述参数曲面在 $x \in s \in [a\ \ b]$，$t \in [c\ \ d]$ 内的三维网格图
fmesh(…,LineSpec)	设置网格的线型、标记符号和颜色
fmesh(…,Name,Value)	使用一个或多个名称 – 值对组参数指定网格的属性
fmesh(ax,…)	将图形绘制到 ax 指定的坐标区中，而不是当前坐标区（gca）中
fs = fmesh(…)	使用 fs 来查询和修改特定曲面的属性

例5-7：创建带网格线的三维表面图。

1. 设计画布环境设置

（1）启动App界面

1）在命令行窗口中输入下面的命令。

```
>>appdesigner
```

2）弹出"App设计工具首页"界面，选择"可自动调整布局的三栏式App"，进入App Designer图形窗口，默认名称为app1.mlapp，进行界面设计。

（2）编辑组件文本属性

在设计画布中放置"滑块"组件Slider，设置该组件的属性。

◆ 在"标签"文本框中输入"Width"。

◆ 在FontSize（字体大小）文本框中输入字体大小"15"。

◆ 在FontWeight（字体粗细）选项单击"加粗"按钮B。

◆ 在Value（值）文本框中输入初始值"1"。

◆ 在Limits（范围）文本框中输入"1 10"。

（3）显示组件属性

在设计画布左侧面板中放置"面板"组件Panel，在右侧栏中放置面板，在"组件浏览器"侧栏中显示组件的属性。

◆ 在Title（标题）文本框中输入"Color"。

◆ 在FontSize（字体大小）文本框中输入字体大小"30"。

◆ 在FontWeight（字体粗细）选项单击"加粗"按钮B。

（4）设置微调器

在设计画布左侧面板中的"Color"面板中放置3个微调器，在"组件浏览器"侧栏中设置组件的属性。选中三个微调器，单击鼠标右键选择快捷命令"组合"→"组合"命令，组合组件，结果如图5-30所示。

◆ 在"标签"文本框中输入"r""g""b"。

◆ 在FontSize（字体大小）文本框中输入字体大小"20"。

◆ 在FontWeight（字体粗细）选项单击"加粗"按钮B。

◆ 在Value（值）文本框中输入初始值"0.1"。

◆ 在Limits（范围）文本框中输入"0，1"。

◆ 在Step（增量）文本框中输入增量"0.1"。

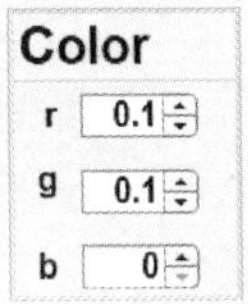

图5-30 组件设计结果

（5）创建按钮

在设计画布右侧面板中放置"按钮"组件Button，在左侧栏中放置按钮，在"组件浏览器"侧栏中显示组件的属性。

◆ 在Text（文本）文本框中输入"Title"。

◆ 在FontSize（字体大小）文本框中输入字体大小"20"。

◆ 在FontWeight（字体粗细）选项单击"加粗"按钮B。

以同样的方法，创建按钮"Label"。

（6）控制组件显示

在设计画布中间面板中放置"坐标区"组件UIAxes，设置该组件的属性；选择对象，单击"水平应用"按钮 或"垂直应用"按钮 ，控制相邻组件之间的水平、垂直间距。

（7）保存文件

单击"保存"按钮 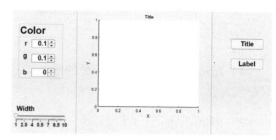，系统生成以 .mlapp 为扩展名的文件，在弹出的对话框中输入文件名称"Graph_ gridPlot. mlapp"，完成文件的保存，界面设计结果如图 5-31 所示。

图 5-31　界面设计结果

2. 代码编辑

（1）定义辅助函数

在代码视图中"代码浏览器"选项卡下选择"函数"选项卡，单击 ➕▾ 按钮，添加"私有函数"，自动在"代码视图"编辑区添加函数，代码如下所示。

```
methods (Access = private)

        function results = func(app)

        end
end
```

定义辅助函数中添加的 updateplot 函数，代码如下所示。

```
function updateplot(app)
% 绘制三维曲线
syms x y
f = x * cos(x). * y. * sin(y);
plotline = fmesh(app. UIAxes, f, [0, 20 * pi]);
r = app. rSpinner. Value;
g = app. gSpinner. Value;
b = app. bSpinner. Value;
% 设置曲线轮廓颜色
plotline. EdgeColor = [r g b];
% 设置曲线线宽
plotline. LineWidth = app. WidthSlider. Value;
end
    end
```

（2）添加初始参数

在"组件浏览器"中选择 app. UIFigure，单击右键选择"回调"→"添加 startupFcn 回调"命令，自动转至"代码视图"，添加回调函数 startupFcn，代码如下所示。

```
function startupFcn(app)
    updateplot(app)
    end
```

（3）添加多个组件回调函数

在"代码浏览器"侧栏"回调"选项卡下单击"添加"按钮 ➕，弹出"添加回调函数"对话框，为组件 WidthSlider、bSpinner、gSpinner、rSpinner 添加回调 ValueChangedFcn，函数名称为cValueChanged，代码如下所示。

```
% Value changed function:WidthSlider, bSpinner, gSpinner,
    % rSpinner
    function cValueChanged(app, event)
        updateplot(app)
    end
```

（4）定义曲线参数

1）添加 Title 按钮回调函数。在设计画布中的 Title 按钮上单击右键选择"回调"→"添加 ButtonPushedFcn 回调"命令，自动转至"代码视图"，添加回调函数 TitleButtonPushed，编辑后代码如下所示。

```
function TitleButtonPushed(app, event)
% 添加标题
    title(app. UIAxes,'带网格线的三维表面图','FontSize',30)
    end
```

2）添加"Label"按钮回调函数。在设计画布中"绘图"按钮上单击右键选择"回调"→ "添加 ButtonPushedFcn 回调"命令，自动转至"代码视图"，添加回调函数 LabelButtonPushed，编辑后代码如下所示。

```
function LabelButtonPushed(app, event)
% 添加 X、Y、Z 坐标轴标签
    xlabel(app. UIAxes,'xValue','FontSize',15)
    ylabel(app. UIAxes,'yValue','FontSize',15)
    zlabel(app. UIAxes,'zValue','FontSize',15)
end
```

3. 程序运行

1）单击工具栏中的"运行"按钮 ▶，显示在坐标系绘制的三维曲面，如图 5-32 所示。

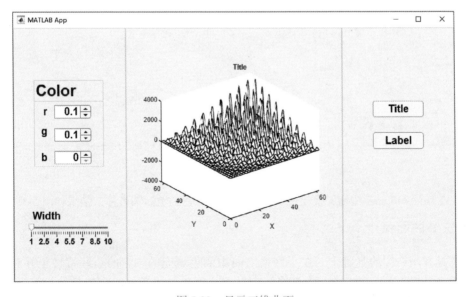

图 5-32   显示三维曲面

2）在 Color 面板下设置 r、g、b 数值，调整三维曲面轮廓颜色，结果如图 5-33 所示。

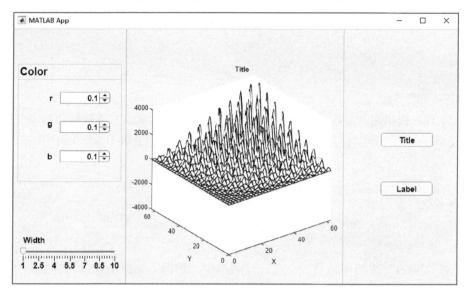

图 5-33　调整颜色

3）在 Width 滑块上来回移动调整线宽，结果如图 5-34 所示。

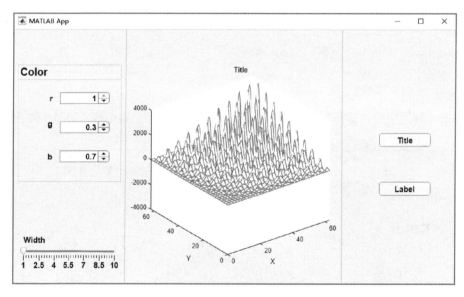

图 5-34　调整线宽

4）单击 Title 和 Label 按钮，在绘制的曲线上添加标题区坐标轴名称，结果如图 5-35 所示。

5.4.3 三维曲面命令

曲面图是在网格图的基础上，在小网格之间用颜色填充的。它的一些特性正好和网格图相反，它的线条是黑色的，线条之间有颜色；而在网格图里，线条之间是黑色的，而线条有颜色。在曲面图里，人们不必考虑像网格图一样隐蔽线条，但要考虑用不同的方法给表面加色彩。

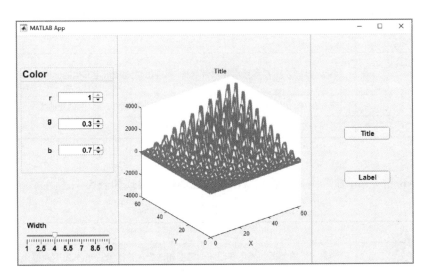

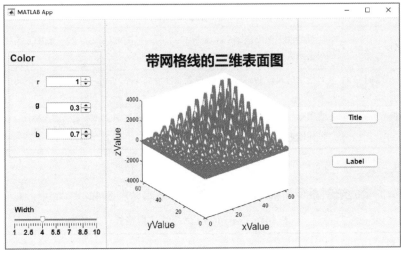

图 5-35 · 运行结果

1. surface 命令

在 MATLAB 中 surface 命令用来创建曲面图形对象，获取将每个元素的行和列索引用作 x 和 y 坐标、将每个元素的值用作 z 坐标而创建的矩阵数据，显示曲面图。它的使用格式也非常简单，见表 5-40。

表 5-40　surface 命令的使用格式

调用格式	说　　明
surface(Z)	绘制由矩阵 Z 指定的曲面
surface(Z,C)	绘制由 Z 指定的曲面并根据 C 中的数据对该曲面着色
surface(X,Y,Z)	使用 $C = Z$，因此颜色与 $X - Y$ 平面之上的曲面高度成比例
surface(X,Y,Z,C)	绘制由 X、Y 和 Z 指定的参数曲面，并使用由 C 指定的颜色进行着色
surface(x,y,Z) surface(x,y,Z,C)	将前两个矩阵参数替换为向量，且必须具有 length $(x) = n$ 和 length $(y) = m$，其中 $[m,n] = \mathrm{size}(Z)$。曲面的各个面的顶点是三元素向量 $(x(j),y(i),Z(i,j))$

（续）

调用格式	说　明
surface(…' PropertyName ', PropertyValue,…)	将 **X**、**Y**、**Z** 和 **C** 参数后接属性名称/属性值对组来指定其他曲面属性
surface(ax,…)	将在由 ax 指定的坐标区中，而不是在当前坐标区（gca）中创建曲面
h = surface(…)	返回一个基本曲面对象

2. surf 命令

在 MATLAB 中，surf 命令用来创建三维曲面，它的使用格式如表 5-41 所示。

表 5-41　surf 命令的使用格式

调用格式	说　明
surf(X,Y,Z)	绘制三维曲面图，颜色和曲面的高度相匹配。该函数将矩阵 **Z** 中的值绘制为由 **X** 和 **Y** 定义的 $X-Y$ 平面中的网格上方的高度。函数还对颜色数据使用 **Z**，因此颜色与高度成比例
surf(X,Y,Z,c)	同 surf(**X**,**Y**,**Z**)，只不过颜色由 c 指定
surf = (Z)	生成的曲面图满足 $X=1:n$ 与 $Y=1:m$，$[n,m]=\text{size}(Z)$，其中 **Z** 为定义在矩形区域上的单值函数
surf(…,' PropertyName ', PropertyValue,…)	对指定的属性 PropertyName 设置属性值 PropertyValue，可以在同一语句中对多个属性进行设置
surf(axes_handles,…)	将图形绘制到带有句柄 axes_handle 的坐标区中，而不是当前坐标区（gca）中
h = surf(…)	返回图形对象句柄

3. surfnorm 命令

三维曲面法向量的绘制命令是 surfnorm，它的使用格式见表 5-42。

表 5-42　surfnorm 命令的使用格式

调用格式	说　明
surfnorm(Z)	使用 surf 绘制矩阵 **Z** 的曲面并将其曲面法向量显示为辐射向量
surfnorm(X,Y,Z)	从向量或矩阵 **X**、**Y** 和矩阵 **Z** 绘制一个曲面及其曲面法向量。**X**、**Y** 和 **Z** 的大小必须相同
surfnorm(axes_handle,…)	将图形绘制到 axes_handle 而不是 gca 中
surfnorm(…,Name,Value)	设置指定的 Surface 属性的值
[Nx,Ny,Nz] = surfnorm(…)	返回曲面的三维曲面法向量的分量，不绘制曲面或曲面法向量

4. fsurf 命令

该命令专门用来绘制符号函数 $f(x,y)$（即 f 是关于 x、y 的数学函数的字符串表示）的表面图形，它的使用格式见表 5-43。

表 5-43　fsurf 命令的使用格式

调用格式	说　明
fsurf(f)	绘制 f 在系统默认区域 $x\in[-5\ \ 5]$，$y\in[-5\ \ 5]$ 内的三维表面图
fsurf(f,[a,b])	绘制 f 在区域 $x\in(a,b)\,y\in(a,b)$ 内的三维表面图

（续）

调用格式	说　明
fsurf(f,[a,b,c,d])	绘制 f 在区域 $x \in (a,b)$ $y \in (c,d)$ 内的三维表面图
fsurf(x,y,z)	绘制参数曲面 $x = x(s,t)$，$y = y(s,t)$，$z = z(s,t)$ 在系统默认的区域 $s \in [-5\ \ 5]$，$t \in [-5\ \ 5]$ 内的三维表面图
fsurf(x,y,z,[a,b])	绘制上述参数曲面在 $x \in (a,b)$，$y \in (a,b)$ 内的三维表面图
fsurf(x,y,z,[a,b,c,c])	绘制上述参数曲面在 $x \in (a,b)$，$y \in (c,d)$ 内的三维表面图
fsurf(…,LineSpec)	设置网格的线型、标记符号和颜色
fsurf(…,Name,Value)	使用一个或多个名称–值对组参数指定网格的属性
fsurf(ax,…)	将图形绘制到 ax 指定的坐标区中，而不是当前坐标区 gca 中
fs = fsurf(…)	使用 fs 来查询和修改特定曲面的属性

例 5-8：绘制三维图。

针对下面的函数 $f(x,y) = -\sqrt{x^2 + y^2}$ 绘制不同命令的三维图。

1. 设计画布环境设置

（1）启动 App 界面

1）在命令行窗口中输入下面的命令。

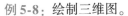

```
>>appdesigner
```

2）弹出 "App 设计工具首页" 界面，选择 "可自动调整布局的两栏式 App"，进入 App Designer 图形窗口，默认名称为 app1. mlapp，进行界面设计。

（2）设置单选按钮组件

在设计画布左侧面板中放置 "单选按钮组" 组件 ButtonGroup，在右侧栏中放置按钮组，在 "组件浏览器" 侧栏中显示组件的属性。

◆ 在 "标签" 文本框中输入 "三维图"，在 FontSize（字体大小）文本框输入字体大小 "30"。

◆ 在每个按钮的 Text（文本）文本框中输入 "填充图""网格图""曲线图""曲面图""散点图"。

◆ 在 FontSize（字体大小）文本框中输入字体大小为 "20"。

◆ 在 FontWeight（字体粗细）选项下单击 "加粗" 按钮 **B**。

（3）设置滑块组件

在设计画布中放置 "滑块" 组件 Slider，设置该组件的属性。

◆ 在 "标签" 文本框中输入 "元素间隔"。

◆ 在 FontSize（字体大小）文本框中输入字体大小为 "20"。

◆ 在 FontWeight（字体粗细）选项下单击 "加粗" 按钮 **B**。

◆ 在 Value（值）文本框中输入初始值 "0.1"。

◆ 在 Limits（范围）文本框中输入 "0　1"。

（4）控制显示组件

在设计画布右侧面板中放置 "坐标区" 组件 UIAxes，设置该组件的属性；选择对象，单击

"水平应用"按钮 或"垂直应用"按钮，控制相邻组件之间的水平、垂直间距。

（5）保存文件

单击"保存"按钮 ，系统生成以 .mlapp 为扩展名的文件，在弹出的对话框中输入文件名称"grapg_ mesh. mlapp"，完成文件的保存，界面设计结果如图 5-36 所示。

2. 代码编辑

（1）定义辅助函数

在代码视图中的"代码浏览器"选项卡下选择"函数"选项卡，单击 按钮，添加"私有函数"，自动在"代码视图"编辑区添加函数，代码如下所示。

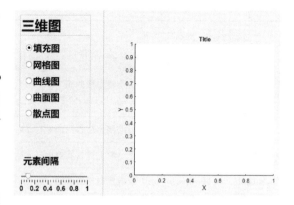

图 5-36　界面设计结果

```
methods (Access = private)

        function results = func(app)


        end
end
```

定义辅助函数中添加的 updateplot，代码如下所示。

```
function updateplot(app)
% 定义自变量 n 的值
n = app. Slider. Value;
% 创建[ -5 5]中,元素间隔为 n 的向量。
t = -5:n:5;
% 通过向量定义网格数据 x、y
[x,y] = meshgrid(t);
% 通过网格数据 x、y 定义 z
z = - sqrt(x. ^2 + y. ^2);
% 绘制三维曲线
  selectedButton = app. ButtonGroup. SelectedObject;
switch     selectedButton. Text
            case  '填充图'
            fill3(app. UIAxes,x,y,z,z);
            case  '网格图'
            mesh(app. UIAxes,x,y,z);
            case  '曲线图'
            plot3(app. UIAxes,x,y,z);
            case  '曲面图'
```

```
                    surf(app.UIAxes,x,y,z);
                otherwise
                    scatter3(app.UIAxes,x(:),y(:),z(:),'filled');
        end
    end
```

（2）添加初始参数

在"组件浏览器"中选择 app.UIFigure，单击右键选择"回调"→"添加 startupFcn 回调"命令，自动转至"代码视图"，添加回调函数 startupFcn，代码如下所示。

```
% Code that executes after component creation
        function startupFcn(app)


        end
```

在 function startupFcn（app）函数下添加函数，代码如下所示。

```
function startupFcn(app)
            % 调用函数显示绘制的三维曲线
            updateplot(app);
    end
```

（3）添加"三维图"单选按钮组回调函数

在设计画布中的"三维图"按钮上单击右键选择"回调"→"添加 ButtonGroupSelection-ChangedFcn 回调"命令，自动转至"代码视图"，添加回调函数 ButtonGroupSelectionChanged，代码如下所示。

```
% Value changed function:ButtonGroup
        function ButtonGroupSelectionChanged (app, event)


        end
```

在 function ButtonGroupSelectionChanged（app，event）函数下添加函数，代码如下所示。

```
function ButtonGroupSelectionChanged (app, event)
        updateplot(app);
    end
```

3. 程序运行

1）单击工具栏中的"运行"按钮▶，在运行界面默认显示三维填充图，如图 5-37 所示。

2）单击"网格图"按钮，绘制三维网格图，结果如图 5-38 所示。

3）单击"曲线图"按钮，绘制三维曲线图，结果如图 5-39 所示。

4）单击"曲面图"按钮，绘制三维曲面图，结果如图 5-40 所示。

5）单击"散点图"按钮，绘制三维散点图，结果如图 5-41 所示。

6）调整"元素间隔"滑动块，结果如图 5-42 所示。

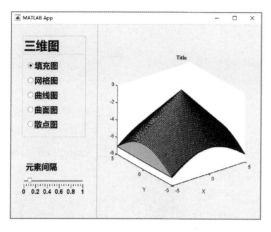

图 5-37　显示三维填充图

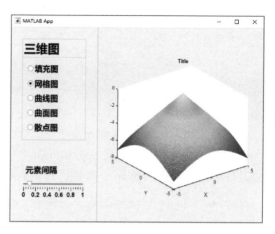

图 5-38　绘制三维网格图

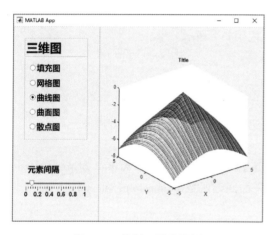

图 5-39　绘制三维曲线图

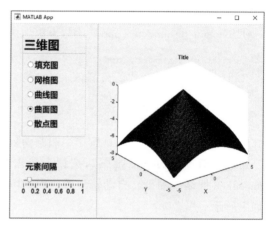

图 5-40　绘制三维曲面图

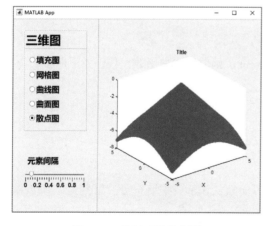

图 5-41　绘制三维散点图

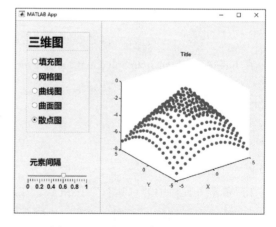

图 5-42　调整"元素间隔"滑动块

5.4.4　彗星图

彗星图是动画图，其中一个圆（彗星头部）跟踪屏幕上的数据点。彗星主体是位于头部之后的尾部。尾巴是跟踪整个函数的实线。

comet 命令用于生成二维彗星图，它的使用格式见表 5-44。

表 5-44　comet 命令的使用格式

调用格式	说　明
comet(y)	显示向量 y 的彗星图
comet(x,y)	显示向量 y 对向量 x 的彗星图
comet(x,y,p)	指定长度为 $p*length(y)$ 的彗星主体。p 默认为 0.1
comet(ax,⋯)	将图形绘制到 ax 坐标区中，而不是当前坐标区（gca）中

comet3 命令用于生成三维彗星图，它的使用格式见表 5-45。

表 5-45　comet3 命令的使用格式

调用格式	说　明
comet3(z)	显示向量 z 的三维彗星图
comet3(x,y,z)	显示经过点 $[x(i),y(i),z(i)]$ 曲线的彗星图
comet3(x,y,z,p)	指定长度为 $p*length(y)$ 的彗星主体。p 必须介于 0 和 1 之间
comet3(ax,⋯)	将图形绘制到 ax 坐标区中，而不是当前坐标区（gca）中

5.4.5　柱面与球面

在 MATLAB 中，有专门绘制柱面与球面的命令 cylinder 与 sphere，它们的使用格式也非常简单。

1. 绘制柱面

在 MATLAB 中，cylinder 命令用来绘制三维柱面，它的使用格式见表 5-46。

表 5-46　cylinder 命令的使用格式

调用格式	说　明
[X,Y,Z] = cylinder	返回一个半径为 1、高度为 1 的圆柱体的 X 轴、Y 轴、Z 轴的坐标值，圆柱体的圆周有 20 个距离相同的点
[X,Y,Z] = cylinder(r,n)	返回一个半径为 r、高度为 1 的圆柱体的 X 轴、Y 轴、Z 轴的坐标值，圆柱体的圆周有指定 n 个距离相同点
[X,Y,Z] = cylinder(r)	与 $[X,Y,Z]=cylinder(r,20)$ 等价
cylinder(axes_handle,⋯)	将图形绘制到带有句柄 axes_handle 的坐标区中，而不是当前坐标区（gca）中
cylinder(...)	没有任何的输出参量，直接画出圆柱体

例 5-9：绘制半径变化的圆柱面。

1. 设计画布环境设置

（1）启动 App 界面

1）在命令行窗口中输入下面的命令。

```
>>appdesigner
```

2）弹出"App 设计工具首页"界面，选择"可自动调整布局的两栏式 App"，进入 App Designer 图形窗口，默认名称为 app1.mlapp，进行界面设计。

（2）设置按钮组件

在设计画布左侧面板中放置"按钮"组件 Button，在左侧栏中放置按钮，在"组件浏览器"侧栏中显示组件的属性。

◆ 在 Text（文本）文本框中输入"圆柱面 1""圆柱面 2""圆柱面 3""圆柱面 4"。

◆ 在 FontSize（字体大小）文本框中输入字体大小为"20"。

◆ 在 FontWeight（字体粗细）选项下单击"加粗"按钮 **B**。

（3）设置坐标区组件

在设计画布左侧面板中放置"坐标区"组件 UIAxes，设置该组件的属性。

◆ 在 Title String（标题字符）文本框中输入"圆柱面"。

◆ 在 FontSize（字体大小）文本框中输入字体大小为"20"。

◆ 在 FontWeight（字体粗细）选项下单击"加粗"按钮 **B**。

◆ XLabelString、YLabel. String、XTick、XTickLabel、YTick、YTickLabel 文本框数值均为空。

（4）控制显示组件

选择对象，单击"水平应用"按钮 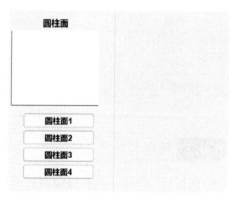 或"垂直应用"按钮 ，控制相邻组件之间的水平、垂直间距；单击"保存"按钮 ，系统生成以 . mlapp 为扩展名的文件，在弹出的对话框中输入文件名称"Graph _ lan. mlapp"，完成文件的保存，界面设计结果如图 5-43 所示。

图 5-43　界面设计结果

2. 代码编辑

（1）定义辅助函数

在代码视图中的"代码浏览器"选项卡下选择"函数"选项卡，单击 按钮，添加"私有函数"，定义辅助函数中添加的 updateimage 函数，代码如下所示。

```
function [y1,y2,y3,y4] = updateimage(app)
% 创建 - 0 到 4π 的向量 x,元素间隔为 π/10。
        t = 0:pi/10:4* pi;
% 定义半径变化表达式
y1 = sin(t) + cos(t);
y2 = log(t);
y3 = t + exp(t);
% 输入矩阵 t1,取值范围为 0 到 0.9,矩阵元素间隔为 0.1
t1 = [0:0.1:0.9];
% 输入矩阵 t2,取值范围为 1 到 2,矩阵元素间隔为 0.1
t2 = [1:0.1:2];
% 水平合并矩阵 t1、t2,得到新矩阵 y4
y4 = [t1, -t2 +2];
end
```

（2）添加初始参数

在代码视图中的"代码浏览器"选项卡下选择"回调"选项卡，单击 ➕▾ 按钮，在"添加回调函数"对话框中为 app. UIFigure 添加 startupFcn 回调，自动转至"代码视图"，添加回调函数 startupFcn，代码如下所示。

```
function startupFcn(app)
% 关闭坐标轴
        app. UIAxes. Visible ='off';
        % 设置图窗大小位置
        app. UIFigure. Position =[10 10 800 600];
        % 设置坐标区位置
        app. UIAxes. Position =[1 200 300 400];
% 将当前窗口布局为的视图区域
t =tiledlayout(app. RightPanel,2,2);
%   将 TileSpacing 属性设置为'none'来减小图块的间距
t. TileSpacing ='none';
% 将 Padding 属性设置为'compact',减小布局边缘和图窗边缘之间的空间
t. Padding ='compact';
% 创建坐标区
  app. ax1 =nexttile(t);
  app. ax2 =nexttile(t);
  app. ax3 =nexttile(t);
  app. ax4 =nexttile(t);
  % 取消坐标系的显示
  app. ax1. Visible =0;
  app. ax2. Visible =0;
  app. ax3. Visible =0;
  app. ax4. Visible =0;
  % 左侧坐标区显示默认参数的圆柱面
        cylinder(app. UIAxes);
% 创建标签
        app. lbl =uilabel(app. RightPanel);
        % 更改标签文本和字体大小
        app. lbl. Text ='半径变化的圆柱面';
        app. lbl. FontSize =30;
        app. lbl. Position =[150 550 250 40];
end
```

（3）按钮回调函数

在代码视图中的"代码浏览器"选项卡下选择"回调"选项卡，单击 ➕▾ 按钮，在"添加回调函数"对话框中为"圆柱面1""圆柱面2""圆柱面3""圆柱面4"添加 ButtonPushedFcn 回

调，自动转至"代码视图"，编辑后代码如下所示。

```matlab
% Button pushed function: Button
function ButtonPushed(app, event)
    [y1, ~, ~, ~]   = updateimage(app);
    % 返回圆柱体的 x 轴、y 轴、z 轴的坐标值 X、Y、Z
    % 创建的圆柱体为变换半径、高度为 1
    % 圆柱体的圆周有 30 个距离相同的点
    [X,Y,Z] = cylinder(y1,30);
    % 定义曲面颜色矩阵
    C = sin(X) + sin(Y);
    % 绘制圆柱面
    surf(app.ax1,X,Y,Z,C);

end


% Button pushed function: Button_2
function Button_2Pushed(app, event)
    [~,y2,~,~]   = updateimage(app);
    % 返回圆柱体的 x 轴、y 轴、z 轴的坐标值 X、Y、Z
    % 创建的圆柱体为变换半径、高度为 1
    % 圆柱体的圆周有 30 个距离相同的点
    [X,Y,Z] = cylinder(y2,30);
    % 绘制圆柱面
    surf(app.ax2,X,Y,Z);
end


% Button pushed function: Button_3
function Button_3Pushed(app, event)
    [~,~,y3,~]   = updateimage(app);
    % 返回圆柱体的 x 轴、y 轴、z 轴的坐标值 X、Y、Z
    % 创建的圆柱体为变换半径、高度为 1,
    % 圆柱体的圆周有 30 个距离相同的点
    [X,Y,Z] = cylinder(y3,30);
    % 绘制圆柱面
    surf(app.ax3,X,Y,Z);
end


% Button pushed function: Button_4
function Button_4Pushed(app, event)
    [~,~,~,y4]   = updateimage(app);
    % 返回圆柱体的 x 轴、y 轴、z 轴的坐标值 X、Y、Z
    % 创建的圆柱体为变换半径、高度为 1
```

```
% 圆柱体的圆周有 30 个距离相同的点
[X,Y,Z] = cylinder(y4,30);
% 绘制圆柱面
surf(app.ax4,X,Y,Z);
end
```

（4）添加属性

在代码视图中的"代码浏览器"选项卡下选择"属性"选项卡，单击 ⊕▼ 按钮，添加"私有属性"，自动在"代码视图"编辑区添加属性，代码如下所示。

```
properties (Access = private)
        lbl
        ax1   % 定义属性
        ax2
        ax3
        ax4
end
```

3. 程序运行

1）单击工具栏中的"运行"按钮 ▶，显示圆柱面，如图 5-44 所示。

2）单击"圆柱面1"按钮，在坐标系1中显示半径变化的圆柱面1，结果如图 5-45 所示。

3）单击"圆柱面2"按钮，在坐标系2中显示半径变化的圆柱面2，结果如图 5-46 所示。

4）单击"圆柱面3"按钮，在坐标系3中显示半径变化的圆柱面3，结果如图 5-47 所示。

5）单击"圆柱面4"按钮，在坐标系4中显示半径变化的圆柱面4，结果如图 5-48 所示。

图 5-44　显示圆柱面

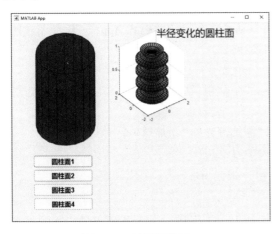

图 5-45　显示圆柱面 1

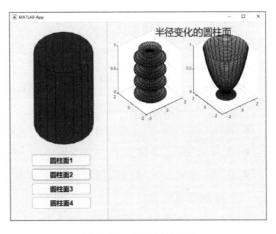

图 5-46　显示圆柱面 2

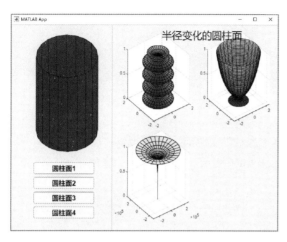

图 5-47　显示圆柱面 3

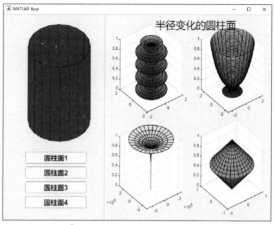

图 5-48　显示圆柱面 4

4. 绘制球面

sphere 命令用来生成三维直角坐标系中的球面，它的使用格式见表 5-47。

表 5-47　sphere 命令的使用格式

调 用 格 式	说　　明
sphere	绘制单位球面，该单位球面由 20×20 个面组成
sphere(n)	在当前坐标系中画出由 $n \times n$ 个面组成的球面
$[X, Y, Z] = \text{sphere}(n)$	返回三个 $(n+1) \times (n+1)$ 的直角坐标系中的球面坐标矩阵
sphere($ax, \cdots$)	在由 ax 指定的坐标区中，而不是在当前坐标区中创建球形

例 5-10：绘制不同效果的球体。

1. 设计画布环境设置

（1）启动 App 界面

1）在命令行窗口中输入下面的命令。

```
>>appdesigner
```

2）弹出"App 设计工具首页"界面，选择"可自动调整布局的两栏式 App"，进入 App Designer 图形窗口，默认名称为 app1. mlapp，进行界面设计。

（2）设置按钮组件

在设计画布左侧面板中放置"按钮"组件 Button，在左侧栏中放置按钮，在"组件浏览器"侧栏中显示组件的属性。

◆ 在 Text（文本）文本框中输入"颜色渲染""添加灯光""添加球体""球体贴图"。

◆ 在 FontSize（字体大小）文本框中输入字体大小为"20"。

◆ 在 FontWeight（字体粗细）选项下单击"加粗"按钮 **B**。

（3）控制显示组件

选择对象，单击"水平应用"按钮 ⊓⊔ 或"垂直应用"按钮 ⊟，控制相邻组件之间的水平、垂直间距。

（4）保存文件

单击"保存"按钮 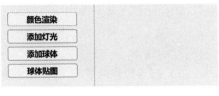，系统生成以 . mlapp 为扩展名的文件，在弹出的对话框中输入文件名称"Graph_circle. mlapp"，完成文件的保存，界面设计结果如图 5-49 所示。

图 5-49　界面设计结果

2. 代码编辑

（1）定义辅助函数

在代码视图中的"代码浏览器"选项卡下选择"函数"选项卡，单击 按钮，添加"私有函数"，定义辅助函数中添加的 updateplot 函数，代码如下所示。

```
function [x,y,z] = updateplot(app)
% 将 x、y 和 z 定义为单位球面的坐标
[x,y,z] = sphere;
end
```

（2）添加初始参数

在代码视图中的"代码浏览器"选项卡下选择"回调"选项卡，单击 按钮，在"添加回调函数"对话框中为 app. UIFigure 添加 startupFcn 回调，自动转至"代码视图"，添加回调函数 startupFcn，代码如下所示。

```
    function startupFcn(app)
% 将当前窗口布局为的视图区域
t = tiledlayout(app. RightPanel,2,2);
%  将 TileSpacing 属性设置为 'none' 来减小图块的间距
t. TileSpacing ='none';
% 将 Padding 属性设置为 'compact',减小布局边缘和图窗边缘之间的空间
t. Padding ='compact';
% 创建坐标区
  app. ax1 = nexttile(t);
  app. ax2 = nexttile(t);
  app. ax3 = nexttile(t);
  app. ax4 = nexttile(t);
  % 取消坐标系的显示
  app. ax1. Visible = 0;
  app. ax2. Visible = 0;
  app. ax3. Visible = 0;
  app. ax4. Visible = 0;
 % 创建标签
        app. lbl = uilabel(app. LeftPanel);
        % 更改标签文本和字体大小
        app. lbl. Text ='球体效果图';
        app. lbl. FontSize = 40;
        app. lbl. FontName ='华文彩云';
```

```
        app. lbl. FontColor ='r';
        app. lbl. Position =[50 350 250 40];
end
```

（3）按钮回调函数

在代码视图中的"代码浏览器"选项卡下选择"回调"选项卡，单击 [＋▾] 按钮，在"添加回调函数"对话框中为"颜色渲染""添加灯光""添加球体""球体贴图"添加 ButtonPushedF-cn 回调，自动转至"代码视图"，编辑后代码如下所示。

```
% Button pushed function: Button
        function ButtonPushed(app, event)
        [x,y,z] =updateplot(app);
        surf(app. ax1,x,y,z)
        % 利用插值颜色渲染球面
        shading(app. ax1,'interp');

        end

        % Button pushed function: Button_2
        function Button_2Pushed(app, event)
          [x,y,z] =updateplot(app);
        surf(app. ax2,x,y,z)
        % 利用网格颜色渲染
        shading(app. ax2,'flat')
          % 球面添加灯光
lighting(app. ax2,'flat')
light(app. ax2,'position',[ -1 -1 -2],'color','y')
light(app. ax2,'position',[ -1,0.5,1],'style','local','color','w')
        end

        % Button pushed function: Button_3
        function Button_3Pushed(app, event)
        [x,y,z] =updateplot(app);
        surf(app. ax3,x,y,z)
        % 设置坐标轴的纵横比,使在每个方向的数据单位都相同
        axis(app. ax3,'equal')
        % 打开图形保持功能
hold(app. ax3,'on')
        % 将 X2、Y2 和 Z2 定义为半径为 5 的球面的坐标
r =5;
X2 =x * r;
Y2 =y * r;
Z2 =z * r;
```

```
% 以 (5,-5,0) 为中心绘制第二个球面
surf(app.ax3,X2 +5,Y2 -5,Z2)

        end


        % Button pushed function: Button_4
        function Button_4Pushed(app, event)
        [x,y,z] = updateplot(app);
        surf(app.ax4,x,y,z)
        % 图像矩阵 X 与颜色图 map 为 uint8 二维矩阵
        load cape
      % 创建一个曲面图并沿该曲面图显示图像
      % 轮廓颜色设置为'texturemap',表示变换 CData 中的颜色数据,以便其符合曲面
surface(app.ax4,x,y,z,X,'FaceColor','texturemap',…
    'EdgeColor','none')
        % 曲面上显示图像的颜色图
        app.ax4.Colormap = map;
        % 设置视图角度
        view(app.ax4,3)
        end
```

（4）添加属性

在代码视图中的"代码浏览器"选项卡下选择"属性"选项卡，单击 按钮，添加"私有属性"，自动在"代码视图"编辑区添加属性，代码如下所示。

```
properties (Access = private)
        lbl
        ax1  % 定义属性
        ax2
        ax3
        ax4
end
```

3. 程序运行

1）单击工具栏中的"运行"按钮 ▶，显示运行界面，如图 5-50 所示。

2）单击"颜色渲染"按钮，在坐标系 1 中显示颜色渲染的球面，结果如图 5-51 所示。

3）单击"添加灯光"按钮，在坐标系 2 中添加灯光的球面，结果如图 5-52 所示。

4）单击"添加球体"按钮，在坐标系 3 中显示添加球体的球面，结果如图 5-53 所示。

5）单击"球体贴图"按钮，在坐标系 4 中显示球体贴图，结果如图 5-54 所示。

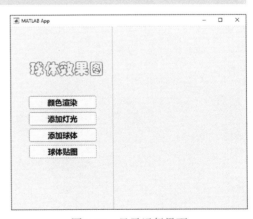

图 5-50 显示运行界面

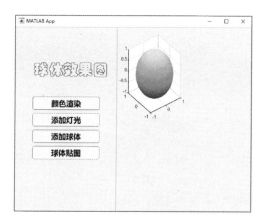

图 5-51　显示颜色渲染的球面

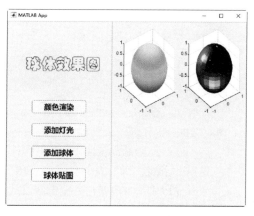

图 5-52　显示添加灯光的球面

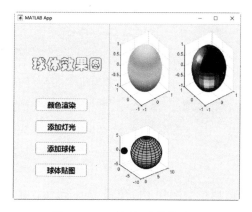

图 5-53　显示添加球体的球面

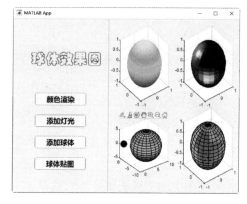

图 5-54　显示球体贴图

第6章 数据分析

 内容指南

数据分析需要大量的反复试验，因此有大量的数值需要进行计算，MATLAB 提供了数理统计计算、回归性分析和拟合差值分析，用于工程实践中。

内容要点

📖 变量的数字特征。
📖 正交试验分析。
📖 方差分析。
📖 回归分析。
📖 数值插值。

6.1 变量的数字特征

MATLAB 的数理统计工具箱是 MATLAB 工具箱中较为简单的一个工具，其涉及的数学知识是大家都很熟悉的数理统计，比如求均值与方差等。在本章中，将对 MATLAB 数理统计工具箱中的一些函数进行简单介绍。

6.1.1 样本均值

MATLAB 中计算样本均值的函数为 mean，其调用格式见表 6-1。

表 6-1 mean 调用格式

调用格式	说　明
M = mean(A)	如果 A 为向量，输出 M 为 A 中所有参数的平均值；如果 A 为矩阵，输出 M 是一个行向量，其每一个元素是对应列的元素的平均值
M = mean(A, dim)	按指定的维数求平均值
M = mean(A,' all ')	计算 A 的所有元素的均值
M = mean(A, vecdim)	计算 A 中向量 *vecdim* 所指定的维度上的均值
M = mean(..., outtype)	使用前面语法中的任何输入参数返回指定的数据类型的均值。outtype 可以是 ' default '、' double ' 或 ' native '
M = mean(..., , nanflag)	指定在上述任意语法的计算中包括还是忽略 NaN 值

MATLAB 还提供了表 6-2 中的其他几个求平均数的函数，调用格式与 mean 函数相似。

表 6-2 其他求平均数的函数

函　数	说　明
nanmean	求算术平均，忽略 NaN 值
geomean	求几何平均

（续）

函 数	说 明
harmmean	求和谐平均
trimmean	求调整平均

6.1.2 样本方差与标准差

MATLAB 中计算样本方差的函数为 var，其调用格式见表6-3。

MATLAB 中计算样本标准差的函数为 std，其调用格式见表6-4。

表6-3　var 调用格式

调 用 格 式	说 明
V = var(A)	如果 A 是向量，输出 A 中所有元素的样本方差；如果 A 是矩阵，输出 V 是行向量，其每一个元素是对应列的元素的样本方差，按观测值数量 −1 实现归一化
V = var(A, w)	w 是权重向量，其元素必须为正，长度与 A 匹配
V = var(A, w, dim)	返回沿 dim 指定的维度的方差
V = var(A, w, ' all ')	当 w 为 0 或 1 时，计算 A 的所有元素的方差
V = var(A, w, vecdim)	当 w 为 0 或 1 时，计算向量 *vecdim* 中指定维度的方差
V = var(. . . , nanflag)	指定在上述任意语法的计算中包括还是忽略 NaN 值

表6-4　std 调用格式

调 用 格 式	说 明
S = std(A)	按照样本方差的无偏估计计算样本标准差，如果 A 是向量，输出 S 是 A 中所有元素的样本标准差；如果 A 是矩阵，输出 S 是行向量，其每一个元素是对应列的元素的样本标准差
S = std(A, w)	为上述语法指定一个权重方案。$w = 0$ 时（默认值），S 按 $N − 1$ 进行归一化。当 $w = 1$ 时，S 按观测值数量 N 进行归一化
S = std(A, w, ' all ')	当 w 为 0 或 1 时，计算 A 的所有元素的标准差
S = std(A, w, dim)	使用上述任意语法沿维度 dim 返回标准差
S = std(A, w, vecdim)	当 w 为 0 或 1 时，计算向量 *vecdim* 中指定维度的标准差
S = std(. . . , nanflag)	指定在上述任意语法的计算中包括还是忽略 NaN 值

6.1.3 协方差和相关系数

MATLAB 中计算协方差的函数为 cov，其调用格式见表6-5。

表6-5　cov 调用格式

调 用 格 式	说 明
C = cov(A)	A 为向量时，计算其方差；A 为矩阵时，计算其协方差矩阵，其中协方差矩阵的对角元素是 A 矩阵的列向量的方差，按观测值数量 −1 实现归一化
C = cov(A, B)	返回两个随机变量 A 和 B 之间的协方差
C = cov(. . . , w)	为之前的任何语法指定归一化权重。如果 $w = 0$（默认值），则 C 按观测值数量 −1 实现归一化；$w = 1$ 时，按观测值数量对它实现归一化
C = cov(. . . , nanflag)	指定一个条件，用于在之前的任何语法的计算中忽略 NaN 值

MATLAB 中计算相关系数的函数为 corrcoef，其调用格式见表6-6。

表6-6 corrcoef 调用格式

调用格式	说　明
R = corrcoef(A)	返回 **A** 的相关系数的矩阵，其中 **A** 的列表示随机变量，行表示观测值
R = corrcoef(A,B)	返回两个随机变量 **A** 和 **B** 之间的相关系数矩阵 **R**
[R,P] = corrcoef(...)	返回相关系数的矩阵和 p 值矩阵，用于测试观测到的现象之间没有关系的假设
[R,P,RLO,RUP] = corrcoef(...)	RLO、RUP 分别是相关系数95%置信度的估计区间上、下限。如果 **R** 包含复数元素，此语法无效
corrcoef(...,Name,Value)	在上述语法的基础上，通过一个或多个名称–值对组参数指定其他选项

例6-1：样本分析。

某地区经勘探证明，A 盆地是一个钾盐矿区，B 盆地是一个钠盐（不含钾）矿区，其他盆地是否含钾盐有待判断。今从 A 和 B 两盆地各取 5 个盐泉样本，从其他盆地抽得 8 个盐泉样本，其数据见表6-7，求样本数据均值、方差，标准差、协方差等。

表6-7 测量数据

盐泉类别	序　号	特征1	特征2	特征3	特征4
第一类：含钾盐泉，A 盆地	1	13.85	2.79	7.8	49.6
	2	22.31	4.67	12.31	47.8
	3	28.82	4.63	16.18	62.15
	4	15.29	3.54	7.5	43.2
	5	28.79	4.9	16.12	58.1
第二类：含钠盐泉，B 盆地	1	2.18	1.06	1.22	20.6
	2	3.85	0.8	4.06	47.1
	3	11.4	0	3.5	0
	4	3.66	2.42	2.14	15.1
	5	12.1	0	15.68	0
待判盐泉	1	8.85	3.38	5.17	64
	2	28.6	2.4	1.2	31.3
	3	20.7	6.7	7.6	24.6
	4	7.9	2.4	4.3	9.9
	5	3.19	3.2	1.43	33.2
	6	12.4	5.1	4.43	30.2
	7	16.8	3.4	2.31	127
	8	15	2.7	5.02	26.1

1. 设计画布环境设置

1）启动 App 界面，在命令行窗口中输入下面的命令。

```
>>appdesigner
```

2）弹出"App设计工具首页"界面，选择空白App，进入App Designer图形窗口，默认名称为app1.mlapp，进行界面设计。

2. 组件属性设置

1）在设计画布中单击"面板"组件Panel，或在"组件浏览器"中单击选中组件app.Panel，手动调整面板组件大小，在"组件浏览器"侧栏中修改组件的基本属性。

◆ 在Title（标题）文本框中输入"样本分析"。

◆ 在BackgroundColor（背景色）中选择白色（"标准颜色"第3行第1列）。

◆ 在FontName（字体名称）文本框中选择"黑体"。

◆ 在FontSize（字体大小）文本框中输入字体大小为"30"。

◆ 在FontWeight（字体粗细）选项下单击"加粗"按钮 **B**。

2）在设计画布中放置"列表框"组件app.ListBox，设置该组件的属性。

◆ 在组件标签Text（文本）文本框中输入"样本数据"，在FontSize（字体大小）文本框中输入字体大小"20"，在FontWeight（字体粗细）选项下单击"加粗"按钮 **B**。

◆ 其余Item（选项）在Text（文本）文本框中输入"A盆地""B盆地""样本数据"，在FontSize（字体大小）文本框中输入字体大小为"15"，在FontWeight（字体粗细）选项下单击"加粗"按钮 **B**。

◆ 单击选项右侧的 **▬** 按钮，删除多余选项。

3）在设计画布中放置"按钮"组件Button，在"组件浏览器"侧栏中显示该按钮app.Button，修改组件的属性。

◆ 在Text文本框中分别输入"均值""方差""标准差""协方差""相关系数"。

◆ 在FontSize（字体大小）文本框中设置按钮字体大小为"15"。

◆ 在FontWeight（字体粗细）选项下单击"加粗"按钮 **B**。

单击"保存"按钮 🖫，系统生成以.mlapp为扩展名的文件，在弹出的对话框中输入文件名称"Sample_analysis.mlapp"，完成文件的保存。设计画布设计结果如图6-1所示。

图6-1　界面设计结果

3. 代码编辑

（1）定义辅助函数

在代码视图中的"代码浏览器"选项卡下选择"函数"选项卡，单击 🞧▾ 按钮，添加"私有函数"，定义辅助函数中添加的updateMatrix函数，代码如下所示。

```
function X = updateMatrix(app)
        % 获取下拉列表的值
        value = app.ListBox.Value;
    if   value = = "A盆地"
        X = [13.85 22.31 28.82 15.29 28.79;...
```

```
       2.79 4.67 4.63 3.54 4.9;...
       7.8 12.31 16.18 7.5 16.12;...
       49.6 47.8 62.15 43.2 58.1];

        elseif value = = "B盆地"
            X = [2.18 3.85 11.4 3.66 12.1;...
    1.060.8 0    2.42  0;...
    1.22 4.06 3.5 2.14 15.68;...
    20.6 47.1 0 15.1 0];
        else
            X = [8.85 28.6 20.7 7.9 3.19 12.4 16.8 15;...
    3.382.4  6.7  2.4  3.2 5.1  3.4 2.7;...
    5.17 1.27.6  4.3  1.43 4.43 2.31 5.02;...
    64 31.3 24.6 9.9 33.2 30.2 127 26.1];...
        end
end
```

（2）添加初始参数

在代码视图中的"代码浏览器"选项卡下选择"回调"选项卡，单击 ➕▾ 按钮，在"添加回调函数"对话框中为 app. UIFigure 添加 startupFcn 回调，自动转至"代码视图"，添加回调函数 startupFcn，代码如下所示。

```
function startupFcn(app)
   X = updateMatrix(app);
        % 创建表格
        app.uit = uitable(app.Panel);
        % 设置图窗大小
        app.UIFigure.Position = [10 10 700 500];
        % 设置面板大小
        app.Panel.Position = [10 10 650 480];
        % 设置表格位置与大小
        app.uit.Position = [170 100 450 250];
        % 设置表格列宽
        app.uit.ColumnWidth = {50,50,50,50,50,50,50,50};
            % 填充表格数据
            app.uit.Data = X;
end
```

（3）"样本数据"列表框

1）添加回调。在设计画布中的"创建类型"列表框上单击右键选择"回调"→"添加 ValueChangedFcn 回调"命令，自动转至"代码视图"，添加回调函数 ValueChanged，代码如下所示。

```
% Callbacks that handle component events
    methods (Access = private)


        % Value changed function: ListBox
        function ListBoxValueChanged(app, event)
            value = app. ListBox. Value;


        end
    end
```

在 functionListBoxValueChanged（app，event）函数下添加函数，代码如下所示。

```
function ListBoxValueChanged(app, event)
        % 调用辅助函数
        X = updateMatrix(app);
        % 填充表格数据
        app. uit. Data = X;
end
```

2）定义属性名。在代码视图中的"代码浏览器"选项卡下选择"属性"选项卡，单击 按钮，添加"私有属性"，自动在"代码视图"编辑区添加属性，代码如下所示。

```
properties (Access = private)
        Property % Description
end
```

定义回调函数中添加的属性 uit，代码如下所示。

```
properties (Access = private)
        uit % 定义表组件属性名
end
```

（4）按钮回调函数

在代码视图中的"代码浏览器"选项卡下选择"回调"选项卡，单击 按钮，在"添加回调函数"对话框中为"均值""方差""标准差""协方差""相关系数"添加 ButtonPushedFcn 回调，自动转至"代码视图"，编辑后代码如下所示。

```
% Button pushed function: Button
        function ButtonPushed(app, event)
          % 调用辅助函数,设置表格初值
        X = updateMatrix(app);
        % 计算均值
          miu = mean(X);
          % 将计算结果显示到表格中
          app. uit. Data = miu;
        end
```

```matlab
% Button pushed function: Button_2
function Button_2Pushed(app, event)
    % 调用辅助函数,设置表格初值
X = updateMatrix(app);
% 计算方差
sigma = var(X);
    % 将计算结果显示到表格中
    app.uit.Data = sigma;
end


% Button pushed function: Button_3
function Button_3Pushed(app, event)
% 调用辅助函数,设置表格初值
    X = updateMatrix(app);
    % 计算标准差
    sigma2 = std(X,1);
    % 将计算结果显示到表格中
    app.uit.Data = sigma2;
end


% Button pushed function: Button_4
function Button_4Pushed(app, event)
% 调用辅助函数,设置表格初值
X = updateMatrix(app);
    % 计算协方差
    C = cov(X);
    % 将计算结果显示到表格中
    app.uit.Data = C;
end


% Button pushed function: Button_5
function Button_5Pushed(app, event)
    % 调用辅助函数,设置表格初值
X = updateMatrix(app);
% 计算相关系数
    C = corrcoef(X);
    % 将计算结果显示到表格中
    app.uit.Data = C;
end
```

4. 程序运行

单击工具栏中的"运行"按钮▶，在运行界面显示图 6-2 所示的 A 盆地样本数据。

1）单击"样本数据"下的"样本数据"按钮，在表格中显示抽取的样本数据，结果如图 6-3 所示。

2）单击"均值"按钮，在表格中显示均值计算结果，结果如图 6-4 所示。

3）单击"方差"按钮，在表格中显示方差计算结果，结果如图 6-5 所示。

4）单击"标准差"按钮，在表格中显示标准差计算结果，结果如图 6-6 所示。

5）单击"协方差"按钮，在表格中显示协方差计算结果，结果如图 6-7 所示。

6）单击"相关系数"按钮，在表格中显示相关系数计算结果，结果如图 6-8 所示。

图 6-2　运行结果

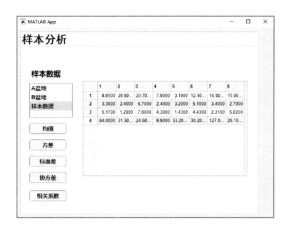

图 6-3　显示样本数据

图 6-4　显示均值计算结果

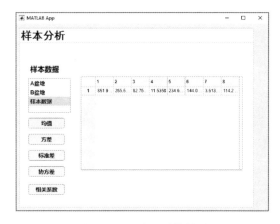

图 6-5　显示方差计算结果

图 6-6　显示标准差计算结果

图 6-7　显示协方差计算结果

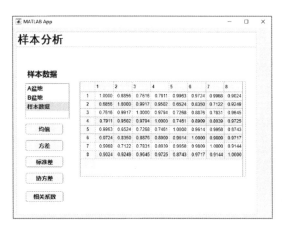

图 6-8　显示相关系数计算结果

6.2　正交试验分析

在科学研究和生产中，经常要做很多试验，这就存在着如何安排试验和如何分析试验结果的问题。试验安排得好，试验次数不多，就很容易得到满意的结果；试验安排得不好，不仅试验次数增多，结果还往往不能让人满意。因此，合理安排试验是一个很值得研究的问题。正交设计法就是一种科学安排与分析多因素试验的方法。它主要是利用一套现成的规格化表——正交表，来科学地挑选试验条件。

6.2.1　正交试验的极差分析

极差分析又叫直观分析法，通过计算每个因素水平下的指标最大值和指标最小值之差（极差）的大小，说明该因素对试验指标影响的大小。极差越大说明影响越大。MATLAB 没有专门进行正交极差分析的函数命令，下面的 M 文件是作者编写的进行正交试验极差分析的函数。

```
function [result,sum0] = zjjc(s,opt)
% 对正交试验进行极差分析,s 是输入矩阵,opt 是最优参数
% 若 opt = 1,表示最优取最大,若 opt = 2,表示最优取最小
% s = [  1    1   1    1   857;
%        1    2   2    2   951;
%        1    3   3    3   909;
%        2    1   2    3   878;
%        2    2   3    1   973;
%        2    3   1    2   899;
%        3    1   3    2   803;
%        3    2   1    3   1030;
%        3    3   2    1   927];
% s 的最后一列是各个正交组合的试验测量值,前几列是正交表
    [m,n] = size(s);
```

```
    p = max(s(:,1));                                              % 取水平数
    q = n - 1;                                                     % 取列数
    sum0 = zeros(p,q);
    for i = 1:q
      for k = 1:m
          for j = 1:p
            if(s(k,i) = = j)
                  sum0(j,i) = sum0(j,i) + s(k,n);                  % 求和
             end
           end
        end
    end
maxdiff = max(sum0) - min(sum0);                                   % 求极差
result(1,:) = maxdiff;
if(opt = = 1)
    maxsum0 = max(sum0);
    for kk = 1:q
        modmax = mod(find(sum0 = = maxsum0(kk)),p);                % 求最大水平
        if modmax = = 0
          modmax = p;
        end
        result(2,kk) = (modmax);
    end
else
  minsum0 = min(sum0);
    for kk = 1:q
        modmin = mod(find(sum0 = = minsum0(kk)),p);                % 求最小水平
        if modmin = = 0
              modmin = p;
        end
        result(2,kk) = (modmin);
    end
end
```

6.2.2 正交试验的方差分析

　　极差分析简单易行，却并不能把试验中由于试验条件的改变引起的数据波动同试验误差引起的数据波动区别开来。也就是说，不能区分因素各水平间对应的试验结果的差异究竟是由因素水平不同引起的，还是由试验误差引起的，因此不能知道试验的精度。同时，各因素对试验结果影响的重要程度，也不能给予精确的数量估计。为了弥补这种不足，要对正交试验结果进行方差分析。

　　下面的 M 文件 zjfc.m 就是进行方差分析的函数。

```
function [result,error,errorDim] = zjfc(s,opt)
% 对正交试验进行方差分析,s 是输入矩阵,opt 是空列参数向量,s 中给出的是空白列的列序号
% s = [ 1  1  1  1  1 1 1 83.4;
%       1  1  1  2  2 2 2 84;
%       1  2  2  1  1 2 2 87.3;
%       1  2  2  2  2 1 1 84.8;
%       2  1  2  1  2 1 2 87.3;
%       2  1  2  2  1 2 1 88;
%       2  2  1  1  2 2 1 92.3;
%       2  2  1  2  1 1 2 90.4;
% ];
% opt = [3,7];
% s 的最后一列是各个正交组合的试验测量值,前几列是正交表
[m,n] = size(s);
  p = max(s(:,1));                          % 取水平数
  q = n - 1;                                % 取列数
  sum0 = zeros(p,q);
  for i = 1:q
     for k = 1:m
        for j = 1:p
          if(s(k,i) = = j)
              sum0(j,i) = sum0(j,i) + s(k,n);    % 求和
           end
         end
      end
   end
totalsum = sum(s(:,n));
ss = sum0. * sum0;
levelsum = m/p;                            % 水平重复数
ss = sum(ss. /levelsum) - totalsum^2/m;    % 每一列的 S
ssError = sum(ss(opt));
for i = 1:q
    f(i) = p - 1;                          % 自由度
end
fError = sum(f(opt));                      % 误差自由度
ssbar = ss. /f
Errorbar = ssError/fError;
index = find(ssbar < Errorbar);
index1 = find(index = = opt);
index(index = = index(index1)) = [];       % 剔除重复
ssErrorNew = ssError + sum(ss(index));      % 并入误差
fErrorNew = fError + sum(f(index));         % 新误差自由度
```

```
F = (ss. /f)/(ssErrorNew. /fErrorNew);          % F 值
errorDim = [opt,index];
  errorDim = sort(errorDim);                    % 误差列的序号
result = [ss',f',ssbar',F'];
error = [ssError,fError;ssErrorNew,fErrorNew]
```

例 6-2：对提高苯酚的生产率因素进行极差分析与极方差分析。

某化工厂为提高苯酚的生产率，选了合成工艺条件中的五个因素进行研究，分别记为 A、B、C、D、E，每个因素选取两种水平，试验方案采用 $L_8(2^7)$ 正交表，试验结果见表 6-8。

表 6-8　测量数据

	A 1	B 2	3	C 4	D 5	E 6	7	数据
1	1	1	1	1	1	1	1	83. 4
2	1	1	1	2	2	2	2	84
3	1	2	2	1	1	2	2	87
4	1	2	2	2	2	1	1	84. 8
5	2	1	2	1	2	1	2	87. 3
6	2	1	2	2	1	2	1	88
7	2	2	1	1	2	2	1	92. 3
8	2	2	1	2	1	1	2	90. 4

1. 设计画布环境设置

1）启动 App 界面，在命令行窗口中输入下面的命令。

```
> >appdesigner
```

2）弹出"App 设计工具首页"界面，选择空白 App，进入 App Designer 图形窗口，默认名称为 app1. mlapp，进行界面设计。

2. 组件属性设置

1）在设计画布中单击"面板"组件 Panel，或在"组件浏览器"中单击选中组件 app. Panel，手动调整面板组件大小，在"组件浏览器"侧栏中修改组件的基本属性。

◆ 在 Title（标题）文本框中输入"正交试验分析"。

◆ 在 BackgroundColor（背景色）中选择白色（"标准颜色"第 3 行第 1 列）。

◆ 在 FontName（字体名称）下拉列表框中选择"黑体"。

◆ 在 FontSize（字体大小）文本框中输入字体大小为"30"。

◆ 在 FontWeight（字体粗细）选项下单击"加粗"按钮 B。

2）在设计画布中放置"按钮"组件 Button，在"组件浏览器"侧栏中显示该按钮 app. Button，修改组件的属性。

◆ 在 Text 文本框中分别输入"极差分析""方差分析"。

◆ 在 FontSize（字体大小）文本框中输入按钮字体大小为"20"。

◆ 在 FontWeight（字体粗细）选项下单击"加粗"按钮 $\boxed{B}$。

单击"保存"按钮 $\boxed{}$，系统生成以 . mlapp 为扩展名的文件，在弹出的对话框中输入文件名称"orthogonal _test. mlapp"，完成文件的保存。画布设计结果如图 6-9 所示。

3. 代码编辑

（1）定义辅助函数

在代码视图中的"代码浏览器"选项卡下选择"函数"选项卡，单击 $\boxed{+ \blacktriangledown}$ 按钮，添加"私有函数"，定义辅助函数中添加的 updateMatrix 函数，代码如下所示。

图 6-9　界面设计结果

```
function s = updateMatrix(app)
        % 获取数据
    s =[  1  1  1  1  1 1 1 83.4;
    1  1  1  2  2 2 2 84;
    1  2  2  1  1 2 2 87.3;
    1  2  2  2  2 1 1 84.8;
    2  1  2  1  2 1 2 87.3;
    2  1  2  2  1 2 1 88;
    2  2  1  1  2 2 1 92.3;
    2  2  1  2  1 1 2 90.4];
end
```

（2）添加初始参数

在代码视图中的"代码浏览器"选项卡下选择"回调"选项卡，单击 $\boxed{+ \blacktriangledown}$ 按钮，在"添加回调函数"对话框中为 app. UIFigure 添加 startupFcn 回调，自动转至"代码视图"，添加回调函数 startupFcn，代码如下所示。

```
function startupFcn(app)
s = updateMatrix(app);
    % 创建表格
    app. uit1 = uitable(app. Panel);
    app. uit2 = uitable(app. Panel);
    app. uit3 = uitable(app. Panel);
    %设置图窗大小
    app. UIFigure. Position =[10 10 700 600];
    % 设置面板大小
    app. Panel. Position =[10 10 650 580];
    % 设置表格位置与大小
    app. uit1. Position =[170 300 450 200];
    app. uit2. Position =[170 170 450 100];
```

```
        app. uit3. Position = [170 30 450 100];
        app. uit2. Visible = 'off';
        app. uit3. Visible = 'off';
    % 填充表格数据
      app. uit1. Data = s;
    % 创建标签
      app. lbl1 = uilabel(app. Panel);
      app. lbl2 = uilabel(app. Panel);
      app. lbl3 = uilabel(app. Panel);
        % 更改标签文本和字体大小。
        app. lbl1. Text = '分析数据';
        app. lbl1. FontSize = 20;
        app. lbl1. Position = [350 495 250 40];
        app. lbl2. FontSize = 20;
        app. lbl2. Position = [350 260 250 40];
        app. lbl2. Visible = 'off';
        app. lbl3. FontSize = 20;
        app. lbl3. Position = [350 130 250 40];
        app. lbl3. Visible = 'off';
    end
```

（3）定义属性名

在代码视图中的"代码浏览器"选项卡下选择"属性"选项卡，单击 ➕▾ 按钮，添加"私有属性"，自动在"代码视图"编辑区添加属性，代码如下所示。

```
properties (Access = private)
        Property % Description
    end
```

定义回调函数中添加的属性 uit，代码如下所示。

```
properties (Access = private)
        uit1 % 定义表组件属性名
uit2
        uit3
        lbl1
        lbl2
        lbl3
    end
```

（4）按钮回调函数

在代码视图中的"代码浏览器"选项卡下选择"回调"选项卡，单击 ➕▾ 按钮，在"添加回调函数"对话框中为"极差分析""极方差分析"添加 ButtonPushedFcn 回调，自动转至"代码视图"，编辑后代码如下所示。

```
% Button pushed function: Button
        function ButtonPushed(app, event)
            % 调用辅助函数,设置表格初值
        s = updateMatrix(app);
        % 进行极差分析
            [result,sum0] = zjjc(s,1);
            % 将计算结果显示到表格中
            app.uit1.Data = result;
            app.uit2.Data = sum0;

                % 更改标签文本和字体大小。
                app.lbl1.Text ='result';
                % 更改标签文本和字体大小。
                app.lbl2.Text ='sum0';
                app.uit2.Visible ='on';
                app.lbl2.Visible ='on';
            end


        % Button pushed function: Button_2
        function Button_2Pushed(app, event)
            % 调用辅助函数,设置表格初值
        s = updateMatrix(app);
        % 进行极方差分析
            opt =[3,7];
            [result,error,errorDim] = zjfc(s,opt);
            % 将计算结果显示到表格中
            app.uit1.Data = result;
            app.uit2.Data = error;
            app.uit3.Data = errorDim;
                % 更改标签文本和字体大小。
                app.lbl1.Text ='result';
                % 更改标签文本和字体大小。
                app.lbl2.Text ='error';
                app.lbl3.Text ='errorDim';
                app.uit2.Visible ='on';
                app.lbl2.Visible ='on';
                app.uit3.Visible ='on';
                app.lbl3.Visible ='on';
            end
```

4. 程序运行

单击工具栏中的 "运行" 按钮 ▶,在运行界面显示图 6-10 所示的样本数据。

1) 单击 "极差分析" 按钮,在表格中显示极差分析结果,结果如图 6-11 所示。

图 6-10　显示样本数据

图 6-11　显示均值计算结果

result 的第一行是每个因素的极差，反映的是该因素波动对整体质量波动的影响大小。从结果可以看出，影响整体质量的大小顺序为 ABDCE。result 的第二行是相应因素的最优生产条件，在本题中选择的是最大为最优，所以最优的生产条件是 $A_2B_2D_1C_1E_1$。sum0 的每一行是相应因素每个水平的数据和。

2）单击"方差分析"按钮，在表格中显示方差计算结果，结果如图 6-12 所示。

result 中每列的含义分别是平方和 S、自由度 f、均方差 $\bar{S}$、F；error 的两行分别为初始误差的平方和 S、自由度 f 以及最终误差的平方和 S、自由度 f；errorDim 给出的是正交表中误差列的序号。

图 6-12　显示方差计算结果

6.3　方差分析

在工程实践中，影响一个事物的因素是很多的。比如在化工生产中，原料成分、原料剂量、催化剂、反应温度、压力、反应时间、设备型号以及操作人员等因素都会对产品的质量和数量产生影响。有的因素影响大些，有的因素影响小些。为了保证优质、高产、低能耗，必须找出对产品的质量和产量有显著影响的因素，并研究出最优工艺条件。为此需要做科学试验，以取得一系列试验数据。如何利用试验数据进行分析、推断某个因素的影响是否显著？在最优工艺条件中如何选用显著性因素？这就是方差分析要完成的工作。方差分析已广泛应用于气象预报、农业、工业、医学等许多领域中，同时它的思想也渗透到了数理统计的许多方法中。

试验样本的分组方式不同，采用的方差分析方法也不同，一般常用的有单因素方差分析与双因素方差分析。

6.3.1 单因素方差分析

为了考查某个因素对事物的影响，可以把影响事物的其他因素相对固定，而让所考察的因素改变，从而观察由于该因素改变所造成的影响，并由此分析、推断所论因素的影响是否显著以及应该如何选用该因素。这种其他因素相对固定、只有一个因素变化的试验叫单因素试验。在单因素试验中进行方差分析被称为单因素方差分析。表6-9是单因素方差分析的主要计算结果。

表6-9　单因素方差分析表

方差来源	平方和 S	自由度 f	均方差 $\bar{S}$	F 值
因素 A 的影响	$S_A = r \sum\limits_{j=1}^{p} (\bar{x}_j - \bar{x})^2$	$p-1$	$\bar{S}_A = \dfrac{S_A}{p-1}$	$F = \dfrac{\bar{S}_A}{\bar{S}_E}$
误差	$S_E = \sum\limits_{j=1}^{p} \sum\limits_{i=1}^{r} (x_{ij} - \bar{x}_j)^2$	$n-p$	$\bar{S}_E = \dfrac{S_E}{n-p}$	
总和	$S_T = \sum\limits_{j=1}^{p} \sum\limits_{i=1}^{r} (x_{ij} - \bar{x})^2$	$n-1$		

MATLAB 提供了 anova1 命令进行单因素方差分析，其调用格式见表6-10。

表6-10　anova1 调用格式

调用格式	说　明
p = anova1(X)	X 的各列为彼此独立的样本观察值，其元素个数相同。p 为各列均值相等的概率值，若 p 值接近于 0，则原假设受到怀疑，说明至少有一列均值与其余列均值有明显不同
p = anova1(X, group)	group 数组中的元素可以用来标识箱线图中的坐标
p = anova1(X, group, displayopt)	displayopt 有两个值，on 和 off，其中"on"为默认值，此时系统将自动给出方差分析表和箱线图
[p, table] = anova1(...)	table 返回的是方差分析表
[p, table, stats] = anova1(...)	stats 为统计结果，是结构体变量，包括每组的均值等信息

6.3.2 双因素方差分析

在许多实际问题中，常常要研究几个因素同时变化时的方差分析。比如，在农业试验中，有时既要研究几种不同品种的种子对农作物的影响，还要研究几种不同种类的肥料对农作物收获量的影响。这里就有种子和肥料两种因素在变化。必须在两个因素同时变化的情况下来分析对收获量的影响，以便找到最合适的种子和肥料种类的搭配。这就是双因素方差分析要完成的工作。双因素方差分析包括没有重复试验的方差分析和具有相等重复试验次数的方差分析，其分析分别见表6-11和表6-12。

表6-11　无重复双因素方差分析表

方差来源	平方和 S	自由度 f	均方差 $\bar{S}$	F 值
因素 B 的影响	$S_B = p \sum\limits_{j=1}^{q} (\bar{x}_{\cdot j} - \bar{x})^2$	$q-1$	$\bar{S}_A = \dfrac{S_B}{q-1}$	$F = \dfrac{\bar{S}_B}{\bar{S}_E}$

（续）

方差来源	平方和 S	自由度 f	均方差 $\overline{S}$	F 值
误差	$S_\mathrm{E} = \sum\limits_{i=1}^{p} \sum\limits_{j=1}^{q} (x_{ij} - \bar{x}_{i.} - \bar{x}_{.j} + \bar{x})^2$	$(p-1)(q-1)$	$\overline{S}_\mathrm{E} = \dfrac{S_\mathrm{E}}{(p-1)(q-1)}$	
总和	$S_\mathrm{T} = \sum\limits_{i=1}^{p} \sum\limits_{j=1}^{q} (x_{ij} - \bar{x})^2$	$pq-1$		

表 6-12　等重复双因素方差分析表（r 为试验次数）

方差来源	平方和 S	自由度 f	均方差 $\overline{S}$	F 值
因素 A 的影响	$S_\mathrm{A} = qr \sum\limits_{i=1}^{p} (\bar{x}_{i.} - \bar{x})^2$	$p-1$	$\overline{S}_\mathrm{A} = \dfrac{S_\mathrm{A}}{p-1}$	$F_\mathrm{A} = \dfrac{\overline{S}_\mathrm{A}}{\overline{S}_\mathrm{E}}$
因素 B 的影响	$S_\mathrm{B} = pr \sum\limits_{j=1}^{q} (\bar{x}_{.j} - \bar{x})^2$	$q-1$	$\overline{S}_\mathrm{A} = \dfrac{S_\mathrm{B}}{q-1}$	$F_\mathrm{B} = \dfrac{\overline{S}_\mathrm{B}}{\overline{S}_\mathrm{E}}$
$A \times B$	$S_{\mathrm{A} \times \mathrm{B}} = r \sum\limits_{i=1}^{p} \sum\limits_{j=1}^{q} (x_{ij} - \bar{x}_{i..} - \bar{x}_{.j.} + \bar{x})^2$	$(p-1)(q-1)$	$\overline{S}_{\mathrm{A} \times \mathrm{B}} = \dfrac{S_{\mathrm{A} \times \mathrm{B}}}{(p-1)(q-1)}$	$F_{\mathrm{A} \times \mathrm{B}} = \dfrac{\overline{S}_{\mathrm{A} \times \mathrm{B}}}{\overline{S}_\mathrm{E}}$
误差	$S_\mathrm{E} = \sum\limits_{k=1}^{r} \sum\limits_{i=1}^{p} \sum\limits_{j=1}^{q} (x_{ijk} - \bar{x}_{ij.})^2$	$pq(r-1)$	$\overline{S}_\mathrm{E} = \dfrac{S_\mathrm{E}}{pq(r-1)}$	
总和	$S_\mathrm{T} = \sum\limits_{k=1}^{r} \sum\limits_{i=1}^{p} \sum\limits_{j=1}^{q} (x_{ijk} - \bar{x})^2$	$pqr-1$		

MATLAB 提供了 anova2 命令进行双因素方差分析，其使用方式见表 6-13。

表 6-13　anova2 调用格式

调用格式	说明
p = anova2(X, reps)	*reps* 定义的是试验重复的次数，必须为正整数，默认是 1
p = anova2(X, reps, displayopt)	*displayopt* 有两个值 on 和 off，其中 on 为默认值，此时系统将自动给出方差分析表
[p, table] = anova2(...)	table 返回的是方差分析表
[p, table, stats] = anova2(...)	stats 为统计结果，是结构体变量，包括每组的均值等信息

执行平衡的双因素试验的方差分析来比较 X 中两个或多个列（行）的均值，不同列的数据表示因素 A 的差异，不同行的数据表示另一因素 B 的差异。如果行列对有多于一个的观察点，则变量 reps 指出每一单元观察点的数目，每一单元包含 *reps* 行，如：

$$\begin{bmatrix} x_{111} & x_{112} \\ x_{121} & x_{122} \\ x_{211} & x_{212} \\ x_{221} & x_{222} \\ x_{311} & x_{312} \\ x_{321} & x_{322} \end{bmatrix} \begin{matrix} \\ B = 1 \\ \\ B = 2 \\ \\ B = 3 \end{matrix}$$

（上方标注：A = 1　A = 2）

例 6-3：火箭使用了四种燃料和三种推进器进行射程试验。每种燃料和每种推进器的组合各进行了一次试验，得到火箭射程，见表 6-14。试检验燃料种类与推进器种类对火箭射程有无显著性影响（A 为燃料，B 为推进器）。

表 6-14 测量数据

	B_1	B_2	B_3
A_1	58.2	56.2	65.3
A_2	49.1	54.1	51.6
A_3	60.1	70.9	39.2
A_4	75.8	58.2	48.7

重复两次试验的数据见表 6-15。

表 6-15 重复试验测量数据

	B_1	B_2	B_3
A_1	58.2 52.6	56.2 41.2	65.3 60.8
A_2	49.1 42.8	54.1 50.5	51.6 48.4
A_3	60.1 58.3	70.9 73.2	39.2 40.7
A_4	75.8 71.5	58.2 51	48.7 41.4

1. 设计画布环境设置

1）启动 App 界面，在命令行窗口中输入下面的命令。

```
>>appdesigner
```

2）弹出"App 设计工具首页"界面，选择空白 App，进入 App Designer 图形窗口，默认名称为 app1. mlapp，进行界面设计。

2. 组件属性设置

1）在设计画布中单击"面板"组件 Panel，或在"组件浏览器"中单击选中组件 app. Panel，手动调整面板组件大小，在"组件浏览器"侧栏中修改组件的基本属性。

◆ 在 Title（标题）文本框中输入"因素分析"。

◆ 在 BackgroundColor（背景色）中选择白色（"标准颜色"第 3 行第 1 列）。

◆ 在 FontName（字体名称）下拉列表框中选择"黑体"。

◆ 在 FontSize（字体大小）文本框中输入字体大小为 30。

◆ 在 FontWeight（字体粗细）选项下单击"加粗"按钮 **B**。

2）在设计画布中放置"按钮"组件 Button，在"组件浏览器"侧栏中显示该按钮 app. Button，修改组件的属性。

◆ 在 Text 文本框中分别输入"单因素分析""双因素分析""重复试验"。

◆ 在 FontSize（字体大小）文本框中输入按钮字体大小为"20"。

◆ 在 FontWeight（字体粗细）选项单击"加粗"按钮 B 。

单击"保存"按钮 🖫 ，系统生成以 . mlapp 为扩展名的文件，在弹出的对话框中输入文件名称"factor_ analysis. mlapp"，完成文件的保存。设计画布设计结果如图 6-13 所示。

3. 代码编辑

（1）定义辅助函数

在代码视图中的"代码浏览器"选项卡下选择"函数"选项卡，单击 ➕ ▾ 按钮，添加"私有函数"，定义辅助函数中添加的 updateMatrix 函数，代码如下所示。

图 6-13　界面设计结果

```
function X = updateMatrix(app)
        % 获取数据
        X = [58.2 56.2 65.3;
49.1 54.1 51.6;
60.1 70.9 39.2;
75.8 58.2 48.7];
end
```

（2）添加初始参数

在代码视图中的"代码浏览器"选项卡下选择"回调"选项卡，单击 ➕ ▾ 按钮，在"添加回调函数"对话框中为 app. UIFigure 添加 startupFcn 回调，自动转至"代码视图"，添加回调函数 startupFcn，代码如下所示。

```
function startupFcn(app)
X = updateMatrix(app);
        % 创建表格
        app. uit1 = uitable(app. Panel);
        app. uit2 = uitable(app. Panel);
        %设置图窗大小
        app. UIFigure. Position = [10 10 700 600];
        % 设置面板大小
        app. Panel. Position = [10 10 650 580];
        % 设置表格位置与大小
        app. uit1. Position = [170 300 450 200];
        app. uit2. Position = [170 50 450 200];

        % 填充表格数据
        app. uit1. Data = X;
        % 创建标签
```

```
            app. lbl1 = uilabel(app. Panel);
            app. lbl2 = uilabel(app. Panel);
                % 更改标签文本和字体大小。
                app. lbl1. Text ='分析数据';
                app. lbl1. FontSize = 20;
                app. lbl1. Position = [350 495 250 40];
                % 更改标签文本和字体大小。
                app. lbl2. Text ='table';
                app. lbl2. FontSize = 20;
                app. lbl2. Position = [350 240 250 40];
        end
```

（3）定义属性名

在代码视图中的"代码浏览器"选项卡下选择"属性"选项卡，单击 ⊕▾ 按钮，添加"私有属性"，自动在"代码视图"编辑区添加属性，代码如下所示。

```
properties (Access = private)
    Property % Description
end
```

定义回调函数中添加的属性 uit，代码如下所示。

```
properties (Access = private)
    uit1 % 定义表组件属性名
uit2
lbl1
    lbl2
end
```

（4）按钮回调函数

在代码视图中的"代码浏览器"选项卡下选择"回调"选项卡，单击 ⊕▾ 按钮，在"添加回调函数"对话框中为"单因素分析""双因素分析""重复试验"添加 ButtonPushedFcn 回调，自动转至"代码视图"，编辑后代码如下所示。

```
% Button pushed function: Button
    function ButtonPushed(app, event)
        % 关闭打开的文件
        close all
        % 调用辅助函数,获取分析数据
    X = updateMatrix(app);
    % 对数据进行单因素方差分析
        [p,table, ~ ] = anova1(X);
        % 将计算结果显示到表格中
        % p 是各列均值相等的概率值
        app. uit1. Data = p;
```

```
    % table 表示方差分析表
    app.uit2.Data = table;
    % 更改标签文本和字体大小
    app.lbl1.Text = 'p';
end


% Button pushed function: Button_2
function Button_2Pushed(app, event)
    close all
    % 调用辅助函数,获取分析数据
X = updateMatrix(app);
    % 对数据进行双因素方差分析
    [p,table, ~] = anova2(X',1);
    % 将计算结果显示到表格中
    % p是各列均值相等的概率值
    app.uit1.Data = p;
    % table 表示方差分析表
    app.uit2.Data = table;
    % 更改标签文本和字体大小。
    app.lbl1.Text = 'p';
end


% Button pushed function: Button_3
function Button_3Pushed(app, event)
close all
% 输入两次测量数据
X = [58.252.6 56.2 41.265.3 60.8;
    49.1 42.8 54.1 50.5 51.6 48.4;
    60.1 58.370.9 73.239.2 40.7;
    75.8 71.558.2 5148.7 41.4];
% 对两次的测量数据进行双因素方差分析
    [p,table, ~] = anova2(X',2);
    % 将计算结果显示到表格中
    % p是各列均值相等的概率值
    app.uit1.Data = p;
    % table 表示方差分析表
    app.uit2.Data = table;
    % 更改标签文本和字体大小。
    app.lbl1.Text = 'p';
end
```

4. 程序运行

单击工具栏中的"运行"按钮 ▶，在运行界面显示图 6-14 所示的样本数据。

图 6-14　显示样本数据结果

1）单击"单因素分析"按钮，在表格中显示单因素分析结果，结果如图 6-15 所示。

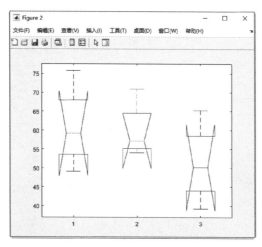

图 6-15　显示单因素分析结果

2）单击"双因素分析"按钮，在表格中显示双因素分析结果，结果如图6-16所示。

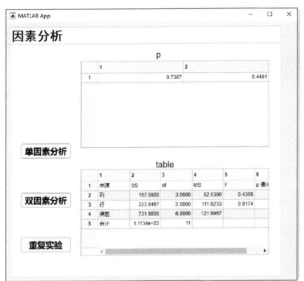
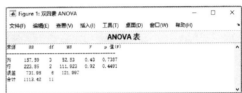

图6-16　显示双因素分析结果

可以看到 $F_A = 0.43 < 3.29 = F_{0.9}(3,6)$，$F_B = 0.92 < 3.46 = F_{0.9}(2,6)$，所以会得到这样的结果：燃料种类和推进器种类对火箭的影响都不显著。这是不合理的，究其原因，就是没有考虑燃料种类的搭配作用。这时候，就要进行重复试验了。

3）单击"重复试验"按钮，在表格中显示重复2次试验的双因素分析结果，结果如图6-17所示。

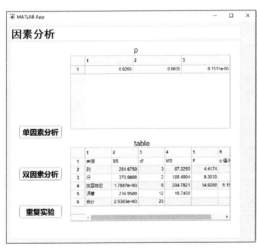
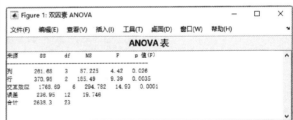

图6-17　显示重复2次试验的双因素分析结果

可以看到，交互作用是非常显著的。

6.4　回归分析

在客观世界中，变量之间的关系可以分为两种：确定性函数关系与不确定性统计关系。统计分析是研究统计关系的一种数学方法，可以由一个变量的值去估计另外一个变量的值。无论是在经济管理、社会科学，还是在工程技术或医学、生物学中，回归分析都是一种普遍应用的统计分析和预测技术。本节主要针对目前应用最普遍的部分最小回归进行一元线性回归、多元线性回归的介绍；同时，还将对近几年开始流行的部分最小二乘回归的 MATLAB 实现进行介绍。

6.4.1 一元线性回归

如果在总体中，因变量 y 与自变量 x 的统计关系符合一元线性的正态误差模型，即对给定的 x_i，有 $y_i = b_0 + b_1 x_i + \varepsilon_i$，那么 b_0 和 b_1 的估计值可以由下列公式得到：

$$
\begin{cases}
b_1 = \dfrac{\displaystyle\sum_{i=1}^{n} (x_i - \bar{x})(y_i - \bar{y})}{\displaystyle\sum_{i=1}^{n} (x_i - \bar{x})^2} \\
b_0 = \bar{y} - b_1 \bar{x}
\end{cases}
$$

其中，$\bar{x} = \dfrac{1}{n} \sum_{i=1}^{n} x_i$，$\bar{y} = \dfrac{1}{n} \sum_{i=1}^{n} y_i$。这就是部分最小二乘线性一元线性回归的公式。

MATLAB 提供的一元线性回归函数为 polyfit，因为一元线性回归其实就是一阶多项式拟合。polyfit 的用法在本章第一节中有详细的介绍，这里不再赘述。

6.4.2 多元线性回归

在大量的社会、经济、工程问题中，对于因变量 y 的全面解释往往需要多个自变量的共同作用。当有 p 个自变量 x_1，x_2，$\cdots$，x_p 时，多元线性回归的理论模型为

$$y = \beta_0 + \beta_1 x_1 + \cdots + \beta_p x_p + \varepsilon$$

其中，ε 是随机误差，$E(\varepsilon) = 0$。

若对 y 和 x_1，x_2，$\cdots$，x_p 分别进行 n 次独立观测，记

$$
Y = \begin{pmatrix} y_1 \\ y_2 \\ \vdots \\ y_n \end{pmatrix},
X = \begin{pmatrix} 1 & x_{11} & \cdots & x_{1p} \\ 1 & x_{21} & \cdots & x_{2p} \\ \vdots & \vdots & & \vdots \\ 1 & x_{n1} & \cdots & x_{np} \end{pmatrix},
\beta = \begin{pmatrix} \beta_0 \\ \beta_1 \\ \vdots \\ \beta_p \end{pmatrix}
$$

则 β 的最小二乘估计量为 $(X'X)^{-1}X'Y$，Y 的最小二乘估计量为 $X(X'X)^{-1}X'Y$。

MATLAB 提供了 regress 函数进行多元线性回归，该函数的调用格式见表 6-16。

表 6-16 regress 调用格式

调用格式	说　明
b = regress(y, X)	对因变量 y 和自变量 X 进行多元线性回归，b 是对回归系的最小二乘估计
[b, bint] = regress(y, X)	bint 是回归系数 b 的 95% 置信度的置信区间
[b, bint, r] = regress(y, X)	r 为残差
[b, bint, r, rint] = regress(y, X)	rint 为 r 的置信区间
[b, bint, r, rint, stats] = regress(y, X)	stats 是检验统计量，其中第一值为回归方程的置信度，第二值为 F 统计量，第三值为与 F 统计量相应的 p 值。如果 F 很大而 p 很小，说明回归系数不为 0
[...] = regress(y, X, alpha)	alpha 指定的是置信水平

> 注意:

计算 F 统计量及其 p 值的时候会假设回归方程含有常数项,所以在计算 stats 时,X 矩阵应该包含一个全一的列。

例 6-4:对农作物品种试验结果进行线性回归分析。

在农作物品种试验中,参加试验的有甲、乙、丙、丁、甲1、乙1、丙1、丁1八个品种,每个产品测量两个质量指标,得到的测量数据试验结果见表 6-17。试利用这些数据对两指标的关系进行线性回归分析。

表 6-17   测量数据

	甲 1	乙 2	丙 3	丁 4	甲 1 5	乙 1 6	丙 1 7	丁 1 8
1	51	25	18	32	32	42	86	72
2	40	23	13	35	65	41	82	101

1. 设计画布环境设置

1)启动 App 界面,在命令行窗口中输入下面的命令。

```
> >appdesigner
```

2)弹出"App 设计工具首页"界面,选择"可自动调整布局的两栏式 App",进入 App Designer 图形窗口,默认名称为 app1. mlapp,进行界面设计。

2. 组件属性设置

1)在设计画布左侧面板中放置"按钮"组件 Button,在左侧栏中放置按钮,在"组件浏览器"侧栏中显示组件的属性。

◆ 在 Text(文本)文本框中输入"测量数据""线性回归分析"。

◆ 在 FontSize(字体大小)文本框中输入字体大小为"20"。

◆ 在 FontWeight(字体粗细)选项下单击"加粗"按钮 B 。

选择对象,单击"水平应用"按钮 db 或"垂直应用"按钮 铝 ,控制相邻组件之间的水平、垂直间距。

2)单击"保存"按钮 ,系统生成以 . mlapp 为扩展名的文件,在弹出的对话框中输入文件名称"linear_ regression. mlapp",完成文件的保存,界面设计结果如图 6-18 所示。

图 6-18   界面设计

3. 代码编辑

(1)定义辅助函数

在代码视图中的"代码浏览器"选项卡下选择"函数"选项卡,单击 ➕ ▼ 按钮,添加"私有函数",自动在"代码视图"编辑区添加函数,代码如下所示。

```
methods (Access = private)

    function results = func(app)
```

```
        end
    end
```

定义辅助函数中添加的 updateplot 函数、updateplot1 函数，代码如下所示。

```
function X = updateplot(app)
    X = [51251832 32428672;
        40231335 654182101];
    end
    function updateplot1(app)
      % 创建坐标系,关闭坐标可见性
        app.ax = uiaxes(app.RightPanel);
        app.ax.Position = [250 10 300 150];
      % 创建表格
        app.uit1 = uitable(app.RightPanel);
        app.uit2 = uitable(app.RightPanel);
        app.uit3 = uitable(app.RightPanel);
        app.uit4 = uitable(app.RightPanel);
        app.uit5 = uitable(app.RightPanel);
      % 设置表格位置与大小
        app.uit1.Position = [30 310 200 120];
        app.uit2.Position = [300 310 200 120];
        app.uit3.Position = [30 170 200 120];
        app.uit4.Position = [300 170 200 120];
        app.uit5.Position = [30 20 200 120];
      % 创建标签
        app.lbl1 = uilabel(app.RightPanel);
        app.lbl2 = uilabel(app.RightPanel);
        app.lbl3 = uilabel(app.RightPanel);
        app.lbl4 = uilabel(app.RightPanel);
        app.lbl5 = uilabel(app.RightPanel);
      % 更改标签1 文本和字体大小
        app.lbl1.Text = 'b';
        app.lbl1.FontSize = 20;
        app.lbl1.Position = [15 400 50 40];
      % 更改标签2 文本和字体大小
        app.lbl2.Text = 'bint';
        app.lbl2.FontSize = 20;
        app.lbl2.Position = [260 400 50 40];
      % 更改标签3 文本和字体大小
        app.lbl3.Text = 'r';
        app.lbl3.FontSize = 20;
```

```
                app.lbl3.Position = [15 260 50 40];
                % 更改标签 4 文本和字体大小
                app.lbl4.Text ='rint';
                app.lbl4.FontSize = 20;
                app.lbl4.Position = [260 260 50 40];
                % 更改标签 5 文本和字体大小
                app.lbl5.Text ='stats';
                app.lbl5.FontSize = 20;
                app.lbl5.Position = [15 130 50 40];
            end
```

（2）添加初始参数

在代码视图中的"代码浏览器"选项卡下选择"回调"选项卡，单击 ➕▾ 按钮，在"添加回调函数"对话框中为 app.UIFigure 添加 startupFcn 回调，自动转至"代码视图"，添加回调函数 startupFcn，代码如下所示。

```
        function startupFcn(app)
            % 设置图窗大小
            app.UIFigure.Position = [10 10 800 450];
            % 创建标签
             app.lbl = uilabel(app.LeftPanel);
                % 更改标签文本和字体大小。
                app.lbl.Text ='线性回归分析';
                app.lbl.FontSize = 30;
                app.lbl.Position = [10 350 300 40];
        end
```

（3）定义属性名

在代码视图中的"代码浏览器"选项卡下选择"属性"选项卡，单击 ➕▾ 按钮，添加"私有属性"，自动在"代码视图"编辑区添加属性，代码如下所示。

```
properties (Access =private)
        Property % Description
end
```

定义回调函数中添加的属性 uit，代码如下所示。

```
properties (Access =private)
        lbl % 定义属性名
        uit
        ax
        uit1
        uit2
        uit3
        uit4
```

```
        uit5
        lbl1
        lbl2
        lbl3
        lbl4
        lbl5
    end
```

（4）添加按钮回调函数

在设计画布中的"测量数据""线性回归分析"按钮上单击右键选择"回调"→"添加ButtonPushedFcn回调"命令，自动转至"代码视图"，添加回调函数ButtonPushed，代码如下所示。

```
% Button pushed function: Button
        function ButtonPushed(app, event)
        X = updateplot(app);
          % 创建表格
        app. uit = uitable(app. RightPanel);
        % 填充表格数据
        app. uit. Data = X;
% 设置表格宽度
app. uit. ColumnWidth = {50,50,50,50,50,50,'auto','auto'};
        end
% Button pushed function: Button_2
        function Button_2Pushed(app, event)
          X = updateplot(app);
          updateplot1(app)
          app. uit. Visible ='off';
        i =1:8;
        plot(app. ax,i,X)
        X = [ones(size(i));X];
% 进行线性回归计算
        [b,bint,r,rint,stats] = regress(i',X');
        app. uit1. Data = b;
        app. uit2. Data = bint;
        app. uit3. Data = r;
        app. uit4. Data = rint;
        app. uit5. Data = stats;
        end
```

4. 程序运行

1）单击工具栏中的"运行"按钮 ▶，在运行界面显示图6-19所示的运行结果。

2）单击"测量数据"按钮，显示测量数据，结果如图6-20所示。

3）单击"线性回归分析"按钮，显示测量数据线性回归分析结果，结果如图6-21所示。

图 6-19　显示运行结果

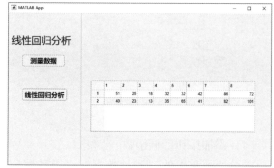

图 6-20　显示测量数据

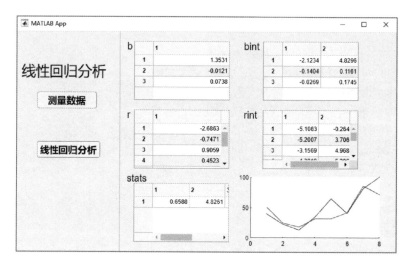

图 6-21　显示线性回归分析结果

6.4.3 部分最小二乘回归

在经典最小二乘多元线性回归中，Y 的最小二乘估计量为 $X(X'X)^{-1}X'Y$，这就要求（XX）是可逆的，所以当 X 中的变量存在严重的多重相关性，或者在 X 样本点与变量个数相比明显过少时，经典最小二乘多元线性回归就失效了。针对这个问题，人们提出了部分最小二乘方法，也叫偏最小二乘方法。它产生于化学领域的光谱分析，目前已被广泛应用于工程技术和经济管理的分析、预测研究中，被誉为"第二代多元统计分析技术"。

设有 q 个因变量 $\{y_1,\cdots,y_q\}$ 和 p 个自变量 $\{x_1,\cdots,x_p\}$。为了研究因变量与自变量的统计关系，观测 n 个样本点，构成了自变量与因变量的数据表 $X=[x_1,\cdots,x_p]_{n\times p}$ 和 $Y=[y_1,\cdots,y_q]_{n\times q}$。部分最小二乘回归分别在 X 和 Y 中提取成分 t_1 和 u_1，它们分别是 $x_1,\cdots,x_p$ 和 $y_1,\cdots,y_q$ 的线性组合。提取这两个成分有以下要求：

◆ 两个成分尽可能多地携带它们各自数据表中的变异信息。

◆ 两个成分的相关程度达到最大。

也就是说，它们能够尽可能好地代表各自的数据表，同时自变量成分 t_1 对因变量成分 u_1 有最强的解释能力。

在第一个成分被提取之后，分别实施 X 对 t_1 的回归和 Y 对 u_1 的回归。如果回归方程达到满意的精度则终止算法；否则，利用残余信息进行第二轮的成分提取，直到达到一个满意的精度。

编写对自变量 **X** 和因变量 **Y** 进行部分最小二乘回归的函数文件是 pls. m，代码如下所示。

```
function [beta,VIP] =pls(X,Y)
[n,p] =size(X);
[n,q] =size(Y);
meanX =mean(X);%均值
varX =var(X);%方差
meanY =mean(Y);% 均值
varY =var(Y);% 方差
%%%数据标准化过程
for i =1:p
    for j =1:n
    X0(j,i) = (X(j,i) -meanX(i))/((varX(i))^0.5);
    end
end
for i =1:q
    for j =1:n
    Y0(j,i) = (Y(j,i) -meanY(i))/((varY(i))^0.5);
    end
end
%%%%%%%%%%%%%%%%%%%%%%%%%%%%%%%%%%%%
[omega(:,1),t(:,1),pp(:,1),XX(:,:,1),rr(:,1),YY(:,:,1)] =plsfactor(X0,Y0);
[omega(:,2),t(:,2),pp(:,2),XX(:,:,2),rr(:,2),YY(:,:,2)] =plsfactor(XX(:,:,1),YY
(:,:,1));
PRESShj =0;
tt0 =ones(n -1,2);
for i =1:n
    YY0(1:(i -1),:) =Y0(1:(i -1),:);
    YY0(i:(n -1),:) =Y0((i +1):n,:);
    tt0(1:(i -1),:) =t(1:(i -1),:);
    tt0(i:(n -1),:) =t((i +1):n,:);
    expPRESS(i,:) = (Y0(i,:) -t(i,:) * inv((tt0'* tt0)) * tt0'* YY0);
    for m =1:q
       PRESShj =PRESShj +expPRESS(i,m)^2;
    end
end
  sum1 =sum(PRESShj);
  PRESSh =sum(sum1);
for m =1:q
    for i =1:n
        SShj(i,m) =YY(i,m,1)^2;
```

```matlab
            end
        end
    sum2 = sum(SShj);
    SSh = sum(sum2);
   Q = 6 - (PRESSh/SSh);
   k = 3;
    %%%%%%%%%%%%%%循环,提取主元
    while Q > 0.0975
[omega(:,k),t(:,k),pp(:,k),XX(:,:,k),rr(:,k),YY(:,:,k)] = plsfactor(XX(:,:,k-1),
YY(:,:,k-1));
        PRESShj = 0;
    tt00 = ones(n-1,k);
    for i = 1:n
        YY0(1:(i-1),:) = Y0(1:(i-1),:);
        YY0(i:(n-1),:) = Y0((i+1):n,:);
        tt00(1:(i-1),:) = t(1:(i-1),:);
        tt00(i:(n-1),:) = t((i+1):n,:);
        expPRESS(i,:) = (Y0(i,:) - t(i,:) * ((tt00' * tt00)^(-1)) * tt00' * YY0);
        for m = 1:q
           PRESShj = PRESShj + expPRESS(i,m)^2;
        end
    end
    for m = 1:q
        for i = 1:n
           SShj(i,m) = YY(i,m,k-1)^2;
        end
    end
    sum2 = sum(SShj);
     SSh = sum(sum2);
        Q = 6 - (PRESSh/SSh);
        if Q > 0.0975
          k = k + 1;
        end
    end
    %%%%%%%%%%%%%%%%%%%%
    h = k - 1;%%%%%%%%%提取主元的个数
    %%%%%%%%%%%%%%还原回归系数
    omegaxing = ones(p,h,q);
    for m = 1:q
    omegaxing(:,1,m) = rr(m,1) * omega(:,1);
        for i = 2:(h)
            for j = 1:(i-1)
```

```
            omegaxingi = (eye(p) - omega(:,j) * pp(:,j)');
            omegaxingii = eye(p);
            omegaxingii = omegaxingii * omegaxingi;
        end
        omegaxing(:,i,m) = rr(m,i) * omegaxingii * omega(:,i);
    end
beta(:,m) = sum(omegaxing(:,:,m),2);
end
%%%%%%计算相关系数
for i = 1:h
    for j = 1:q
        relation(i,j) = sum(prod(corrcoef(t(:,i),Y(:,j))))/2;
    end
end
%%%%%%%%%%%%%%%%%%%%%%%%
Rd = relation. * relation;
RdYt = sum(Rd,2)/q;
Rdtttt = sum(RdYt);
omega22 = omega. * omega;
VIP = ((p/Rdtttt) * (omega22 * RdYt)).^0.5;   %%%计算 VIP 系数
```

下面的 M 文件是专门的提取主元函数。

```
function [omega,t,pp,XXX,r,YYY] = plsfactor(X0,Y0)
XX = X0'* Y0 * Y0'* X0;
[V,D] = eig(XX);
Lamda = max(D);
[MAXLamda,I] = max(Lamda);
omega = V(:,I);                      % 最大特征值对应的特征向量
   %%%第一主元
t = X0 * omega;
pp = X0'* t/(t'* t);
XXX = X0 - t * pp';
r = Y0'* t/(t'* t);
YYY = Y0 - t * r';
```

部分最小二乘回归提供了一种多因变量对多自变量的回归建模方法，可以有效解决变量之间的多重相关性问题，适合在样本容量小于变量个数的情况下进行回归建模，可以实现多种多元统计分析方法的综合应用。

例 6-5：碳酸岩标本数据部分最小二乘回归分析。

从珠穆朗玛峰地区采集不同地质时代的碳酸岩标本进行化学分析，其测量数据见表 6-18。试利用部分最小二乘回归方法，对这些数据进行部分最小二乘回归分析。

表 6-18　碳酸岩标本数据

	编　号	SiO_2	Al_2O_3	MgO	CaO	K_2O	Na_2O
古生代	JBR52	20.92	4.50	3.13	36.7	1.20	0.75
	JSAR3	31.09	7.02	2.16	30.6	2.55	0.95
	JBR12	6.01	3.10	1.30	29.8	2.05	0.20
	JSAR24	20.21	2.26	1.73	48.28	0.60	0.40
中新生代	JSAR33	18.86	1.83	2.59	37.30	0.95	0.25
	JSAR35	8.98	1.41	1.41	45.56	0.45	0.40
	JSARA40	20.30	4.35	1.70	37.58	0.20	0.40
	JSRF22	9.52	3.37	1.52	37.20	0.60	0.50

1. 设计画布环境设置

1）启动 App 界面，在命令行窗口中输入下面的命令。

```
>>appdesigner
```

2）弹出"App 设计工具首页"界面，选择"可自动调整布局的两栏式 App"，进入 AppDesigner 图形窗口，默认名称为 app1.mlapp，进行界面设计。

2. 组件属性设置

1）在设计画布左侧面板中放置"按钮"组件 Button，在左侧栏中放置按钮，在"组件浏览器"侧栏中显示组件的属性。

◆ 在 Text（文本）文本框中输入"测量数据""最小二乘回归分析"。

◆ 在 FontSize（字体大小）文本框中输入字体大小为"20"。

◆ 在 FontWeight（字体粗细）选项下单击"加粗"按钮 **B**。

选择对象，单击"水平应用"按钮 或"垂直应用"按钮 ，控制相邻组件之间的水平、垂直间距。

2）单击"保存"按钮 ，系统生成以 .mlapp 为扩展名的文件，在弹出的对话框中输入文件名称"Least_squares.mlapp"，完成文件的保存，界面设计结果如图 6-22 所示。

图 6-22　界面设计结果

3. 代码编辑

（1）定义辅助函数

在代码视图中的"代码浏览器"选项卡下选择"函数"选项卡，单击 按钮，添加"私有函数"，自动在"代码视图"编辑区添加函数，代码如下所示。

```
methods (Access = private)

        function results = func(app)

        end
    end
```

定义辅助函数中添加的 updateplot 函数、updateplot1 函数，代码如下所示。

```
function [X,Y] = updateplot(app)
        X = [20.92  4.50  3.13  36.7  1.20  0.75;
31.09  7.02  2.16  30.6  2.55  0.95;
6.01  3.10  1.30  29.8  2.05  0.20;
20.21  2.26  1.73  48.28  0.60  0.40];
Y = [18.86  1.83  2.59  37.30  0.95  0.25;
8.98  1.41  1.41  45.56  0.45  0.40;
20.30  4.35  1.70  37.58  0.20  0.40;
9.52  3.37  1.52  37.20  0.60  0.50];

        end
        function updateplot1(app)
          % 创建表格
            app.uit1 = uitable(app.RightPanel);
            app.uit2 = uitable(app.RightPanel);
            % 设置表格位置与大小
            app.uit1.Position = [50 250 500 200];
            app.uit2.Position = [50 20 500 200];
            % 创建标签
          app.lbl1 = uilabel(app.RightPanel);
          app.lbl2 = uilabel(app.RightPanel);
            app.lbl1.FontSize = 20;
            app.lbl1.Position = [15 450 50 40];
            app.lbl2.FontSize = 20;
            app.lbl2.Position = [15 200 50 40];
          end
```

（2）添加初始参数

在代码视图中的"代码浏览器"选项卡下选择"回调"选项卡，单击 ➕▾ 按钮，在"添加回调函数"对话框中为 app.UIFigure 添加 startupFcn 回调，自动转至"代码视图"，添加回调函数 startupFcn，代码如下所示。

```
function startupFcn(app)
    % 设置图窗大小
        app.UIFigure.Position = [10 10 800 500];
      % 创建标签
        app.lbl = uilabel(app.LeftPanel);
          % 创建包含换行符和其他特殊字符的格式化文本
    text = sprintf('%s\n%s','最小二乘','回归分析');
          % 更改标签文本和字体大小
        app.lbl.Text = text;
        app.lbl.FontSize = 30;
        app.lbl.Position = [50 350 300 120];
end
```

（3）定义属性名

在代码视图中的"代码浏览器"选项卡下选择"属性"选项卡，单击 ➕▾ 按钮，添加"私有属性"，自动在"代码视图"编辑区添加属性，代码如下所示。

```
properties (Access = private)
    Property % Description
end
```

定义回调函数中添加的属性 uit，代码如下所示。

```
properties (Access = private)
    lbl % 定义属性名
    uit1
    uit2
    lbl1
  lbl2
end
```

（4）添加按钮回调函数

在设计画布中的"测量数据""线性回归分析"按钮上单击右键选择"回调"→"添加 ButtonPushedFcn 回调"命令，自动转至"代码视图"，添加回调函数 ButtonPushed，代码如下所示。

```
% Button pushed function: Button
function ButtonPushed(app, event)
        [X,Y] = updateplot(app);
        updateplot1(app)
        % 填充表格数据
        app. uit1. Data = X;
        app. uit2. Data = Y;
% 更改标签文本
            app. lbl1. Text ='';
            app. lbl2. Text ='';
end
% Button pushed function: Button_2
function Button_2Pushed(app, event)
        [X,Y] = updateplot(app);
        updateplot1(app)
        [beta,VIP] = pls(X,Y);
        app. uit1. Data = beta;
        app. uit2. Data = VIP;
% 更改标签文本
            app. lbl1. Text ='beta';
            app. lbl2. Text ='VIP';
end
```

4. 程序运行

1）单击工具栏中的"运行"按钮 ▶，在运行界面显示图 6-23 所示的运行结果。

2）单击"测量数据"按钮，显示测量数据，结果如图 6-24 所示。

3）单击"最小二乘回归分析"按钮，显示测量数据最小二乘回归分析结果，结果如图 6-25 所示。

图 6-23　显示运行结果

图 6-24　显示测量数据

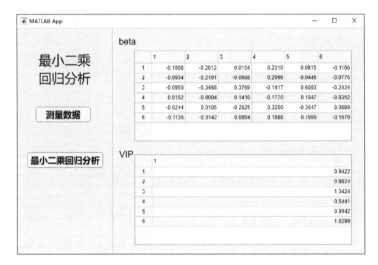

图 6-25　显示最小二乘回归分析结果

6.5　数值插值

工程实践中，能够测量到的数据通常是一些不连续的点，而实际中往往需要知道这些离散点以外的其他点的数值。例如，现代机械工业中进行零件的数控加工，根据设计可以给出零件外形曲线的某些型值点，加工时为控制每步走刀方向及步数要求计算出零件外形曲线中其他点的函数值，才能加工出外表光滑的零件。这就是函数插值的问题。数值插值有拉格朗日（Lagrange）插值、埃尔米特（Hermite）插值、分段线性插值、三次样条插值、多维插值等几种，下面将分别进行介绍。

6.5.1　拉格朗日（Lagrange）插值

给定 n 个插值节点 x_1，x_2，$\cdots$，x_n 和对应的函数值 y_1，y_2，$\cdots$，y_n，利用 n 次拉格朗日插值

多项式公式 $L_n(x) = \sum_{k=0}^{n} y_k l_k(x)$，其中 $l_k(x) = \dfrac{(x-x_0)\cdots(x-x_{k-1})(x-x_{k+1})\cdots(x-x_n)}{(x_k-x_0)\cdots(x_k-x_{k-1})(x_k-x_{k+1})\cdots(x_k-x_n)}$，可以得到插值区间内任意 x 的函数值 y 为 $y(x) = L_n(x)$。从公式中可以看出，生成的多项式与用来插值的数据密切相关，数据变化则函数就要重新计算，所以当插值数据特别多的时候，计算量会比较大。MATLAB 中并没有现成的拉格朗日插值命令，下面是用 M 语言编写的函数文件 lagrange. m。

```
function yy = lagrange(x,y,xx)
% Lagrange 插值,求数据(x,y)所表达的函数在插值点 xx 处的插值
  m = length(x);
n = length(y);
if m ~ = n, error('向量 x 与 y 的长度必须一致');
end
s = 0;
for i = 1:n
  t = ones(1,length(xx));
  for j = 1:n
    if j ~ = i
       t = t. * (xx - x(j))/(x(i) - x(j));
     end
   end
  s = s + t * y(i);
end
yy = s;
```

6.5.2 埃尔米特(Hermite)插值

不少实际的插值问题既要求节点上函数值相等，又要求对应的导数值也相等，甚至要求高阶倒数也相等，满足这种要求的插值多项式就是埃尔米特插值多项式。

已知 n 个插值节点 x_1, x_2, $\cdots$, x_n 和对应的函数值 y_1, y_2, $\cdots$, y_n，以及一阶导数值 y_1'，y_2', $\cdots$, y_n'，则在插值区域内任意 x 的函数值 y 为

$$y(x) = \sum_{i=1}^{n} h_i \left[(x_i - x)(2a_i y_i - y_i') + y_i \right]$$

其中，$h_i = \prod_{j=1, j \neq i}^{n} \left(\dfrac{x - x_j}{x_i - x_j} \right)^2$，$a_i = \sum_{i=1, j \neq i}^{n} \dfrac{1}{x_i - x_j}$。

MATLAB 没有现成的埃尔米特插值命令，下面是用 M 语言编写的函数文件 hermite. m。

```
function yy = hermite(x0,y0,y1,x)
% hermite 插值,求数据(x0,y0)所表达的函数,y1 所表达的导数值,以及在插值点 x 处的插值
n = length(x0);
m = length(x);
for k = 1:m
    yy0 = 0;
```

```
for i = 1:n
    h = 1;
    a = 0;
    for j = 1:n
        if j ~ = i
        h = h * ((x(k) - x0(j))/(x0(i) - x0(j)))^2;
            a = 1/(x0(i) - x0(j)) + a;
        end
    end
    yy0 = yy0 + h * ((x0(i) - x(k)) * (2 * a * y0(i) - y1(i)) + y0(i));
    end
    yy(k) = yy0;
end
```

6.5.3 分段线性插值

利用多项式进行函数的拟合与插值并不是次数越高精度越高。早在 20 世纪初龙格（Runge）就给出了一个等距节点插值多项式不收敛的例子，自此这种高次插值的病态现象被称为龙格现象。针对这种问题，人们通过插值点用折线连接起来逼近原曲线，这就是所谓的分段线性插值。

MATLAB 提供了 interp1 函数进行分段线性插值，其调用格式见表 6-19。

表 6-19 interp1 调用格式

调用格式	说　明
yi = interp1(x, Y, xi)	对一组节点 (*x*, *Y*) 进行插值，计算插值点 xi 的函数值。*x* 为节点向量值，*Y* 为对应的节点函数值；如果 *Y* 为矩阵，则插值对 *Y* 的每一列进行；如果 *Y* 的维数超过 *x* 或 xi 的维数，返回 NaN
yi = interp1(Y, xi)	默认 $x = 1$：n，n 为 *Y* 的元素个数值
yi = interp1(x, Y, xi, method)	method 指定的是插值使用的算法，有 ' linear '、' nearest '、' next '、' previous '、' pchip '、' cubic '、' v5cubic '、' makima '或 ' spline '几种，默认方法为 ' linear '
yi = interp1(Y, xi, method)	指定备选插值方法中的任意一种，并使用默认样本点

其中，对于' nearest '和' linear '方法，如果 xi 超出 x 的范围，返回 NaN；而对于其他几种方法，系统将对超出范围的值进行外推计算，见表 6-20。

表 6-20 外推计算

调用格式	说　明
yi = interp1(x, Y, xi, method, ' extrap ')	利用指定的方法对超出范围的值进行外推计算
yi = interp1(x, Y, xi, method, extrapval)	返回标量 extrapval 为超出范围值
pp = interp1(x, Y, method, ' pp ')	利用指定的方法产生分段多项式

6.5.4 三次样条插值

在工程实际中，往往要求一些图形是二阶光滑的，比如高速飞机的机翼形线。早期的工程制图在作这种图形的时候，将样条（富有弹性的细长木条）固定在样点上，其他地方自由弯曲，然后画下长条的曲线，称为样条曲线。它实际上是由分段三次曲线连接而成的，在连接点上要求二阶导数连续。这种方法在数学上被概括发展为数学样条，其中最常用的就是三次样条函数。

在 MATLAB 中，提供了 spline 函数进行三次样条插值，其调用格式见表 6-21。

表 6-21　spline 调用格式

调 用 格 式	说　　明
pp = spline(x, Y)	计算出三次样条插值的分段多项式，可以用函数 ppval(pp, x) 计算多项式在 x 处的值
yy = spline(x, Y, xx)	用三次样条插值利用 x 和 Y 在 xx 处进行插值，等同于 $yi = $ interp1$(x, Y, xi, '$spline$')$

6.5.5 多维插值

在工程实际中，一些比较复杂的问题通常是多维问题，因此多维插值就愈显重要。这里重点介绍一下二维插值。

MATLAB 中用来进行二维和三维插值的函数分别是 interp2 和 interp3。

interp2 的调用格式见表 6-22。

表 6-22　interp2 调用格式

调 用 格 式	说　　明
ZI = interp2(X, Y, Z, XI, YI)	返回以 X、Y 为自变量，Z 为函数值，对位置 XI、YI 的插值，X、Y 必须为单调的向量或用单调的向量以 meshgrid 格式形成的网格格式
ZI = interp2(Z, XI, YI)	$X = 1:n$，$Y = 1:m$，$[m, n] = $ size(Z)
ZI = interp2$(Z, $ntimes$)$	在 Z 的各点间插入数据点对 Z 进行扩展，一次执行 ntimes 次，默认为 1 次
ZI = interp2$(X, Y, Z, XI, YI, $method$)$	method 指定的是插值使用的算法，默认为线性算法，其值可以是以下几种类型： ● 'nearest'：线性最近项插值 ● 'linear'：线性插值（默认） ● 'spline'：三次样条插值 ● 'cubic'：同上
ZI = interp2$(\dots, $method, extrapval$)$	返回标量 extrapval 为超出范围值

✎ 注意：

MATLAB 提供了一个 interp3 命令，进行三维插值，其用法与 interp2 相似，有兴趣的读者可以自己动手学习。

例 6-6：插值运算。

对函数 $y = e^{0.1x}\sin 4x$ 在 $x \in [-10, 10]$，$y \in [0, \infty]$ 进行插值运算。

1. 设计画布环境设置

1）启动 App 界面，在命令行窗口中输入下面的命令。

```
>>appdesigner
```

2）弹出 "App 设计工具首页" 界面，选择 "可自动调整布局的两栏式 App"，进入 App Designer 图形窗口，默认名称为 app1. mlapp，进行界面设计。

2. 组件属性设置

1）在设计画布左侧面板中放置 "按钮" 组件 Button，在左侧栏中放置按钮，在 "组件浏览器"侧栏中显示组件的属性。

◆ 在 Text（文本）文本框中输入"测量数据""拉格朗日插值""埃尔米特插值""分段插值""三次样条插值""二维插值""多维插值"。

◆ 在 FontSize（字体大小）文本框中输入字体大小为"20"。

◆ 在 FontWeight（字体粗细）选项下单击"加粗"按钮 **B**。

2）选择对象，单击"水平应用"按钮 或"垂直应用"按钮 ，控制相邻组件之间的水平、垂直间距。

3）单击"保存"按钮 ，系统生成以 .mlapp 为扩展名的文件，在弹出的对话框中输入文件名称"Lagrange_Hermite. mlapp"，完成文件的保存，界面设计结果如图 6-26 所示。

图 6-26 界面设计结果

3. 代码编辑

（1）定义辅助函数

在代码视图中的"代码浏览器"选项卡下选择"函数"选项卡，单击 按钮，添加"私有函数"，定义辅助函数中添加的 updateplot 函数，代码如下所示。

```
function [x,y,xi] = updateplot(app)
% 定义曲线参数
% 创建取值范围为[ -10 10]的向量 x
x = linspace( -10,10);
% 定义函数
y = exp(.1 * x). * sin(4. * x);
% 定义插值点
xi = x;
end
```

（2）添加初始参数

在代码视图中的"代码浏览器"选项卡下选择"回调"选项卡，单击 按钮，在"添加回调函数"对话框中为 app. UIFigure 添加 startupFcn 回调，自动转至"代码视图"，添加回调函数 startupFcn，代码如下所示。

```
    function startupFcn(app)
% 设置图窗大小
        app. UIFigure. Position = [10 10 800 500];
        % 创建标签
        app. lbl = uilabel(app. LeftPanel);
            % 更改标签文本和字体大小
            app. lbl. Text = '插值运算';
            app. lbl. FontSize = 30;
            app. lbl. Position = [50 410 300 120];
```

```
        % 将当前窗口布局为的视图区域
t = tiledlayout(app.RightPanel,'flow');
%   将 TileSpacing 属性设置为 'none' 来减小图块的间距
t.TileSpacing ='none';
% 将 Padding 属性设置为 'compact',减小布局边缘和图窗边缘之间的空间
t.Padding ='compact';
% 创建坐标区
  app.ax = nexttile(t);
  app.ax1 = nexttile(t);
  app.ax2 = nexttile(t);
  app.ax3 = nexttile(t);
  app.ax4 = nexttile(t);
  app.ax5 = nexttile(t);
  app.ax6 = nexttile(t);
  app.ax7 = nexttile(t);
  % 取消坐标系的显示
  app.ax.Visible = 0;
  app.ax1.Visible = 0;
  app.ax2.Visible = 0;
  app.ax3.Visible = 0;
  app.ax4.Visible = 0;
  app.ax5.Visible = 0;
  app.ax6.Visible = 0;
  app.ax7.Visible = 0;
end
```

（3）按钮回调函数

在代码视图中的"代码浏览器"选项卡下选择"回调"选项卡，单击 ⊞▾ 按钮，在"添加回调函数"对话框中为"测量数据""拉格朗日插值""埃尔米特插值""分段插值""三次样条插值""二维插值""多维插值"添加 ButtonPushedFcn 回调，自动转至"代码视图"，编辑后代码如下所示。

```
% Button pushed function: Button
    function ButtonPushed(app, event)
    [x,y, ~] = updateplot(app);
    plot(app.ax,x,y,'LineWidth',6)
    axis(app.ax,[ -10 10 0 inf])
    end


    % Button pushed function: Button_2
    function Button_2Pushed(app, event)
      [x,y,xi] = updateplot(app);
      % 计算拉格朗日插值
```

```
        y0 = lagrange(x,y,xi);
        plot(app.ax1,x,y,xi,y0,'* r')

        end

        % Button pushed function: Button_3
        function Button_3Pushed(app, event)
        [x,y,xi] = updateplot(app);
% 计算埃尔米特插值
yy = y - randn(size(xi));
y1 = hermite(x,y,yy,xi);
plot(app.ax2,x,y,xi,y1,'* r')

        end

        % Button pushed function: Button_4
        function Button_4Pushed(app, event)
            [x,y,xi] = updateplot(app);
% 计算分段插值
y2 = interp1(x,y,xi);
plot(app.ax3,x,y,xi,y2,'or')
% axis(app.ax3,[-10 10 0 inf])
        end

        % Button pushed function: Button_5
        function Button_5Pushed(app, event)
        [x,y,xi] = updateplot(app);
% 计算三次样条插值
y4 = spline(x,y,xi);
plot(app.ax4,x,y,xi,y4,'ro')

        end

        % Button pushed function: Button_6
        function Button_6Pushed(app, event)
                [x, ~, ~] = updateplot(app);
% 计算多维样条插值
[X,Y] = meshgrid(x);   % 定义网格数据
R = sqrt(X.^2 + Y.^2) + eps;   % 定义表达式
Z = sin(R)./R;
mesh(app.ax5,X,Y,Z)
Vq = interp2(Z,'nearest');
mesh(app.ax6,Vq)
        end

        % Button pushed function: Button_7
```

```
        function Button_7Pushed(app, event)
        [x,y,xi] = updateplot(app);
    % 计算 N 维样条插值
vi = interpn(x,y,xi,'cubic');
plot(app.ax7,x,y,'o',xi,vi,'-')
        end
```

（4）添加属性

在代码视图中的"代码浏览器"选项卡下选择"属性"选项卡，单击 ➕▾ 按钮，添加"私有属性"，自动在"代码视图"编辑区添加属性，代码如下所示。

```
properties (Access = private)
        lbl   % 定义属性名
        ax
        ax1
        ax2
        ax3
        ax4
        ax5
        ax6
        ax7
    end
```

4. 程序运行

1）单击工具栏中的"运行"按钮 ▶，显示运行界面，如图 6-27 所示。

2）单击"测量数据"按钮，在坐标系 1 中显示原始样本数据曲线，结果如图 6-28 所示。

图 6-27　显示圆柱面

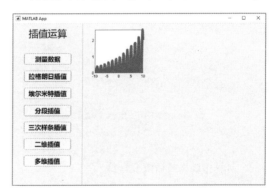

图 6-28　在坐标系 1 中显示原始样本数据曲线

3）单击"拉格朗日插值"按钮，在坐标系 2 中显示插值运算前后的曲线，结果如图 6-29 所示。

4）单击"埃尔米特插值"按钮，在坐标系 3 中显示插值运算前后的曲线，结果如图 6-30 所示。

5）单击"分段插值"按钮，在坐标系 4 中显示插值运算前后的曲线，结果如图 6-31 所示。

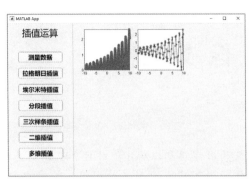

图 6-29　显示拉格朗日插值结果

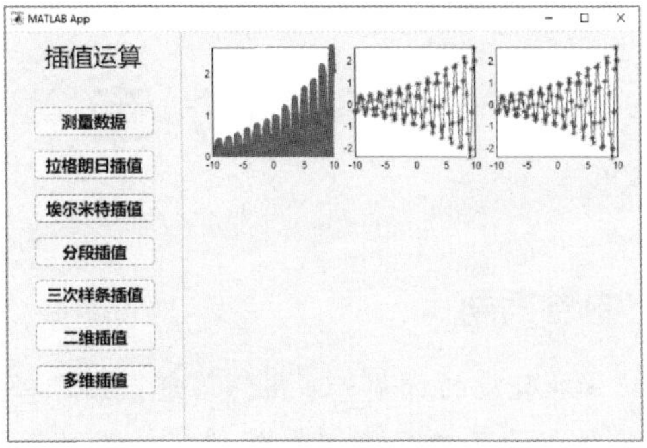

图 6-30　显示埃尔米特插值结果

6）单击"三次样条插值"按钮，在坐标系 5 中显示插值运算前后的曲线，结果如图 6-32 所示。

7）单击"二维插值"按钮，在坐标系 6、坐标系 7 中显示插值运算前后的曲线，结果如图 6-33 所示。

8）单击"多维插值"按钮，在坐标系 8 中显示插值运算前后的曲线，结果如图 6-34 所示。

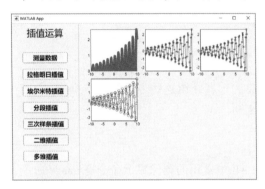
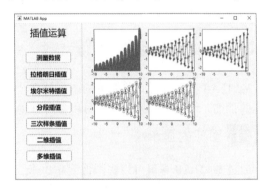

图 6-31　显示分段插值结果

图 6-32　显示三次样条插值结果

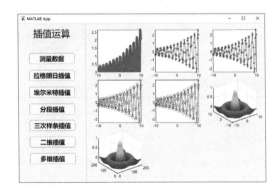
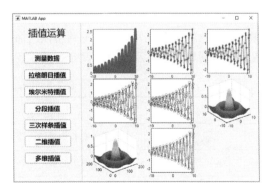

图 6-33　显示二维插值结果

图 6-34　显示多维插值结果

第7章 图像处理

 内容指南

计算机处理的都是数字化的信息，图像必须转化为数字信息以后才能被计算机识别并处理。借助 GUI 与计算机数字图像处理技术，可以在工作区中浏览不同形式的图像，并对它们进行处理。

内容要点

　　📖 图像的显示设置。
　　📖 图像的几何运算。
　　📖 图像的变换。

7.1 图像的显示设置

MATLAB 可以进行一些简单的图像处理，本节将为读者介绍这些方面的基本操作，关于这些功能的详细介绍，感兴趣的读者可以参考其他相关书籍。

7.1.1 图像的显示

通过 MATLAB 窗口可以将图像显示出来，MATLAB 中常用的图像显示命令有 image 命令、imagesc 命令以及 imshow 命令。下面将具体介绍这些命令及相应的用法。

1. 矩阵转换成的图像

image 命令有两种调用格式：一种是通过调用 newplot 命令来确定在什么位置绘制图像，并设置相应轴对象的属性；另一种是不调用任何命令，直接在当前窗口中绘制图像，这种用法的参数列表只能包括属性名称及值对。该命令的使用格式见表 7-1。

表 7-1　image 命令的使用格式

命令格式	说　　明
image(C)	将矩阵 C 中的值以图像形式显示出来
image(x,y,C)	指定图像位置，其中 x、y 为二维向量，分别定义了 X 轴与 Y 轴的范围
image(..., Name,Value)	在绘制图像前需要调用 newplot 命令，后面的参数定义了属性名称及相应的值
image(ax, ...)	在由 ax 指定的坐标区中而不是当前坐标区（gca）中创建图像
handle = image(...)	返回所生成的图像对象的柄

2. 具有缩放颜色的图像

imagesc 命令与 image 命令非常相似，主要的区别是前者可以自动调整值域范围。它的使用格式见表 7-2。

表 7-2 imagesc 命令的使用格式

命 令 格 式	说 明
imagesc(C)	将矩阵 *C* 中的值以图像形式显示出来
imagesc(x,y,C)	其中 *x*、*y* 为二维向量，分别定义了 *X* 轴与 *Y* 轴的范围
imagesc(..., 'PropertyName', PropertyValue)	使用一个或多个名称 – 值对组参数指定图像属性
imagesc(..., clims)	其中 *clims* 为二维向量，它限制了 *C* 中元素的取值范围
imagesc (ax, ···)	在 *ax* 指定的轴上而不是在当前坐标区创建图像
h = imagesc(...)	返回生成的图像对象的句柄

3. 显示图片

在实际应用中，另一个经常用到的图像显示命令是 imshow 命令，其常用的使用格式见表 7-3。

表 7-3 imshow 命令的使用格式

命 令 格 式	说 明
imshow(I)	显示灰度图像 I
imshow(I, [low high])	显示灰度图像 I，其值域为 [low high]
imshow(RGB)	显示真彩色图像
imshow (I, [])	显示灰度图像 I，I 中的最小值显示为黑色，最大值显示为白色
imshow(BW)	显示二进制图像
imshow(X, map)	显示索引色图像，*X* 为图像矩阵，map 为调色板
himage = imshow(...)	返回所生成的图像对象的柄
imshow(filename)	显示 filename 文件中的图像
imshow(..., Name, Value)	根据参数及相应的值显示图像

注意:

需要显示的图片必须在工作路径下，否则无法查找到。

7.1.2 图像的读写

对于 MATLAB 支持的图像文件，MATLAB 提供了相应的读写命令，下面简单介绍这些命令的基本用法。

1. 用 imread 命令读入图像

在 MATLAB 中，imread 命令用来读入各种图像文件，它的使用格式见表 7-4。

表 7-4 imread 命令的使用格式

命 令 格 式	说 明
A = imread(filename)	从 filename 指定的文件中读取图像，如果 filename 为多图像文件，则 imread 读取该文件中的第一个图像
A = imread(filename, fmt)	其中参数 fmt 用来指定图像的格式，图像格式可以与文件名写在一起，默认的文件目录为当前工作目录

（续）

命 令 格 式	说　　明
A = imread(... , idx)	读取多帧图像文件中的一帧，idx 为帧号。仅适用于 GIF、PGM、PBM、PPM、CUR、ICO、TIF 和 HDF4 文件
A = imread(... , Name, Value)	使用一个或多个名称 – 值对参数以及前面语法中的任何输入参数指定特定于格式的选项，名称 – 值对参数见表7-5
[A, map] = imread(...)	将 filename 中的索引图像读入 A，并将其关联的颜色图读入 map。图像文件中的颜色图值会自动重新调整到范围 [0, 1] 中
[A, map, alpha] = imread(...)	在 [A, map] = imread (...) 的基础上还返回图像透明度，仅适用于 PNG、CUR 和 ICO 文件。对于 PNG 文件，返回 alpha 通道（如果存在）

对于图像数据 A，以数组的形式返回。

◆ 如果文件包含灰度图像，则 A 为 $m \times n$ 数组。

◆ 如果文件包含索引图像，则 A 为 $m \times n$ 数组，其中的索引值对应于 map 中该索引处的颜色。

◆ 如果文件包含真彩色图像，则 A 为 $m \times n \times 3$ 数组。

◆ 如果文件是一个包含使用 CMYK 颜色空间的彩色图像的 TIFF 文件，则 A 为 $m \times n \times 4$ 数组。

表7-5　名称 – 值对组参数表

属 性 名	说　　明	参　数　值
'Frames'	要读取的帧（GIF 文件）	一个正整数、整数向量或 'all'。如果指定值 3，将读取文件中的第三个帧。指定 'all'，则读取所有帧并按其在文件中显示的顺序返回这些帧
'PixelRegion'	要读取的子图像（JPEG 2000 文件）	指定为包含 'PixelRegion' 和 {rows, cols} 形式的元胞数组的逗号分隔对组
'ReductionLevel'	降低图像分辨率（JPEG 2000 文件）	0（默认）和非负整数
'BackgroundColor'	背景色（PNG 文件）	'none'、整数或三元素整数向量，如果输入图像为索引图像，BackgroundColor 的值必须为 [1, P] 范围中的一个整数，其中 P 是颜色图长度　如果输入图像为灰度，则 BackgroundColor 的值必须为 [0, 1] 范围中的整数。　如果输入图像为 RGB，则 BackgroundColor 的值必须为三元素向量，其中的值介于 [0, 1] 范围内
'Index'	要读取的图像（TIFF 文件）	包含 'Index' 和正整数的逗号分隔对组
'Info'	图像的相关信息（TIFF 文件）	包含 'Info' 和 imfinfo 函数返回的结构体数组的逗号分隔对组
'PixelRegion'	区域边界（TIFF 文件）	{rows, cols} 形式的元胞数组

2. 图像写入命令

在 MATLAB 中，imwrite 命令用来写入各种图像文件，它的使用格式见表7-6。

表 7-6　imwrite 命令的使用格式

命 令 格 式	说　　明
imwrite(A, filename)	将图像的数据 A 写入到文件 filename 中，并从扩展名推断出文件格式
imwrite(A, map, filename)	将图像矩阵 A 中的索引图像以及颜色映像矩阵写入到文件 filename 中
imwrite(..., Name, Value)	使用一个或多个名称 – 值对组参数，以指定 GIF、HDF、JPEG、PBM、PGM、PNG、PPM 和 TIFF 文件输出的其他参数
imwrite(..., fmt)	以 fmt 指定的格式写入图像，无论 filename 中的文件扩展名如何

利用 imwrite 命令保存图像时，如果 A 的数据类型为 uint8，MATLAB 默认输出 unit8 的数据类型。

◆ 如果 A 属于数据类型 uint16 且输出文件格式支持 16 位数据（JPEG、PNG 和 TIFF），则 imwrite 将输出 16 位的值。如果输出文件格式不支持 16 位数据，则 imwrite 返回错误。

◆ 如果 A 是灰度图像或者属于数据类型 double 或 single 的 RGB 彩色图像，则 imwrite 假设动态范围是 [0，1]，并在将其作为 8 位值写入文件之前自动按 255 缩放数据。如果 A 中的数据是 single，则在将其写入 GIF 或 TIFF 文件之前将 A 转换为 double。

◆ 如果 A 属于 logical 数据类型，则 imwrite 会假定数据为二值图像并将数据写入位深度为 1 的文件（如果格式允许）。BMP、PNG 或 TIFF 格式以输入数组形式接受二值图像。

7.1.3 图像的缩放

在 MATLAB 中，ZOOM 命令可以设置所有图形与图像的缩放。缩放图像时，可按照图像的缩放倍数进行缩放、根据行列数或插值的方法进行缩放，还可以设置缩放后图像的大小，从而达到调整图像大小的目的。

1. 根据行列数或插值的方法调整图像大小

在 MATLAB 中，imresize 命令用来调整图像大小，它的使用格式见表 7-7。

表 7-7　imresize 命令的使用格式

命 令 格 式	说　　明
B = imresize(A, scale)	将图像 A 的长宽大小缩放 scale 倍之后，返回图像 B。如果 scale 在 [0，1] 范围内，则 B 比 A 小。如果 scale 大于 1，则 B 比 A 大
B = imresize(A, [numrows numcols])	返回图像 B，其行数和列数由二元素向量 [numrows numcols] 指定
[Y, newmap] = imresize(X, map, ···)	调整索引图像 X 的大小，其中 map 是与该图像关联的颜色图。返回经过优化的新颜色图（newmap）和已调整大小的图像
... = imresize(..., method)	指定使用的插值方法 method。默认情况下，使用双三次插值
... = imresize(..., Name, Value)	返回调整大小后的图像，其中（Name, Value）对组控制大小调整操作的各个方面。名称 – 值对组参数表见表 7-8

表 7-8　imresize 命令名称 – 值对组参数表

属 性 名	说　　明	参 数 值
'Antialiasing'	缩小图像时消除锯齿	true ｜ false
'Colormap'	返回优化的颜色图	'optimized'（默认）｜ 'original'

（续）

属 性 名	说　明	参 数 值
'Dither'	执行颜色抖动	true（默认）| false
'Method'	插值方法	'bicubic'（默认）| 字符向量 | 元胞数组
'OutputSize'	输出图像的大小	二元素数值向量
'Scale'	大小调整缩放因子	正数值标量 | 由正值组成的二元素向量

2. 根据图像大小缩放图像

在 MATLAB 中，truesize 命令用来调整图像显示尺寸，该命令的使用格式见表 7-9。

表 7-9　truesize 命令的使用格式

命 令 格 式	说　明
truesize(fig,[mrows ncols])	将 fig 中图像的显示尺寸调整为 [mrows ncols] 的尺寸，单位为像素
truesize(fig)	调整显示尺寸，使每个图像像素覆盖一个屏幕像素。如果未指定图形，truesize 会调整当前图形的显示大小

7.1.4 图像亮度显示

1. rgb2lightness 命令

在 MATLAB 中，利用 rgb2lightness 命令将 RGB 颜色值转换为亮度值，该命令的使用格式见表 7-10。转换后的亮度与 CIE 1976 L*a*b* 颜色空间中的 L* 分量相同。

表 7-10　rgb2lightness 命令的使用格式

命 令 格 式	说　明
lightness = rgb2lightness(rgb)	将 RGB 颜色值 rgb 转换为亮度值

2. brighten 命令

在 MATLAB 中，brighten 命令可以实现对图片明暗的控制，它的使用格式见表 7-11。

表 7-11　brighten 命令的使用格式

命 令 格 式	说　明
brighten(beta)	beta 是一个定义于 [-1,1] 区间内的数值，其中 beta 在 [0,1] 范围内的色图较亮
brighten(map,beta)	变换指定为 map 的颜色图的强度
newmap = brighten(...)	返回调整后的颜色图
brighten(f,beta)	变换为图形 f 指定的颜色图的强度。其他图形对象（如坐标区、坐标区标签和刻度）的颜色也会受到影响

7.1.5 图像边界设置

在 MATLAB 中，padarray 命令用来填充图像边界，它的使用格式见表 7-12。

表7-12　padarray 命令的使用格式

命 令 格 式	说　　　明
B = padarray(A , padsize)	A 为输入图像，B 为填充后的图像，padsize 给出了给出了填充的行数和列数，通常用 $[\,r\ c\,]$ 来表示
B = padarray(A , padsize, padval)	Padval 表示边界扩充样式：' symmetric '表示图像大小通过围绕边界进行镜像反射来扩展；' replicate '表示图像大小通过复制外边界中的值来扩展；' circular '表示图像大小通过将图像看成是一个二维周期函数的一个周期来进行扩展
B = padarray(… , direction)	direction：' pre '表示在每一维的第一个元素前填充；' post '表示在每一维的最后一个元素后填充；' both '表示在每一维的第一个元素前和最后一个元素后填充，此项为默认值

padval 和 direction 分别表示填充方法和方向。若参量中不包括 direction，则默认值为' both '。若参量中不包含 padval，则默认用零来填充。若参量中不包括任何参数，则默认填充为零且方向为' both '。在计算结束时，图像会被修剪成原始大小。

例 7-1：图像显示。

1. 设计画布环境设置

1）启动 App 界面，在命令行窗口中输入下面的命令。

```
>>appdesigner
```

2）弹出"App 设计工具首页"界面，选择"可自动调整布局的两栏式 App"，进入 App Designer图形窗口，默认名称为 app1. mlapp，进行界面设计。

2. 组件属性设置

1）在组件库中选中"按钮"组件 Button，在左侧面板中放置按钮，在"组件浏览器"侧栏中显示组件的属性。

◆ 在 Text（文本）文本框中输入"显示原图""图像缩放""图像亮度""图像边界""图像透视""图像显示"。

◆ 在 FontSize（字体大小）文本框中输入字体大小为"20"。

◆ 在 FontWeight（字体粗细）选项下单击"加粗"按钮 **B**。

2）单击"保存"按钮 ，系统生成以 . mlapp 为扩展名的文件，在弹出的对话框中输入文件名称"image_show. mlapp"，完成文件的保存，界面设计结果如图 7-1 所示。

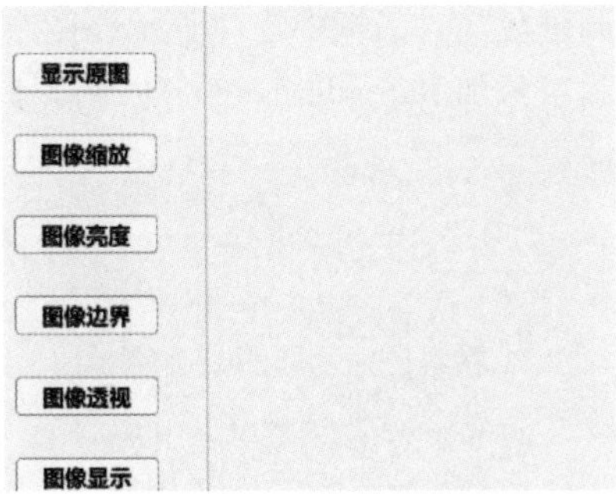

图 7-1　界面设计结果

3. 代码编辑

（1）定义辅助函数

在代码视图中的"代码浏览器"选项卡下选择"函数"选项卡，单击 按钮，添加"私有函数"，定义辅助函数中添加的 updateimage 函数，代码如下所示。

```
function I = updateimage(app)
        % 将分辨率为 209 × 192 × 3 的图像 1 加载到工作区
        I = imread(' beast. jpg');
end
```

（2）添加初始参数

在代码视图中的"代码浏览器"选项卡下选择"回调"选项卡，单击 ![按钮]![箭头] 按钮，在"添加回调函数"对话框中为 app.UIFigure 添加 startupFcn 回调，自动转至"代码视图"，添加回调函数 startupFcn，代码如下所示。

```
    function startupFcn(app)
% 将当前窗口布局为的视图区域
t = tiledlayout(app.RightPanel,'flow');
% 创建坐标区
  app.ax1 = nexttile(t);
  app.ax2 = nexttile(t);
  app.ax3 = nexttile(t);
  app.ax4 = nexttile(t);
  app.ax5 = nexttile(t);
  app.ax6 = nexttile(t);
% 取消坐标系的显示
  app.ax1.Visible = 0;
  app.ax2.Visible = 0;
  app.ax3.Visible = 0;
  app.ax4.Visible = 0;
  app.ax5.Visible = 0;
  app.ax6.Visible = 0;
    end
```

（3）按钮回调函数

在代码视图中的"代码浏览器"选项卡下选择"回调"选项卡，单击 ![按钮]![箭头] 按钮，在"添加回调函数"对话框中为"显示原图""图像缩放""图像亮度""图像边界""图像透视""图像显示"添加 ButtonPushedFcn 回调，自动转至"代码视图"，添编辑后代码如下所示。

```
% Button pushed function: Button
        function ButtonPushed(app, event)
      I = updateimage(app);
  % 在右侧显示原图
  imshow(I,'Parent',app.ax1)
  title(app.ax1,'原始图像')
        end

        % Button pushed function: Button_2
        function Button_2Pushed(app, event)
          I = updateimage(app);
  % 采用最近邻插值('nearest')将图像的长宽缩小为原图 0.1
        J = imresize(I,0.1,'nearest');
        % 在右侧显示原图
```

```
        imshow(J,'Parent',app.ax2)
        title(app.ax2,'图像插值缩放')
            end


            % Button pushed function: Button_3
            function Button_3Pushed(app, event)
                I = updateimage(app);
                % 将 RGB 颜色值转换为亮度值
                J = rgb2lightness(I);
    % 在右侧显示原图
    imshow(J,[],'Parent',app.ax3)
    % 显示图像并添加标题
    title(app.ax3,'图像亮度')
            end


            % Button pushed function: Button_4
            function Button_4Pushed(app, event)
            I = updateimage(app);
            % 通过围绕边界进行镜像反射来扩展像边界
            J = padarray(I,[200 200],'symmetric');
            % 在右侧显示原图
            imshow(J,'Parent',app.ax4)
                title(app.ax4,'图像边界')
            end


            % Button pushed function: Button_5
            function Button_5Pushed(app, event)
            I = updateimage(app);
            % 控制数据值到颜色图的颜色映射
            im = imagesc(I,'Parent',app.ax5);
            im.AlphaData = .5;
            title(app.ax5,'图像透视')
            end


            % Button pushed function: Button_6
            function Button_6Pushed(app, event)
    I = updateimage(app);
% 将分辨率为 458×531×2 的图像加载到工作区
J = imread('bears.jpg');
% 调整图像大小,将其中一幅图缩小或放大,让两幅图大小相等或者只要行数相等就可以
J = imresize(J,[209 NaN]);
```

```
% 水平合成生成图片
K = [I J];
    imshow(K,'Parent',app.ax6)
    title(app.ax6,'图像合成显示')
        end
```

（4）添加属性

在代码视图中的"代码浏览器"选项卡下选择"属性"选项卡，单击 ⊞ ▾ 按钮，添加"私有属性"，自动在"代码视图"编辑区添加属性，代码如下所示。

```
properties (Access = private)
      % 定义属性名
        ax1
        ax2
        ax3
        ax4
        ax5
        ax6
end
```

4. 程序运行

1）单击工具栏中的"运行"按钮 ▶，弹出运行界面，如图7-2所示。

2）单击"显示原图"按钮，在坐标系1中显示原始图像，结果如图7-3所示。

3）单击"图像缩放"按钮，在坐标系2中显示经过缩放的有图像，结果如图7-4所示。

4）单击"图像亮度"按钮，在坐标系3中显示调整亮度的图像，结果如图7-5所示。

5）单击"图像边界"按钮，在坐标系4中显示设置边界的图像，结果如图7-6所示。

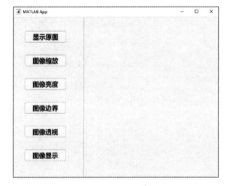

图7-2　弹出运行界面

图7-3　显示原始图像

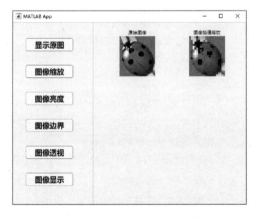

图7-4　显示经过缩放的图像

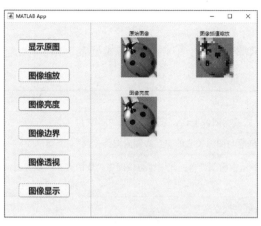

图7-5　显示调整亮度的图像　　　　　　图7-6　显示设置边界的图像

6）单击"图像透视"按钮，在坐标系5中显示设置透明度的图像，结果如图7-7所示。

7）单击"图像显示"按钮，在坐标系6中显示合成后的两个图像，结果如图7-8所示。

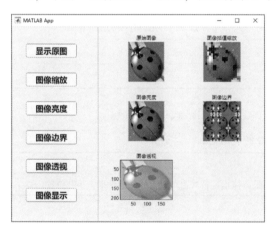

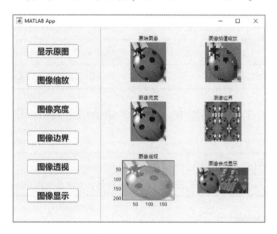

图7-7　显示设置透明度的图像　　　　　　图7-8　显示合成后的两个图像

7.2　图像的几何运算

几何运算是指改变图像中物体对象之间的空间关系，从变换性质来分，几何变换可以分为图像位置变换、形状变换及复合变换。

图像几何运算的一般定义为

$$g(x,y) = f(u,v) = f(p(x,y), q(x,y))$$

式中，$u = p(x,y)$，$v = q(x,y)$唯一地描述了空间变换，即将输入图像$f(u,v)$从$U-V$坐标系变换为$X-Y$坐标系的输出图像$g(x,y)$。

图像形状变换包括图像的放大与缩小，图像位置变换包括图像的平移、镜像、旋转。

对图像进行几何变换时，像素坐标将发生改变，需进行插值操作，即利用已知位置的像素值生成未知位置的像素点的像素值。常见的插值方法有最近邻插值（'nearest'）、线性插值（'linear'）、三次插值（'cublic'）、双线性插值（'bilinear'）和双三次插值（'bicubic'）。

7.2.1 图像剪切

在 MATLAB 中，imcrop 命令用来裁剪图像，显示部分图像，它的使用格式见表 7-13。

表 7-13　imcrop 命令的使用格式

命 令 格 式	说　明
J = imcrop	创建与显示的图像关联的交互式裁剪图像工具，返回裁剪后的图像 J
J = imcrop(I)	在图形窗口中显示图像 I，并创建与图像关联的交互式裁剪图像工具
Xout = imcrop(X,cmap)	使用 colormap cmap 在图形中显示索引图像 X，并创建与该图像关联的交互式裁剪图像工具，返回裁剪后的索引图像 J
J = imcrop(h)	创建与句柄 h 指定的图像相关联的交互式裁剪图像工具
J = imcrop(I,rect)	根据裁剪矩形 rect 或 images. spatialref. rectangle 对象中指定的位置和尺寸裁剪图像 I
C2 = imcrop(C,rect)	根据裁剪矩形中指定的位置和尺寸裁剪分类图像 C，返回裁剪后的分类图像 C2
Xout = imcrop(X,cmap,rect)	根据裁剪矩形 rect 中指定的位置和尺寸，使用 colormap cmap 裁剪索引图像 X。返回裁剪后的索引图像 X2
J = imcrop(x,y,⋯)	使用指定坐标系裁剪输入图像，其中 x 和 y 指定世界坐标系中的图像限制
[J,rect2] = imcrop(…)	返回 rect2 中裁剪矩形的位置
[x2,y2,⋯] = imcrop(…)	返回指定坐标系 $x2$ 和 $y2$

在 MATLAB 中，imcrop3 命令用来裁剪三维图像，它的使用格式见表 7-14。

表 7-14　imcrop3 命令的使用格式

命 令 格 式	说　明
Vout = imcrop3(V,cuboid)	根据长方体裁剪图像体积 V，长方体指定裁剪窗口在空间坐标中的大小和位置

7.2.2 图像平移

在 MATLAB 中，translate 命令用来平移图像，它的使用格式见表 7-15。

表 7-15　translate 命令的使用格式

命 令 格 式	说　明
SE2 = translate(SE,v)	在 $N – D$ 空间中转换结构元素 SE。v 是一个 N 元素向量，包含每个维度中所需平移的偏移量

7.2.3 图像旋转

在 MATLAB 中，imrotate 命令用来旋转图像，它的使用格式见表 7-16。

表 7-16　imrotate 命令的使用格式

命 令 格 式	说　明
J = imrotate(I,angle)	围绕图像的中心点逆时针旋转图像 angle 角度。默认为逆时针旋转，顺时针旋转图像，请为角度指定负值。使用最近邻插值，将旋转图像外部的像素值设置为 0（零）

（续）

命令格式	说　明
J = imrotate(I, angle, method)	使用 method 方法指定的插值方法旋转图像，插值方法见表 7-17
J = imrotate(I, angle, method, bbox)	旋转图像 I，其中 bbox 指定输出图像的大小。如果指定' crop '（裁剪），输出图像与输入图像大小相同。如果指定' loose '（松散），输出图像足够大，以包含整个旋转图像

表 7-17　method 插值方法表

属 性 名	名　　称	说　明
nearest	最近邻插值	输出像素为该点所在像素的值
bilinear	双线性插值	输出像素值是最近的 2×2 邻域中像素的加权平均值
bicubic	双三次插值	输出像素值是最近的 4×4 邻域中像素的加权平均值

7.2.4 图像镜像

在 MATLAB 中，flip、fliplr、flipud 命令用来对图像矩阵进行左右镜像、上下镜像，显示部分图像，它的使用格式见表 7-18。

表 7-18　图像镜像命令的使用格式

命令格式	说　明
B = fliplr(A)	围绕垂直轴按左右方向镜像其各列
B = flipud(A)	围绕水平轴按上下方向镜像其各行
B = flip(A) B = flip(A, dim)	沿维度 dim 反转 **A** 中元素的顺序。flip(A, 1) 将反转每一列中的元素，flip(A, 2) 将反转每一行中的元素

7.2.5 图像转置

在 MATLAB 中，permute 命令用来置换图像矩阵，它的使用格式见表 7-19。

表 7-19　permute 命令的使用格式

命令格式	说　明
B = permute(A, dimorder)	按照向量 dimorder 指定的顺序重新排列数组的维度

7.2.6 图像合成

在 MATLAB 中，imfuse 命令用来合成两幅图像，它的使用格式见表 7-20。

表 7-20　imfuse 命令的使用格式

命令格式	说　明
C = imfuse(A, B)	从两个图像 A 和 B 创建合成图像。如果 A 和 B 的大小不同，合成之前在较小的维度上填充零，创建两个图像的大小相同。输出 C 是包含图像 A 和 B 的融合图像的数字矩阵
[C RC] = imfuse(A, RA, B, RB)	使用 RA 和 RB 中提供的空间参考信息，从两个图像 A 和 B 创建合成图像
C = imfuse(..., method)	Method 显示图像合成方法
C = imfuse(..., Name, Value)	使用名称 – 值对参数设置图像属性

例 7-2：图像运算。

1. 设计画布环境设置

1）启动 App 界面，在命令行窗口中输入下面的命令。

```
>>appdesigner
```

2）弹出"App 设计工具首页"界面，选择"可自动调整布局的两栏式 App"，进入 App Designer 图形窗口，默认名称为 app1. mlapp，进行界面设计。

2. 组件属性设置

1）在设计画布左侧面板中放置"按钮"组件 Button，在左侧栏中放置按钮，在"组件浏览器"侧栏中显示组件的属性。

◆ 在 Text（文本）文本框中输入"图像剪切""图像移动""图像旋转""图像镜像""图像转置""图像合成"。

◆ 在 FontSize（字体大小）文本框中输入字体大小"20"。

◆ 在 FontWeight（字体粗细）选项下单击"加粗"按钮 。

2）在设计画布左侧面板中放置"坐标区"组件 UIAxes，设置该组件的属性。

◆ 在 Title String（标题字符）文本框中输入"原始图像"。

◆ 在 FontSize（字体大小）文本框中输入字体大小"20"。

◆ 在 FontWeight（字体粗细）选项下单击"加粗"按钮 B。

◆ XLabelString、YLabel. String、XTick、XTickLabel、YTick、YTickLabel 文本框数值均为空。

3）选择对象，单击"水平应用"按钮 或"垂直应用"按钮 ，控制相邻组件之间的水平、垂直间距。

4）单击"保存"按钮 ，系统生成以 . mlapp 为扩展名的文件，在弹出的对话框中输入文件名称" image _ Geometric. mlapp"，完成文件的保存，界面设计结果如图 7-9 所示。

图 7-9 界面设计结果

3. 代码编辑

（1）定义辅助函数

在代码视图中的"代码浏览器"选项卡下选择"函数"选项卡，单击 按钮，添加"私有函数"，定义辅助函数中添加的 updateimage 函数，代码如下所示。

```
function I = updateimage(app)
    % 将像素大小为 300×533×3 的图像读取到工作区中
    I = imread('yllla. jpg');
end
```

（2）添加初始参数

在代码视图中的"代码浏览器"选项卡下选择"回调"选项卡，单击 按钮，在"添加回调函数"对话框中为 app. UIFigure 添加 startupFcn 回调，自动转至"代码视图"，添加回调函数 startupFcn，代码如下所示。

```
function startupFcn(app)
%设置图窗大小
```

```
app. UIFigure. Position =[10 10 1000 450];
% 关闭坐标轴
app. UIAxes. Visible ='off';
% 设置坐标区位置
app. UIAxes. Position =[40 200 200 300];
% 将当前窗口布局为的视图区域
t =tiledlayout(app. RightPanel,2,3);
% 创建坐标区
app. ax1 =nexttile(t);
app. ax2 =nexttile(t);
app. ax3 =nexttile(t);
app. ax4 =nexttile(t);
app. ax5 =nexttile(t);
app. ax6 =nexttile(t);
% 取消坐标系的显示
app. ax1. Visible =0;
app. ax2. Visible =0;
app. ax3. Visible =0;
app. ax4. Visible =0;
app. ax5. Visible =0;
app. ax6. Visible =0;
I =updateimage(app);
% 在左侧坐标区显示原图
imshow(I,'Parent',app. UIAxes)
end
```

（3）按钮回调函数

在代码视图中的"代码浏览器"选项卡下选择"回调"选项卡，单击 ![] 按钮，在"添加回调函数"对话框中为"图像剪切""图像移动""图像旋转""图像镜像""图像转置""图像合成"添加 ButtonPushedFcn 回调，自动转至"代码视图"，添编辑后代码如下所示。

```
% Button pushed function: Button
function ButtonPushed(app, event)
I =updateimage(app);
% 裁剪图像,指定裁剪矩形
I2 =imcrop(I,[60 60 180 180]);
% 将图像的长宽放大5倍
J =imresize(I2,2);
% 显示剪切放大后的图像
imshow(J,'Parent',app. ax1)
title(app. ax1,'剪切图像','FontSize',20)
end


% Button pushed function: Button_2
```

```
function Button_2Pushed(app, event)
I = updateimage(app);
% 创建一个结构元素并将其向下和向右平移 100 像素
se = translate(strel(1), [100 100]);
% 使用转换后的结构元素平移图像
J = imdilate(I,se);
% 显示平移后的图像
imshow(J,'Parent',app.ax2)
title(app.ax2,'移动图像','FontSize',20)
end


% Button pushed function: Button_3
function Button_3Pushed(app, event)
I = updateimage(app);
% 双线性插值法旋转图像,不裁剪图像
J = imrotate(I,60,'bilinear','loose');
imshow(J,'Parent',app.ax3)
title(app.ax3,'旋转图像','FontSize',20)
end


% Button pushed function: Button_4
function Button_4Pushed(app, event)
I = updateimage(app);
% 反转矩阵 I 的行,垂直镜像
J = flip (I,1);
imshow(J,'Parent',app.ax4)
title(app.ax4,'垂直镜像图像','FontSize',20)
end
Button pushed function: Button_5
function Button_5Pushed(app, event)
I = updateimage(app);
% % 交换矩阵 A 的行和列维度
J = permute(I,[2 1 3]);
imshow(J,'Parent',app.ax5)
title(app.ax5,'置换图像','FontSize',20)
end


% Button pushed function: Button_6
function Button_6Pushed(app, event)
I = updateimage(app);
% 水平镜像图像
I1 = flip (I,2);
```

```
% 创建合成图
J = imfuse(I,I1,'falsecolor','Scaling','joint');
imshow(J,'Parent',app.ax6)
title(app.ax6,'合成图像','FontSize',20)
end
```

（4）添加属性

在代码视图中的"代码浏览器"选项卡下选择"属性"选项卡，单击 按钮，添加"私有属性"，自动在"代码视图"编辑区添加属性，代码如下所示。

```
properties (Access = private)
    % 定义属性
ax1
ax2
ax3
ax4
ax5
ax6

end
```

4. 程序运行

1）单击工具栏中的"运行"按钮 ，显示原图，如图 7-10 所示。

2）单击"图像剪切"按钮，在坐标系 1 中显示剪切后的图像，结果如图 7-11 所示。

3）单击"图像移动"按钮，在坐标系 2 中显示移动后的图像，结果如图 7-12 所示。

4）单击"图像旋转"按钮，在坐标系 3 中显示旋转后的图像，结果如图 7-13 所示。

图 7-10　显示原图

5）单击"图像镜像"按钮，在坐标系 4 中显示垂直镜像后的图像，结果如图 7-14 所示。

6）单击"图像转置"按钮，在坐标系 5 中显示转置后的图像，结果如图 7-15 所示。

7）单击"图像合成"按钮，在坐标系 6 中显示水平镜像前后叠加的图像，结果如图 7-16所示。

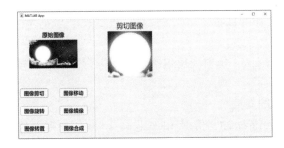

图 7-11　显示剪切后的图像

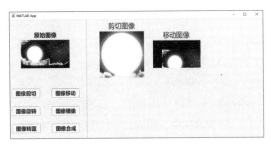

图 7-12　显示移动后的图像

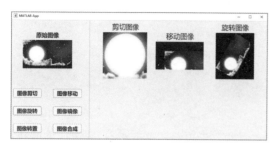

图 7-13　显示旋转后的图像

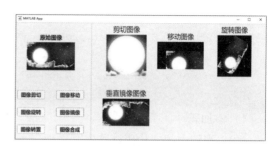

图 7-14　显示垂直镜像后的图像

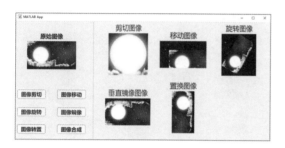

图 7-15　显示转置后的图像

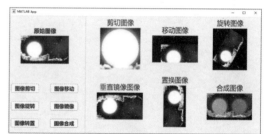

图 7-16　显示水平镜像前后叠加的图像

7.3　图像的变换

图像变换主要是保持图像中曲线的连续性和物体的连通性，通常采用数学函数形式来描述输出图像相应像素间的关系，也有依赖实际图像而不易用函数形式描述的复杂变换，是一种非常有用的图像处理技术。

7.3.1　图像仿射变换

仿射变换可以通过一系列的变换的复合来实现，包括平移（Translation）、缩放（Scale）、翻转（Flip）、旋转（Rotation）和剪切（Shear）。

仿射变换可以用下面的公式表示：

$$\begin{bmatrix} x' \\ y' \\ 1 \end{bmatrix} = \begin{bmatrix} a_1 & a_2 & t_x \\ a_3 & a_4 & t_y \\ 0 & 0 & 1 \end{bmatrix} \begin{bmatrix} x \\ y \\ 1 \end{bmatrix}$$

其中，(t_x, t_y) 表示平移量，而参数 a_i 则反映了图像旋转、缩放等变化。将参数 t_x, t_y, a_i（$i = 1 \sim 4$）计算出，即可得到两幅图像的坐标变换关系。

将一个集合 **XX** 进行仿射变换：$f(x) = Ax + b$，$x \in X$，仿射变换包括对图形进行缩放、平移、旋转、反射（镜像）、错切（倒影）。

图像矩阵经过仿射变换，坐标显示图 7-17 所示的变换。

在 MATLAB 中，tform 表示几何变换对象，包括仿射 2d、仿射 3d 或投影 2d 几何变换对象。invtform 是反几何变换对象。

在 MATLAB 中，affine2d 命令用来对图像进行二维仿射几何变换，它的使用格式见表 7-21。

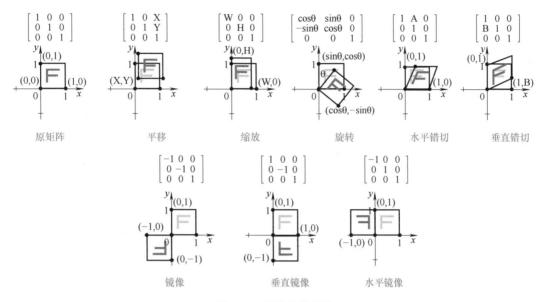

图 7-17 矩阵仿射变换

表 7-21 affine2d 命令的使用格式

命令格式	说明
tform = affine2d	创建仿射 2d 对象
tform = affine2d(A)	用非奇异矩阵 A 定义的有效仿射变换设置属性 T

在 MATLAB 中，affine3d 命令用来对图像进行三维仿射几何变换，它的使用格式见表 7-22。

表 7-22 affine3d 命令的使用格式

命令格式	说明
tform = affine3d	创建仿射 3d 对象
tform = affine3d(A)	用非奇异矩阵 A 定义的有效仿射变换设置属性 T

在 MATLAB 中，projective2d 命令用来对图像进行二维射影几何变换，它的使用格式见表 7-23。

表 7-23 projective2d 命令的使用格式

命令格式	说明
tform = projective2d	创建二维射影几何变换对象
tform = projective2d	用非奇异矩阵 A 定义的二维射影几何变换设置属性 T

其余图像的仿射对象的创建方法函数见表 7-24。

表 7-24 函数格式

调用格式	说明
transformPointsForward	正向几何变换
transformPointsInverse	反向几何变换

（续）

调用格式	说　明
imregtform	相似性优化估计将运动图像映射到固定图像的几何变换
imregcorr	相位相关估计几何变换，将运动图像映射到固定图像上
fitgeotrans	控制点对的几何变换拟合，估计一个几何变换，该变换映射两个图像之间的控制点对
randomAffine2d	创建随机化二维仿射变换

在 MATLAB 中，imwarp 命令用来对图像进行水平方向、垂直方向变形，控制图像大小和纵横比，它的使用格式见表 7-25。

表 7-25　imwarp 命令的使用格式

命令格式	说　明
B = imwarp(A, tform)	根据几何变换 tform 变换图像 A，返回转换图像 B
B = imwarp(A, D)	根据位移场 D 变换图像 A
[B, RB] = imwarp(A, RA, tform)	变换由图像数据 A 和关联的空间参考对象 RA 指定的空间参考图像
B = imwarp(…, interp)	指定要使用的插值类型
[B, RB] = imwarp(…, Name, Value)	指定名称–值对参数，以控制几何变换的各个方面。名称–值对组参数表见表 7-26

表 7-26　imwarp 命令名称–值对组参数表

属性名	说　明	参数值
" OutputView "	输出图像在世界坐标系中的大小和位置	imref2d 或 imref3d 空间参照对象
" FillValues "	输入图像边界之外的输出像素的填充值	数值、矩阵
' SmoothEdges '	填充图像并创建平滑边缘	逻辑值 true 或 false

7.3.2　图像空间结构

在 MATLAB 中，makeresampler 命令用来创建重采样结构，对所有图像进行变换。它的使用格式见表 7-27。

表 7-27　makeresampler 命令的使用格式

命令格式	说　明
R = makeresampler(interpolant, padmethod)	创建可分离重采样器结构。插值参数指定可分离重采样器使用的插值内核。插值参数指定可分离重采样器使用的插值内核
R = makeresampler(Name, Value,…)	使用参数值对创建一个使用用户编写的重采样器的重采样器结构

图像的空间结构变换的创建方法函数见表 7-28。

表 7-28　函数格式

调用格式	说　明
tformfwd	正向空间变换
tforminv	反向几何变换

在 MATLAB 中，fliptform 命令用来翻转空间转换结构，它的使用格式见表 7-29。

表 7-29 fliptform 命令的使用格式

命 令 格 式	说 明
tflip = fliptform（T）	翻转现有 T 结构中的输入和输出，创建新的 T 空间转换结构

7.3.3 图像几何变换

在 MATLAB 中，fitgeotrans 命令用来控制点对的几何变换拟合，估计一个几何变换，该变换映射两个图像之间的控制点对，它的使用格式见表 7-30。

表 7-30 fitgeotrans 命令的使用格式

命 令 格 式	说 明
tform = fitgeotrans（movingPoints，fixedPoints，transformationType）	获取 movingPoints、fixedPoints，并使用它们推断 transformationType 指定的几何变换
tform = fitgeotrans（movingPoints，fixedPoints，'polynomial'，degree）	拟合多项式变换 2d 对象以控制点对 movingPoints 和 fixedPoints。指定'polynomial'（多项式转换次数的次数），可以是 2、3 或 4
tform = fitgeotrans（movingPoints，fixedPoints，'pwl'）	将逐段线性变换 2d 对象拟合到控制点对 movingPoints 和 fixedPoints。该变换通过将平面分解为局部分段线性区域来映射控制点。不同的仿射变换映射每个局部区域中的控制点
tform = fitgeotrans（movingPoints，fixedPoints，'lwm'，n）	适合一个 LocalWeightedMeanTransformation2D 对象来控制点对 movingPoints 和 fixedPoints。局部加权平均变换通过使用相邻控制点在每个控制点推断多项式来创建映射。任何位置的映射都依赖于这些多项式的加权平均。用 n 个最近点来推断每个控制点对的二次多项式变换

例 7-3：对图像进行变换。

1. 设计画布环境设置

1）启动 App 界面，在命令行窗口中输入下面的命令。

```
>>appdesigner
```

2）弹出"App 设计工具首页"界面，选择"空白 App"，进入 App Designer 图形窗口，如图 7-27 所示，默认名称为 app1. mlapp，进行界面设计。

2. 组件属性设置

1）在设计画布中放置"坐标区"组件 UIAxes，设置该组件的属性。

◆ 在 Title String（标题字符）文本框中输入"原图""图像变换"。

◆ 在 FontSize（字体大小）文本框中输入字体大小为"20"。

◆ 在 FontWeight（字体粗细）选项下单击"加粗"按钮 **B**。

◆ XLabelString、YLabel. String、XTick、XTickLabel、YTick、YTickLabel 文本框数值均为空。

2）在设计画布中放置"按钮"组件 Button，在左侧栏中放置按钮，在"组件浏览器"侧栏中显示组件的属性。

◆ 在 Text（文本）文本框中输入"仿射变换""空间变换""空间阵列变换"。

◆ 在 FontSize（字体大小）文本框中输入字体大小为"20"。

◆ 在 FontWeight（字体粗细）选项下单击"加粗"按钮 **B**。

3）单击"保存"按钮 ，系统生成以 .mlapp 为扩展名的文件，在弹出的对话框中输入文件名称"Image_Transf. mlapp"，完成文件的保存，界面设计结果如图 7-18 所示。

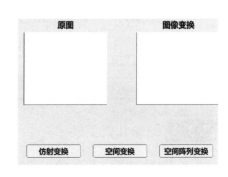

图 7-18　界面设计结果

3. 代码编辑

（1）定义辅助函数

在代码视图中的"代码浏览器"选项卡下选择"函数"选项卡，单击 按钮，添加"私有函数"，自动在"代码视图"编辑区添加函数，代码如下所示。

```
methods (Access = private)

    function results = func(app)

    end
end
```

定义辅助函数中添加的 updateimage 函数函数，代码如下所示。

```
function X = updateimage(app)
    % 将图像读取到工作区中
    X = imread('paocheche. jpg');
end
```

（2）添加初始参数

在代码视图中的"代码浏览器"选项卡下选择"回调"选项卡，单击 按钮，在"添加回调函数"对话框中为 app. UIFigure 添加 startupFcn 回调，自动转至"代码视图"，添加回调函数 startupFcn，代码如下所示。

```
% Code that executes after component creation
function startupFcn(app)
% 关闭坐标轴
app. UIAxes. Visible = 'off';
app. UIAxes_2. Visible = 'off';
X = updateimage(app);
% 在左侧坐标区显示原图
imshow(X,'Parent',app. UIAxes)

end
```

（3）定义回调函数

在代码视图中的"代码浏览器"选项卡下选择"回调"选项卡，单击 按钮，在"添加回调函数"对话框中为按钮"仿射变换""空间变换""几何变换"添加 ButtonPushedFcn 回调，添编辑后代码如下所示。

```
% Button pushed function: Button
function ButtonPushed(app, event)
X = updateimage(app);
% 定义二维仿射变换对象,缩放和旋转图像数据
tform = affine2d([1 0 0;2 1 0;0 0 1]);
% 对图像应用几何变换
J = imwarp(X,tform);
imshow(J,'Parent',app.UIAxes_2)
axis(app.UIAxes_2,'square')
end


% Button pushed function: Button_2
function Button_2Pushed(app, event)
X = updateimage(app);
% 定义旋转倾斜角度
theta = 10;
% 定义旋转和倾斜组合成的变换矩阵 tm
tm = [cosd(theta) -sind(theta) 0.001;...
sind(theta) cosd(theta) 0.01;...
0 0 1];
% 由变换矩阵直接生成的几何变换对象
tform = projective2d(tm);
% 使用 imwarp 查看转换后的图像
J = imwarp(X,tform);
imshow(J,'Parent',app.UIAxes_2)
axis(app.UIAxes_2,'square')
end
% Button pushed function: Button_3
function Button_3Pushed(app, event)
X = updateimage(app);
% 将图像矩阵 I 由 uint8 转换为双精度格式
% X = im2double(X);
% 裁剪图像,指定裁剪矩形
X = imcrop(X,[530 550 900 400]);
% 定义固定点
fixedPoints = [41 41; 281 161];
% 定义移动点
movingPoints = [56 175; 324 160];
% 创建可用于对齐两个图像的几何变换,返回为仿射二维几何变换对象
tform = fitgeotrans(movingPoints,fixedPoints,'NonreflectiveSimilarity');
% 使用 tform 估计值对图像 J 重新采样,以将其注册到固定图像
J = imwarp(X,tform,'OutputView',imref2d(size(X)));
imshow(J,'Parent',app.UIAxes_2)
axis(app.UIAxes_2,'square')
end
```

4. 程序运行

1）单击工具栏中的"运行"按钮 ▶，在左侧坐标区显示图像原图，如图 7-19 所示。

2）单击"仿射变换"按钮，在右侧坐标区域显示仿射变换后的图像，如图 7-20 所示。

图 7-19　显示原图

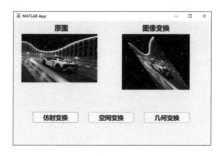

图 7-20　显示仿射变换后的图像

3）单击"空间变换"按钮，在右侧坐标区域显示空间变换后的图像，如图 7-21 所示。

4）单击"几何变换"按钮，在右侧坐标区域显示几何变换后的图像，如图 7-22 所示。

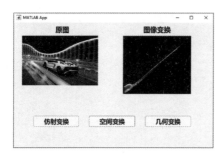

图 7-21　显示空间变换后的图像

图 7-22　显示几何变换后的图像

第8章 信号处理在 GUI 中的应用

内容指南

MATLAB 的信号处理方法有很多种，比如放大、滤波、检测、转换等。对于信号的操作，也称为信号的运算，基于这些基本运算，可以构造出其他更加复杂的运算形式。

随着 MATLAB 的商业化以及软件本身的不断升级，MATLAB 的用户界面也越来越精致，更加接近 Windows 的标准界面，人机交互性更强，操作更简单。本章介绍基于 GUI 实现信号的运算与处理的应用。

内容要点

📖 信号生成。
📖 信号基本运算。

8.1 信号生成

对于任何测试来说，信号的生成都非常重要。在 MATLAB 中，Signal Processing Toolbox 提供了几种广泛使用的波形的函数。

8.1.1 斜坡信号

斜坡信号为线性增长的信号，可用下式表示

$$r(t) = \begin{cases} 0, & t < 0 \\ t, & t \geq 0 \end{cases}$$

其离散形式表示为

$$r(t) = \begin{cases} 0, & n < 0 \\ n, & n \geq 0 \end{cases}$$

8.1.2 信号噪声

在 MATLAB 中，wgn 命令用来生成高斯白噪声，它的使用格式见表 8-1。

表 8-1 wgn 命令的使用格式

命令格式	说　明
noise = wgn(m,n,power)	创建 $m \times n$ 的高斯噪声信号，该信号以伏特为单位；power 指定噪声样本功率电源的默认单位是 DBW
noise = wgn(m,n,power,imp)	指定以欧姆为单位的负载阻抗 imp
noise = wgn(m,n,power,imp,randobject)	指定在生成高斯白噪声样本矩阵时使用的随机数流对象 randobject

（续）

命 令 格 式	说 明
noise = wgn(m, n, power, imp, seed)	指定用于初始化在生成高斯噪声样本矩阵时使用的正常随机数生成器的种子值 seed
noise = wgn(. . . , powertype)	powertype 指定 power 类型，如' dBW '、' dBm '或' linear '
noise = wgn(. . . , outputtype)	将输出类型 outputtype 指定为' real '或' complex '

在 MATLAB 中，awgn 命令用来在信号中添加高斯白噪声，它的使用格式见表 8-2。

表 8-2　awgn 命令的使用格式

命 令 格 式	说 明
out = awgn(in, snr)	向信号 in 中添加高斯白噪声
out = awgn(in, snr, signalpower)	signalpower 指定输入信号功率值
out = awgn(in, snr, signalpower, randobject)	指定在生成高斯白噪声时使用的随机数流对象 randobject
out = awgn(in, snr, signalpower, seed)	指定用于初始化在生成高斯噪声时使用的正常随机数生成器的种子值 seed
out = awgn(. . . , powertype)	powertype 指定 power 类型，如' dBW '、' dBm '或' linear '

8.1.3 随机信号

随机信号是指幅度不可预知但又服从一定统计特性的信号，又称不确定信号。

一般通信系统中传输的信号都具有一定的不确定性，因此都属于随机信号，否则就不可能传递任何新的信息，也就失去了通信的意义。

另外，在信号传输过程中，不可避免地会受到各种干扰和噪声的影响，这些干扰与噪声也都具有随机特性，属于随机噪声。随机噪声也是随机信号的一种，只是不携带信息。在数字滤波器和快速傅里叶变换的计算中，由于运算字长的限制，会产生有限字长效应。这种效应无论采用截尾或舍入方式，均产生噪声，均可视为随机噪声。

随机信号生成随机数组，它是随机生成的，没有规律，因此每一次生成的随机数组不同。

按照随机矩阵的分布规则，可将随机矩阵分为两种：均匀分布的随机数矩阵和正态分布的随机数矩阵。根据取值区间，可将随机矩阵分为区间 $(0,1)$，$(0 \sim max)$。

在 MATLAB 中，rand 命令用来生成在区间 $(0,1)$ 均匀分布的随机数矩阵，该命令的调用格式见表 8-3。

表 8-3　rand 命令调用格式

调 用 格 式	说 明
rand(m)	在区间 $[0, 1]$ 生成 m 阶均匀分布的随机矩阵
rand(m, n)	生成 m 行 n 列均匀分布的随机矩阵
X = rand(sz1, ···, szN)	生成由随机数组成的 $sz1 \times \cdots \times szN$ 矩阵，其中 $sz1$，···，szN 指示每个维度的大小
rand(size(A))	在区间 $[0, 1]$ 创建一个与 A 维数相同的均匀分布的随机矩阵
X = rand(. . . , typename)	生成由 typename 指定的数据类型的随机数组成的矩阵
X = rand(. . . ,' like ', p)	生成与 p 类似的随机数组成的矩阵

在 MATLAB 中，生成随机矩阵的函数还包括 randn 函数、randi 函数、randperm 函数。

8.1.4 Sinc 信号

sinc 函数，又称辛格函数，用 $\mathrm{sinc}(x)$ 表示。数学上，sinc 函数定义为：$\mathrm{sinc}(t) = \sin(t)/t$，在数字信号处理和通信理论中，归一化 sinc 函数通常定义 $\mathrm{sinc}(x) = \dfrac{\sin(\pi x)}{\pi x}$。该函数的傅里叶变换正好是幅值为 1 的矩形脉冲。

在 MATLAB 中，sinc 命令用来生成 sinc 波，它的使用格式见表 8-4。

表 8-4 sinc 命令的使用格式

命令格式	说　　明
$y = \mathrm{sinc}(x)$	产生 sinc 波，x 为输入信号矩阵

8.1.5 Chirp 信号

Chirp（啁啾）是通信技术中有关编码脉冲技术的一种术语，是指对脉冲进行编码时，其载频在脉冲持续时间内线性地增加，当将脉冲变到音频时，会发出一种听起来像鸟叫的啁啾声，故名"啁啾"。该信号是一个典型的非平稳信号，在通信、声呐、雷达等领域具有广泛的应用。

脉冲传输时中心波长发生偏移的现象叫作"啁啾"。例如在光纤通信中由于激光二极管本身不稳定而使传输单个脉冲时中心波长产生瞬时偏移，这种现象就可以称之为"啁啾"。

Chirp 信号的表达式如下。

$$x(t) = \exp\left[\mathrm{j}2\pi\left(f_0 t + \frac{1}{2}u_0 t^2\right)\right]$$

式中，f_0 称作起始频率；u_0 为调频率；对相位进行求导，得到角频率以及频率随时间的线性变化关系 $f = f_0 + u_0 t$。

在 MATLAB 中，chirp 命令用来生成扫频余弦信号的样本，即 Chirp 信号，它的使用格式见表 8-5。

表 8-5 chirp 命令的使用格式

命令格式	说　　明
$y = \mathrm{chirp}(t, f0, t1, f1)$	根据指定的方法在时间 t 上产生余弦扫频信号。其中，f_0 为初始时刻的瞬时频率，f_1 为 t_1（参考时间）时刻的瞬时频率，f_0 和 f_1 单位都为 Hz。如果未指定，f_0 默认为 $\mathrm{e}-6$（对数扫频方法）或 0（其他扫频方法），t_1 为 1，f_1 为 100Hz。对于对数扫频，必须有 $f_1 > f_0$
$y = \mathrm{chirp}(t, f0, t1, f1, \mathrm{method})$	扫频方法 method 有 linear 线性扫频、quadratic 二次扫频、logarithmic 对数扫频
$y = \mathrm{chirp}(t, f0, t1, f1, \mathrm{method}, \mathrm{phi})$	指定信号初始相位（以°为单位）为 phi，默认情况下 phi = 0，如果想忽略此参数，直接设置后面的参数，可以指定为 0 或 [ ]
$y = \mathrm{chirp}(t, f0, t1, f1, '\,\mathrm{quadratic}\,', \mathrm{phi}, \mathrm{shape})$	shape 指定二次扫频方法的抛物线的形状为凹还是凸，值为 concave 或 convex，如果此信号被忽略，则根据 f_0 和 f_1 的相对大小决定是凹还是凸

8.1.6 狄利克雷信号

工具箱的 diric 组件能计算狄利克雷函数，有时也被称为周期性正弦或别名正弦函数，对于输入向量或矩阵 X。Dirichlet 函数 $D(x)$ 为

$$D(x) = \begin{cases} \dfrac{\sin(Nx/2)}{N\sin(x/2)}, & x \neq 2\pi k, \\ & k = 0, \pm 1, \pm 2, \pm 3, \cdots \\ (-1)k(N-1), & x = 2\pi k, \end{cases}$$

其中，N 是用户指定的正整数。N 为奇数时，狄利克雷函数的周期为 2π；N 为偶数时，其周期为 4π。此函数的幅度为离散时间傅里叶变换的 N 点的矩形窗口的 $(1/N)$ 倍的大小。

在 MATLAB 中，diric 命令用来生成狄利克雷信号，它的使用格式见表 8-6。

表 8-6 diric 命令的使用格式

命 令 格 式	说 明
y = diric(x, n)	求信号 x 的 n 级 Dirichlet 函数

例 8-1：创建不同类型的信号。

1. 设计画布环境设置

1）启动 App 界面，在命令行窗口中输入下面的命令。

```
>>appdesigner
```

2）弹出"App 设计工具首页"界面，选择"可自动调整布局的两栏式 App"，进入 App Designer 图形窗口，默认名称为 app1.mlapp，进行界面设计。

2. 组件属性设置

1）在设计画布左侧面板中放置"按钮"组件 Button，在左侧栏中放置按钮，在"组件浏览器"侧栏中显示组件的属性。

◆ 在 Text（文本）文本框中输入"斜坡信号""添加噪声""随机信号""Sinc 信号""Chirp 信号""狄利克雷信号"。

◆ 在 FontSize（字体大小）文本框中输入字体大小为"20"。

◆ 在 FontWeight（字体粗细）选项下单击"加粗"按钮 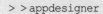。

2）在设计画布左侧面板和右侧面板中分别放置一个"坐标区"组件 UIAxes，设置该组件的属性。

◆ 在 Title String（标题字符）文本框中输入"正弦信号""信号"。

◆ 在 FontSize（字体大小）文本框中输入字体大小为"20"。

◆ 在 FontWeight（字体粗细）选项下单击"加粗"按钮 Ⓑ。

3）在设计画布中选中"编辑字段（数值）"组件 EditField，设置该组件的属性。

◆ 在标签文本框中输入"采样率 fs"。

◆ 在 FontSize（字体大小）文本框中输入字体大小为"20"。

◆ 在 FontWeight（字体粗细）选项下单击"加粗"按钮 Ⓑ。

4）选择对象，单击"水平应用"按钮 品 或"垂直应用"按钮 ，控制相邻组件之间的水平、垂直间距。

5）单击"保存"按钮 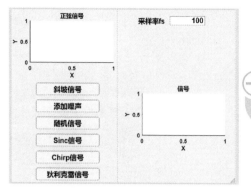，系统生成以 .mlapp 为扩展名的文件，在弹出的对话框中输入文件名称"signal_creat.mlapp"，完成文件的保存，界面设计结果如图8-1所示。

3. 代码编辑

（1）定义辅助函数

在代码视图中的"代码浏览器"选项卡下选择"函数"选项卡，单击 按钮，添加"私有函数"，定义辅助函数中添加的 updatesignal 函数，代码如下所示。

图 8-1　界面设计结果

```
function t = updatesignal(app)
%定义多组件定义信号采样率，默认值为100Hz
fs = app. fsEditField. Value;
% 波形持续时间为1s
t =0:1/fs:1 -1/fs;
end
```

（2）添加初始参数

在代码视图中的"代码浏览器"选项卡下选择"回调"选项卡，单击 按钮，在"添加回调函数"对话框中为 app. UIFigure 添加 startupFcn 回调，自动转至"代码视图"，添加回调函数 startupFcn，代码如下所示。

```
function startupFcn(app)
        t = updatesignal(app);
    % 在时间序列 t 上产生正弦波信号
    x = sin(2 * pi * 5 * t);
    % 左侧坐标区对比显示正弦信号
    plot(app. UIAxes,t,x)
end
```

（3）按钮回调函数

在代码视图中的"代码浏览器"选项卡下选择"回调"选项卡，单击 按钮，在"添加回调函数"对话框中为"斜坡信号""添加噪声""随机信号""Sinc 信号""Chirp 信号""狄利克雷信号"，添加 ButtonPushedFcn 回调，自动转至"代码视图"，编辑后代码如下所示。

```
% Button pushed function: Button
        function ButtonPushed(app, event)
            t = updatesignal(app);
            % 创建斜坡信号
        x = t;
        plot(app. UIAxes_2,t,x,'r *')
            app. UIAxes_2. Title. String ='斜坡信号';
            app. UIAxes_2. Title. Color =' red';
            app. UIAxes_2. Title. FontSize =20;
```

```
end

% Button pushed function: Button_2
function Button_2Pushed(app, event)
t = updatesignal(app);
%    创建频率为 1 Hz 的正弦波信号
x = sin(2 * pi * t);
%    创建高斯白噪声信号
y = wgn(1000,1,0);
%    创建添加高斯白噪声的正弦波
y = x + wgn(1000,1,0);
    % 在坐标区绘制噪声信号
    plot(app. UIAxes_2,t,y,'b^')
    app. UIAxes_2. Title. String = '噪声信号';
    app. UIAxes_2. Title. Color = 'b';
    app. UIAxes_2. Title. FontSize = 20;
end


% Button pushed function: Button_3
function Button_3Pushed(app, event)
    t = updatesignal(app);
    % 计算时间序列 t 的长度
    N = length(t);
    % 创建一维的、长度为 N 的正态分布的随机信号
    x = randn(1,N);
plot(app. UIAxes_2,t,x,'ch')
    app. UIAxes_2. Title. String = '随机信号';
    app. UIAxes_2. Title. Color = ' red';
    app. UIAxes_2. Title. FontSize = 20;
end

% Button pushed function:SincButton
function SincButtonPushed(app, event)
    t = updatesignal(app);
    t = t * 5;
    % 创建 Sinc 信号
x = sinc(t);
plot(app. UIAxes_2,t,x,'r *')
    app. UIAxes_2. Title. String = ' Sinc 信号';
    app. UIAxes_2. Title. Color = 'red';
    app. UIAxes_2. Title. FontSize = 20;
```

```
end

% Button pushed function:ChirpButton
function ChirpButtonPushed(app, event)
  t = updatesignal(app);
   % 创建高斯调制的二次啁啾信号
x = chirp(t-1,0,1/2,20,'quadratic',100,'convex'). * exp(-1.7 * (t-2).^2);
plot(app. UIAxes_2,t,x,'r>')
  app. UIAxes_2. Title. String ='Chirp 信号';
  app. UIAxes_2. Title. Color ='red';
  app. UIAxes_2. Title. FontSize =20;
end

% Button pushed function: Button_4
function Button_4Pushed(app, event)
   % 定义信号采样时间
   t = updatesignal(app);
  t = t * 4 * pi;
   % 创建狄利克雷信号
x = diric(t,7);
plot(app. UIAxes_2,t,x,'ro')
  app. UIAxes_2. Title. String ='狄利克雷信号';
  app. UIAxes_2. Title. Color =' red';
  app. UIAxes_2. Title. FontSize =20;
end
```

（4）数值字段回调函数

在代码视图中的"代码浏览器"选项卡下选择"回调"选项卡，单击 ➕▼ 按钮，在"添加回调函数"对话框中为"fsEditField"添加 FieldValueChangedFcn 回调，自动转至"代码视图"，编辑后代码如下所示。

```
% Value changed function:fsEditField
function fsEditFieldValueChanged(app, event)
    updatesignal(app);
end
```

4. 程序运行

1）单击工具栏中的"运行"按钮 ▶，在运行界面显示正弦信号，如图 8-2 所示。

2）单击"斜坡信号"按钮，在右侧坐标区中显示斜坡信号，结果如图 8-3 所示。

3）单击"添加噪声"按钮，在右侧坐标区中显示添加噪声的正弦信号，结果如图 8-4 所示。

4）单击"随机信号"按钮，在右侧坐标区中显示随机信号，结果如图 8-5 所示。

5）单击"Sinc 信号"按钮，在右侧坐标区中显示 Sinc 信号，结果如图 8-6 所示。

6）单击"Chirp 信号"按钮，在右侧坐标区中显示 Chirp 信号，结果如图 8-7 所示。

7）单击"狄利克雷信号"按钮，在右侧坐标区中显示狄利克雷信号，结果如图 8-8 所示。

8）修改"采样率 fs"值为 1000，单击"Chirp 信号"按钮，在右侧坐标区中显示调整采样率的 Chirp 信号，结果如图 8-9 所示。

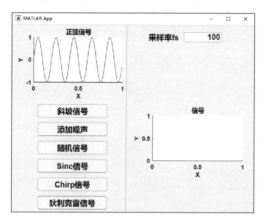

图 8-2　显示正弦信号

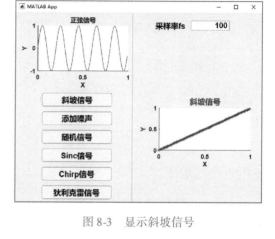

图 8-3　显示斜坡信号

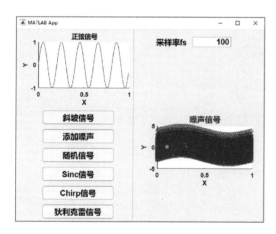

图 8-4　显示添加噪声的正弦信号

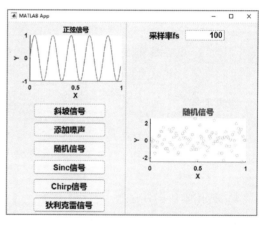

图 8-5　显示随机信号

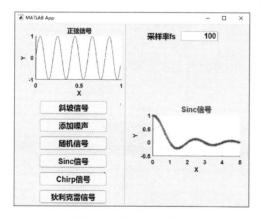

图 8-6　显示 Sinc 信号

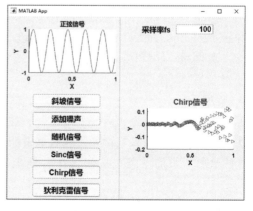

图 8-7　显示 Chirp 信号

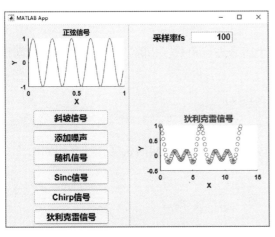

图 8-8　显示狄利克雷信号

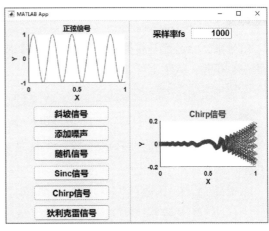

图 8-9　显示调整采样率的 Chirp 信号

8.2　信号基本运算

通过信号运算，可由基本信号生成各种复杂信号。时间信号运算包括信号加、信号乘、信号扩展和信号截取。

8.2.1　信号加减运算

信号叠加就是在相同的时间点将两个或多个信号进行相加。对于连续的两个时间信号相加，数学上可表示为

$$y(t) = x_1(t) + x_2(t)$$

信号递减就是在相同的时间点将两个或多个信号进行相减。对于连续的两个时间信号递减，数学上可表示为

$$y(t) = x_1(t) - x_2(t)$$

离散信号相加、相减更加简单，直接对相同序号的离散值相加、相减即可。在 MATLAB 中，如果离散信号均是数组的序号，并且两个数字的长度相等，则可以直接相加、相减，如 $y = x1 + x2$、$y = x8 - x2$。

如果两个序列的长度不一样，或序号序列跟数组序号序列不统一，则必须进行转换，即将相加或相减的两个信号序列在之前或之后补零，使得两个序列的序号序列一致。

```
% 第一个信号序列 x1 的序列号为 n1,第二个信号序列 x2 的序列号为 n2,叠加后的信号序列 y 的序列
号为 n2
n = min(min(n1),min(n2)):max(max(nl),max(n2));      % y(n)的信号序列的序列号
y1 = zeros(1,length(n));                            % 初始化信号
y2 = yl;                                            % 创建等长的信号序列 y1、y2
% 判断两信号序列的序列号是否相等
y1(find((n > min(n1))&(n < =max(nl)) = =1)) = x1;   % 将 x1 赋值给 y1 对应位置的元素
y2(find((n > min(n2))&(n < =max(n2)) = =1)) = x2;   % 将 x2 赋值给 y2 对应位置的元素
y = y1 + y2;                                        % 信号序列叠加
y = y1 - y2;                                        % 信号序列递减
```

8.2.2 信号乘除运算

信号乘、除运算是在相同的时间点将两个或多个信号进行相乘、相除。对于两个连续时间信号相乘、相除，数学上可表示为

$$y(t) = x_1(t) \times x_2(t)$$

$$y(t) = x_1(t) \div x_2(t)$$

对于离散时间序列，序列乘、除的条件是 $x_1(n)$ 和 $x_2(n)$ 具有相同的长度，且在相同的位置上相乘、相除。

```
>> y(t) = x1. * x2;
>> y(t) = x1. /x2;
```

如果两个序列的长度不一样，或序号序列跟数组序号序列不统一，则必须进行转换，即将相加或相减的两个信号序列在之前或之后补零，使得两个序列的序号序列一致。

8.2.3 信号缩放运算

信号缩放改变是指信号在时间轴上可以被压缩，也可以被拉伸。其数学形式表示为

$$y(t) = x(at)$$

式中，a 为缩放系数。当 $a > 1$ 时，$y(t)$ 波形在时间域内被"压缩"成 $1/a$；当 $0 < a < 1$ 时，$y(t)$ 波形在时间域内被"放大"成 a 倍。

8.2.4 信号扩展运算

某些情况下，信号可以在时间轴或幅值轴上进行扩展，也就是两个或两个以上的信号可以进行串联。

在 MATLAB 中，horzcat 命令用于水平串联信号，该命令调用格式见表 8-7。

表 8-7 horzcat 命令调用格式

函 数 类 型	说 明
C = horzcat (A,B)	水平串联信号；将信号 B 水平串联到信号 A 的末尾。$[A,B]$ 等于 horzcat (A,B)
C = horzcat (A1,A2,$\cdots$,An)	水平串联 $A1$、$A2$、$\cdots$、An。$D = [A;B\ C]$，A 为原数组，B、C 中包含要扩充的元素，D 为扩充后的数组

在 MATLAB 中，vertcat 命令用于垂直串联信号，该命令调用格式见表 8-8。

表 8-8 vertcat 命令

函 数 类 型	说 明
C = vertcat(A,B)	垂直串联信号 A、B；$[A;B]$ 等于 vertcat (A, B)
C = vertcat(A1,A2,$\cdots$,An)	垂直串联多个信号 $A1$、$A2$、$\cdots$、An

在 MATLAB 中，cat 命令用于按照指定维度串联两个或两个以上信号，可以直接指定垂直或水平串联的方式，即时间扩展或幅值扩展，该命令格式见表 8-9。

表 8-9 cat 命令

函 数 类 型	说　　明
C = cat(dim, A, B)	沿维度 dim 将信号 B 串联到信号 A 的末尾
C = cat(dim, A1, A2, ⋯, An)	沿维度 dim 串联信号 A1、A2、⋯、An。[A, B] 或 [A B] 将水平串联信号 A 和 B，而 [A; B] 将垂直串联信号 A 和 B

8.2.5 信号截取运算

在信号运算过程中，信号可以在时间轴上进行截取运算，也就是抽取信号中的某一部分或删除信号中的某一段。

表 8-10 列出了常用的信号截取运算命令。

表 8-10 信号截取运算命令

命 令 名	说　　明
y = x(n1:n2)	截取信号中的第 n1 至 n2 个元素
A(:,n) = [ ]	删除信号 A 的第 n 列

例 8-2：信号运算。

1. 设计画布环境设置

1）启动 App 界面，在命令行窗口中输入下面的命令。

```
>>appdesigner
```

2）弹出"App 设计工具首页"界面，选择"可自动调整布局的两栏式 App"，进入 App Designer 图形窗口，默认名称为 app1.mlapp，进行界面设计。

2. 组件属性设置

1）在设计画布左侧面板中放置"按钮"组件 Button，在左侧栏中放置按钮，在"组件浏览器"侧栏中显示组件的属性。

◆ 在 Text（文本）文本框中输入"原始信号""叠加信号""信号乘""信号垂直扩展""信号水平扩展""信号截取"。

◆ 在 FontSize（字体大小）文本框中输入字体大小为"20"。

◆ 在 FontWeight（字体粗细）选项下单击"加粗"按钮 **B**。

2）单击"保存"按钮 🖫，系统生成以 .mlapp 为扩展名的文件，在弹出的对话框中输入文件名称"Signal_operation.mlapp"，完成文件的保存，界面设计结果如图 8-10 所示。

图 8-10　界面设计结果

3. 代码编辑

（1）定义辅助函数

在代码视图中的"代码浏览器"选项卡下选择"函数"选项卡，单击 ⊞▾ 按钮，添加"私有函数"，定义辅助函数中添加的 updatesignal 函数，代码如下所示。

```
function [t,X1,X2] = updatesignal(app)
% 定义采样率为 1000 Hz
fs = 1000;
% 定义采样时间间隔 T 为 0.001
T = 1/fs;
% 定义正弦信号的序列号为 200
n1 = 1:200;
% 定义正弦信号的时间序列,即采样时间
t = n1 * T;
% 正弦信号 1 频率为 20Hz
f1 = 20;
% 正弦信号 2 频率为 5Hz
f2 = 5;
% 在时间序列 t 上产生正弦信号 1,频率为 20Hz,幅值为 0.5
X1 = 0.5 * sin(2 * pi * t * f1);
% 在时间序列 t 上产生正弦信号 2,频率为 5Hz,幅值为 2
X2 = 2 * sin(2 * pi * t * f2);
end
```

（2）添加初始参数

在代码视图中的"代码浏览器"选项卡下选择"回调"选项卡，单击 ⊞▾ 按钮，在"添加回调函数"对话框中为 app. UIFigure 添加 startupFcn 回调，自动转至"代码视图"，添加回调函数 startupFcn，代码如下所示。

```
    function startupFcn(app)
% 将当前窗口布局为的视图区域
t = tiledlayout(app. RightPanel,'flow');
% 创建坐标区
    app. ax1 = nexttile(t);
    app. ax2 = nexttile(t);
    app. ax3 = nexttile(t);
    app. ax4 = nexttile(t);
    app. ax5 = nexttile(t);
    app. ax6 = nexttile(t);
    % 取消坐标系的显示
    app. ax1.Visible = 0;
    app. ax2.Visible = 0;
    app. ax3.Visible = 0;
    app. ax4.Visible = 0;
```

274➔

```matlab
    app. ax5. Visible = 0;
    app. ax6. Visible = 0;
      end
```

（3）按钮回调函数

在代码视图中的"代码浏览器"选项卡下选择"回调"选项卡，单击 ⊕▾ 按钮，在"添加回调函数"对话框中为"原始信号""叠加信号""信号乘""信号垂直扩展""信号水平扩展""信号截取"添加 ButtonPushedFcn 回调，自动转至"代码视图"，编辑后代码如下所示。

```matlab
% Button pushed function: Button
    function ButtonPushed(app, event)
      [t,X1,X2] = updatesignal(app);
  % 在右侧坐标区绘制原始随时间变化的两个信号
  plot(app. ax1,t,X1,t,X2)
  title(app. ax1,'原始信号')
legend(app. ax1,'X1 (n1)','X2 (n2)')
    end


    % Button pushed function: Button_2
    function Button_2Pushed(app, event)
  [t,X1,X2] = updatesignal(app);
    % 叠加两个信号
    Y = X1 + X2;
    % 在右侧坐标区绘制叠加后的信号
    plot(app. ax2,t,Y)
    title(app. ax2,'叠加后的信号')
    end


    % Button pushed function: Button_3
    function Button_3Pushed(app, event)
      [t,X1,X2] = updatesignal(app);
  % 两个信号乘运算
Y = X1. * X2;
% 在右侧坐标区绘制信号乘运算后的信号
plot(app. ax3,t,Y)
title(app. ax3,'信号乘')
    end


    % Button pushed function: Button_4
    function Button_4Pushed(app, event)
      [t,X1,X2] = updatesignal(app);
    % 叠加两个信号
  % 两个信号垂直串联扩展运算
  Y = vertcat(X1,X2);
  % 在右侧坐标区绘制扩展信号
  plot(app. ax4,t,Y)
```

```
    title(app.ax4,'信号垂直扩展')
        end


        % Button pushed function: Button_5
        function Button_5Pushed(app, event)
        [t,X1,X2] = updatesignal(app);
% 两个信号水平串联扩展运算
  Y = horzcat(X1,X2);
  % 定义扩展信号的采样时间
  NN = (length(X1) + length(X2))/1000;
  % 定义新信号采样时间序列。
  t = 0:0.001:NN - 0.001;
  % 在右侧坐标区绘制扩展信号
  plot(app.ax5,t,Y)
  title(app.ax5,'信号水平扩展')
        end


        % Button pushed function: Button_6
        function Button_6Pushed(app, event)
[t,X1, ~ ] = updatesignal(app);
% 截取信号 X1 中的第 n1 至 n2 个元素
n1 =10; n2 =50;
  Y = X1(n1:n2);
    plot(app.ax6,t(n1:n2),Y)
    title(app.ax6,'截取信号')
        end
```

（4）添加属性

在代码视图中的"代码浏览器"选项卡下选择"属性"选项卡，单击 ⊞▼ 按钮，添加"私有属性"，自动在"代码视图"编辑区添加属性，代码如下所示。

```
properties (Access = private)
    % 定义属性名
    ax1
    ax2
    ax3
    ax4
    ax5
    ax6
end
```

4. 程序运行

1）单击工具栏中的"运行"按钮 ▶，弹出运行界面，如图 8-11 所示。

2）单击"原始信号"按钮，在坐标系 1 中显示原始信号，结果如图 8-12 所示。

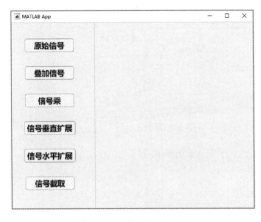

图 8-11 弹出运行界面　　　　　　　　　图 8-12 显示原始信号

3）单击"叠加信号"按钮，在坐标系 2 中显示经过叠加的信号，结果如图 8-13 所示。

4）单击"信号乘"按钮，在坐标系 3 中显示乘运算后的信号，结果如图 8-14 所示。

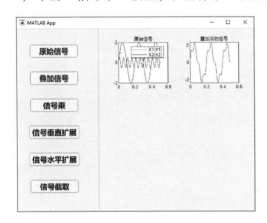

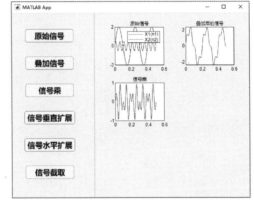

图 8-13 显示经过叠加的信号　　　　　　图 8-14 显示乘运算后的信号

5）单击"信号垂直扩展"按钮，在坐标系 4 中显示垂直扩展信号，结果如图 8-15 所示。

6）单击"信号水平扩展"按钮，在坐标系 5 中显示水平扩展信号，结果如图 8-16 所示。

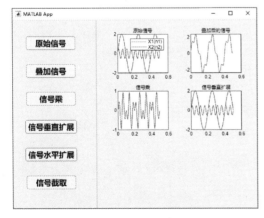

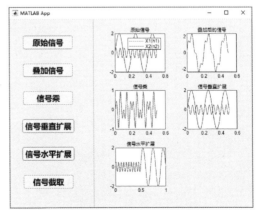

图 8-15 显示垂直扩展信号　　　　　　　图 8-16 显示水平扩展信号

7）单击"信号截取"按钮，在坐标系 6 中显示截取后的信号，结果如图 8-17 所示。

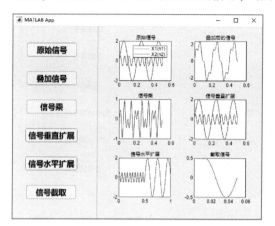

图 8-17　显示截取后的信号